D 台科大圖書
since 1997

達人必學

AI Prompt Engineer 提示工程師
高效工作術 含 AIA 國際認證
AI 提示工程師（Expert Level）

勁樺科技　編著

國際認證說明

為方便讀者取得AIA國際認證的詳細資訊，請前往艾葆國際認證中心（https://ipoetech.jyic.net）。

1. 進入首頁後，於左側選擇所屬《發證單位》。
2. 進入對應的國際認證介紹頁面，並點擊相關認證圖像，即可查看詳細說明，取得AIA國際認證的相關資訊。

PS：本書末附有AIA國際認證介紹及說明。

AIA人工智慧應用國際認證說明

本書為 AIA 國際認證-AI 提示工程師（Expert Level）指定用書，內容涵蓋人工智慧基礎概念、應用案例及相關知識，並設計多元課後習題，幫助讀者加深理解與實踐能力。本書「課後習題」結合 AIA 國際認證-AI 提示工程師（Expert Level）題庫範圍，透過熟讀本書內容與習題，能有效提升應試能力，協助取得 AIA 國際認證。

版權聲明

本書所提及之各註冊商標，分屬各註冊公司所有，書中引述的圖片及網頁內容，純屬教學及介紹之用，著作權屬法定原著作權享有人所有，絕無侵權之意，在此特別聲明，並表達深深感謝。

讓 AI 成為你真正的工作夥伴——從提示工程開始

當生成式 AI 快速融入日常工作與學習領域，許多人已經開始體驗到它所帶來的便利與可能性。然而，我們也觀察到一個關鍵問題：「會用 AI」與「用得好 AI」之間，仍隔著一道名為「提示工程」的鴻溝。

所謂 AI 提示工程（prompt engineering），是一門將語言、邏輯與任務目標轉化為 AI 可理解輸入的技術。它不僅僅是輸入一句話，更是一種思維方式、一種溝通策略，也是一種全新的職能型態。透過有效的提示設計，我們能讓 AI 更準確地理解需求，進而完成內容生成、資料分析、創意構思、教學輔助，甚至流程自動化等多元任務。

本書正是以教學導向為核心所設計的實用教材。無論你是 AI 教育工作者、數位轉型推動者、實務開課講師，或是希望系統性學習 AI 工具應用的職場工作者，都能從中獲得結構清晰、循序漸進的學習內容。

全書共分為十二章，涵蓋主題包括：

- AI 提示工程的基礎觀念與職能地圖
- ChatGPT、GPTs 等生成式 AI 工具的操作技巧
- 各類提示方法、技巧與策略（如 CNDS 原則、EXPLORE 框架）
- 應用於生活、教學與商業等多元場域的提示設計實例
- 圖像、影音、簡報、翻譯、程式生成等熱門 AI 工具介紹
- 超過 200 題選擇題習題，便於課堂評量或自我檢測

我們不僅希望這本書是一本「會用 AI」的入門手冊，更期盼它能成為一本教 AI、教人用 AI 的實務參考書。

生成式 AI 的時代才剛剛啟動，而提示工程的能力，將是所有職場專業者未來競爭中不可或缺的核心技能。希望這本書能成為你與學生、與團隊、甚至與 AI 之間最強而有力的橋樑。

讓我們從寫好一句提示開始，開啟高效工作與創新的 AI 合作旅程！

勁樺科技

Chapter 1 認識 AI 提示工程師技能與職業發展

1-1 AI 提示工程師的定義與職責	2
1-2 AI 提示工程師的技能與素質	6
1-3 AI 提示工程師的創造力培養	10
1-4 AI 提示工程師跨領域職能發展藍圖	14
課後習題	18

Chapter 2 初探人工智慧生成內容（AIGC）

2-1 認識人工智慧生成內容（AIGC）	24
2-2 自然語言文字生成 AI 工具	26
2-3 圖片生成 AI 工具應用導覽與推薦	31
2-4 影音生成 AI 工具	35
2-5 簡報生成 AI 工具	40
2-6 AIGC 的教育趨勢與挑戰	45
重點回顧	52
課後習題	54

Chapter 3 ChatGPT 操作入門

3-1 ChatGPT 的概述與工作原理	60
3-2 ChatGPT 的優勢與限制	64
3-3 ChatGPT 的基本入門	67
3-4 關於 ChatGPT 的付費版本	70
3-5 不同的 AI 模型的特色比較	77
重點回顧	81
課後習題	82

Chapter 4　ChatGPT 全新功能―推理、語音、搜尋網頁與專案

4-1	推理功能	88
4-2	啟動語音模式與視訊互動功能全攻略	98
4-3	全新升級：ChatGPT 網頁搜尋功能應用解析	103
4-4	專案（Project）管理功能：入門教學與應用實作	108
重點回顧		115
課後習題		116

Chapter 5　精準下達提示詞的實用技巧

5-1	建構高效提示（Prompt）的基本原則	122
5-2	常用的提示方法和策略	125
5-3	精準內容生成策略的 CNDS 原則	138
5-4	不藏私提示詞應用技巧	154
5-5	提示詞交易平台簡介	160
重點回顧		164
課後習題		166

Chapter 6　提示工程常見狀況與優化

6-1	AI 提示工程常見問題與除錯	172
6-2	優化 AI 提示的技巧―善用關鍵詞	179
6-3	優化 AI 提示的技巧―智慧引導提問	187
6-4	優化 AI 提示的技巧―專業人士扮演	193
6-5	模糊輸入與期望輸出優化工作	204
6-6	錯誤理解導正的優化工作	210
重點回顧		213
課後習題		214

Contents

Chapter 7 複雜問題的高級提示技巧

7-1	多輪對話的提示設計	220
7-2	處理歧義和上下文的技巧	228
7-3	精確策略和規則的組合運用	230
7-4	運用 EXPLORE 提示法的策略框架	234
7-5	引入外部知識和資源的提示設計	243
	重點回顧	246
	課後習題	248

Chapter 8 多領域提示工程應用實例

8-1	社交對話與生活應用實例	254
8-2	知識查詢和解答應用實例	260
8-3	創意和故事寫作提示技巧	269
8-4	語言和翻譯提示技巧	273
8-5	創新應用的提示應用	281
8-6	專業領域提示技巧	287
	重點回顧	294
	課後習題	296

Chapter 9 高效生產力的 GPTs 機器人商店

9-1	初探 GPTs 機器人功能介紹	302
9-2	探索多元應用的 GPT 機器人世界	311
	重點回顧	321
	課後習題	323

Chapter 10 提示工程在 AI 繪圖的技巧和實踐

- 10-1 初探生成式 AI 繪圖　　330
- 10-2 使用 DALL·E 3 生成式 AI 繪圖工具　　337
- 10-3 使用 ChatGPT 生圖工具的技巧和實踐　　345
- 10-4 使用 Playground AI 繪圖網站的技巧和實踐　　346
- 10-5 使用 Copilot 生圖工具的技巧和實踐　　350
- 重點回顧　　355
- 課後習題　　357

Chapter 11 Sora AI 影片生成利器

- 11-1 Sora AI 影片生成模型　　364
- 11-2 進入 Sora 視窗環境介面　　366
- 11-3 下達提示（prompt）詞生成影片　　373
- 11-4 AI 實戰：以文字生成影片的精彩應用　　375
- 11-5 實戰圖片生成影片精彩範例　　380
- 重點回顧　　385
- 課後習題　　387

Contents

Chapter 12 熱門的 AI 多元工具

12-1	文字生成與語言處理類熱門工具	394
12-2	圖像創作與編輯類熱門工具	399
12-3	影音製作與變聲類熱門工具	403
12-4	資料分析與視覺化類熱門工具	407
12-5	行銷與品牌經營類熱門工具	410
12-6	教育學習與教學類熱門工具	413
12-7	商業與辦公自動化類熱門工具	416
12-8	AI 助手與整合型平台類熱門工具	420
	重點回顧	423
	課後習題	424

附錄

課後習題解答	428
本書 AI 應用工具對照表	436

AIA 國際認證：AI 提示工程師（Expert Level）領域範疇

項次	領域範疇	能力指標	對應本書
1	AI 提示工程師核心職能 Core Competencies of AI Prompt Engineers	• AI 提示工程師的定義與職責 • AI 提示工程師的技能與素質 • AI 提示工程師的創造力培養 • AI 提示工程師跨領域職能發展藍圖	第 1 章｜認識 AI 提示工程師技能與職業發展
2	AI 生成內容（AIGC）基礎原理與發展 Fundamental Principles and Development of AI-Generated Content (AIGC)	• 認識人工智慧生成內容（AIGC） • 自然語言文字生成 AI 工具 • 圖片生成 AI 工具 • 影音生成 AI 工具 • 簡報生成 AI 工具 • AIGC 的教育趨勢與挑戰	第 2 章｜初探人工智慧生成內容（AIGC）
3	提示詞撰寫原則與技巧 Principles and Techniques for Writing Prompts	• 建構高效提示的基本原則 • 常用的提示方法和策略 • 精準內容生成策略的 CNDS 原則 • 提示詞應用技巧	第 5 章｜精準下達提示詞的實用技巧
4	提示工程優化與除錯 Prompt Engineering Optimization and Debugging	• AI 提示工程常見問題與除錯 • 優化 AI 提示的技巧—善用關鍵詞 • 優化 AI 提示的技巧—智慧引導提問 • 優化 AI 提示的技巧—專業人士扮演 • 模糊輸入與期望輸出優化工作 • 錯誤理解導正的優化工作	第 6 章｜提示工程常見狀況與優化
5	複雜任務提示詞設計策略 Design Strategies for Complex Task Prompts	• 多輪對話的提示設計 • 處理歧義和上下文的技巧 • 精確策略和規則的組合運用 • 運用 EXPLORE 提示法的策略框架 • 引入外部知識和資源的提示設計	第 7 章｜複雜問題的高級提示技巧
6	提示工程跨領域應用 Interdisciplinary Applications of Prompt Engineering	• 社交對話與生活應用 • 知識查詢和解答應用 • 創意和故事寫作提示技巧 • 語言和翻譯提示技巧 • 創新應用的提示應用 • 專業領域提示技巧	第 8 章｜多領域提示工程應用實例

Chapter 1

認識 AI 提示工程師技能與職業發展

在生成式 AI 快速興起的時代,「AI 提示工程師」(Prompt Engineer)正迅速成為備受矚目的新興職業。他們不僅是與 AI 對話的設計者,更是連結人類意圖與 AI 能力的關鍵橋樑。本章將帶領讀者全方位認識這一職業的定義、所需技能、創造力的培養方式,以及如何結合跨領域知識,規劃出屬於自己的職涯藍圖,為進入 AI 應用領域奠定堅實基礎。

1-1　AI 提示工程師的定義與職責

1-2　AI 提示工程師的技能與素質

1-3　AI 提示工程師的創造力培養

1-4　AI 提示工程師跨領域職能發展藍圖

1-1 AI 提示工程師的定義與職責

AI 提示工程師並非僅是輸入指令的人,而是具備語言設計能力與邏輯思維的專業人才。本節將說明該職位的角色定位、核心職責,以及他們在 AI 應用流程中的價值與任務,幫助讀者建立對此職業的正確認識。

1-1-1 什麼是 AI 提示工程師?

AI 提示工程師(Prompt Engineer)是一個新興且日益重要的職業角色,專門負責設計語言提示,以引導大型語言模型(如 GPT-4、Claude、Gemini、Mistral)產出準確且符合預期的回應。他們的任務不僅是提出問題,更在於撰寫語意清晰、邏輯嚴謹的提示詞,進而激發模型的最佳輸出潛能。

這類工程師需深入理解語言模型的能力與限制,並根據任務需求靈活調整提示策略。例如,當面對撰寫行銷文案的任務時,提示工程師可能會設計一組提示詞,要求模型模擬品牌行銷人員的語氣、使用說服力強的詞彙,並設定字數與結構的規範。這樣的語言操作並非單憑直覺完成,而是結合語意設計、情境模擬與反覆試驗的精密工作。

目前主流的 AI 模型與平台包括 GPT-4、GPT-4o、GPT-4.5(OpenAI,https://openai.com/)、Claude(Anthropic,https://www.anthropic.com/)、Gemini(Google,https://gemini.google.com/)與 Mistral(Mistral AI,https://mistral.ai/)。這些平台均提供開放 API 與提示詞測試介面,使提示工程師能在多元任務中進行設計與優化。

1-1-2 提示工程師的核心任務與工作流程

提示工程師的核心任務是設計出能精準引導 AI 模型完成特定任務的提示詞。其工作流程通常包括:理解使用者需求、模擬對話場景、撰寫初步提示、反覆測試與調整、分析輸出結果,最終建立可重複使用、穩定有效的提示詞架構。

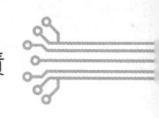

舉例來說，在一個需要模型撰寫醫學報告摘要的專案中，提示工程師首先需與醫療團隊溝通、釐清任務目標，接著撰寫提示詞，指示模型以專業醫學語氣撰文，並掌控格式、篇幅與引用風格等細節。之後，他們會不斷測試模型輸出結果，並優化提示詞，以確保內容的準確性與一致性。

此外，提示工程師也需建立提示詞資料庫，供團隊成員參考與套用。這些資料庫可依產業（如法律、行銷、教育）或應用目標（如摘要、翻譯、問答）分類，形成模組化的提示策略庫，進一步提升 AI 應用的可複製性與規模化效益。

透過上述流程，提示工程師不僅是模型的使用者，更是模型效能提升的關鍵設計者，肩負著將技術價值轉譯為實際效益的使命。

▶ 1-1-3 成為提示工程師：技能、工具與未來趨勢

要成為一位合格的提示工程師，必須具備多元而綜合的能力。首先，需具備良好的語言掌握能力，能以簡潔、具引導性的語言撰寫提示詞。其次，必須理解語言模型的運作邏輯，特別是其如何根據上下文與語境產生輸出結果。

此外，系統性思維與實驗精神也是關鍵特質。提示工程師需善於觀察模型錯誤、設計對照實驗並調整提示策略。隨著 AIGC（全名為 Artificial Intelligence Generated Content，中文名稱是人工智慧生成內容）技術的進展，提示詞設計將逐步從純文字操作，邁向整合語音、圖像、表格與影片的多模態互動。因此，跨媒體設計與整合能力，也將成為未來提示工程師不可或缺的競爭力。

在工具與平台方面，提示工程師常使用的包括 PromptHero（https://prompthero.com/）提供跨模型提示案例參考。

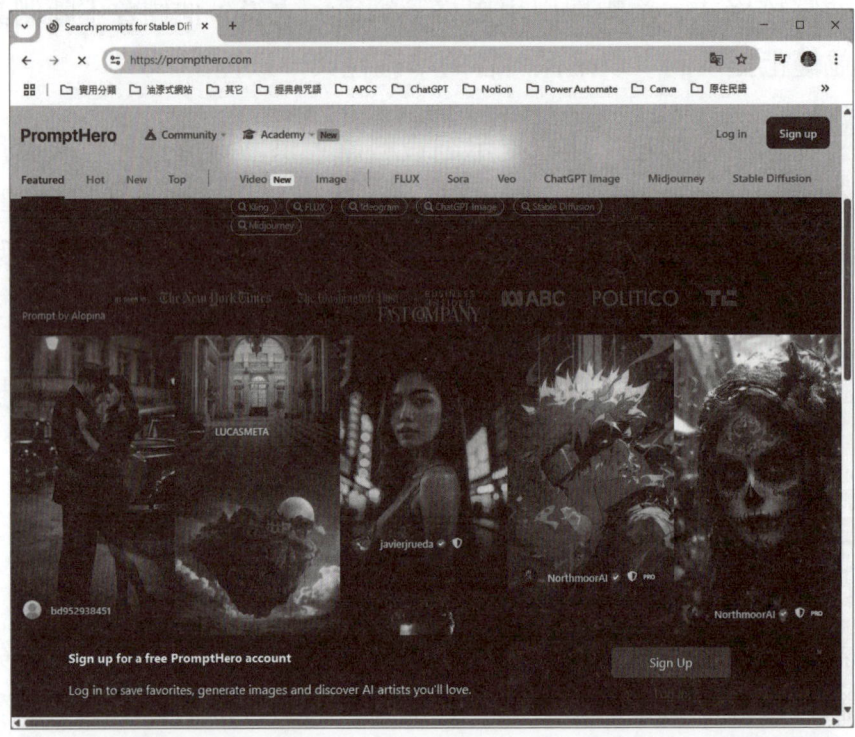

FlowGPT（https://flowgpt.com/）與 PromptBase（https://promptbase.com/）為提示詞交易與收藏平台。

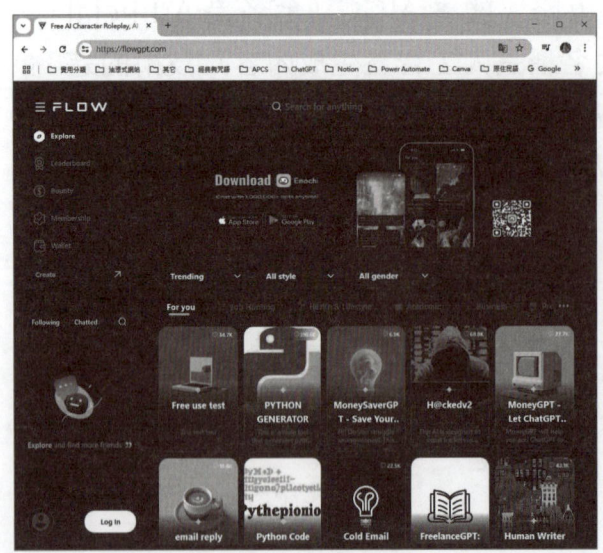

FlowGPT（https://flowgpt.com/）

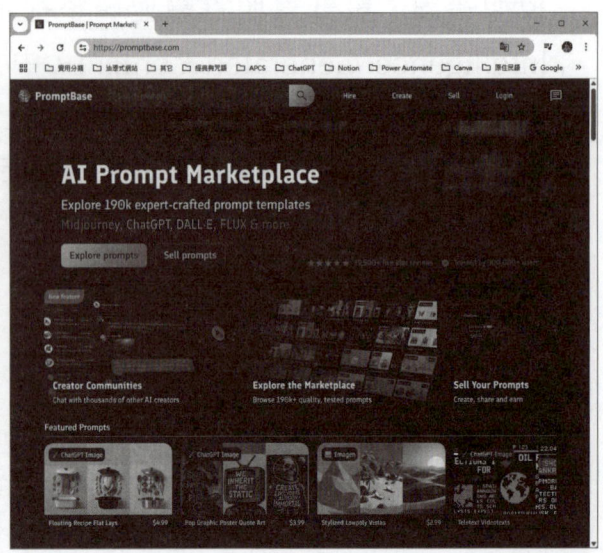

PromptBase（https://promptbase.com/）

1-1 AI 提示工程師的定義與職責

另外，PromptLayer（https://promptlayer.com/）可用於追蹤提示效能與版本管理。

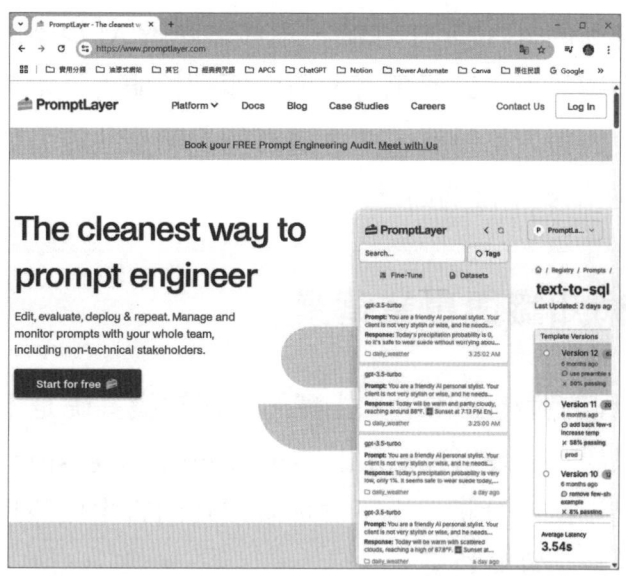

LangChain（https://www.langchain.com/）則支援建構複雜的多提示與鏈式任務處理系統。

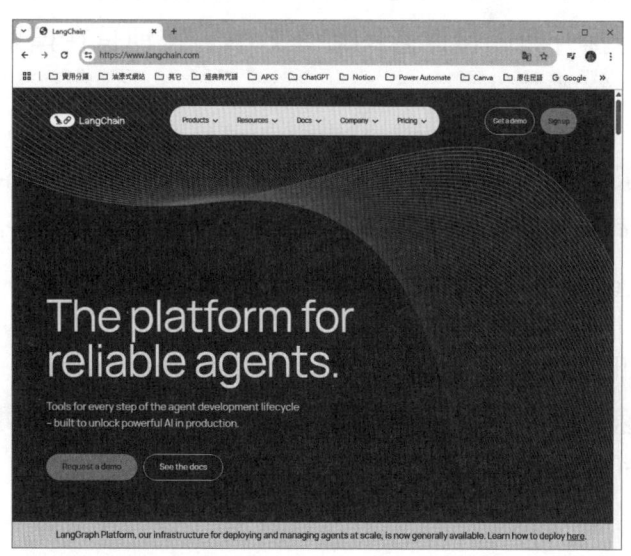

展望未來，提示工程師的角色可能延伸至 AI 模型訓練流程的設計參與、跨部門創意引導師，乃至於協助企業建構內部 AI 知識庫的系統設計師。在這個持續演進的產業中，提示工程師將不僅是技術的操作者，更是人機溝通邏輯的設計者與跨域整合的關鍵人物。

Chapter 1 認識 AI 提示工程師技能與職業發展

1-2 AI 提示工程師的技能與素質

要成為一位優秀的 AI 提示工程師，不僅需熟悉 AI 模型的運作機制，更需具備良好的語言表達能力、邏輯思考力與問題分析能力。本節將介紹提示工程師應具備的關鍵技能與人格特質，並透過實例說明這些能力如何應用於實際工作中，以協助 AI 產出更準確的回應。

▶ 1-2-1 技術知識與專業背景

在 AI 提示工程的實務工作中，扎實的技術知識基礎是不可或缺的。提示工程師需熟悉自然語言處理（Natural Language Processing, NLP）的基本概念，包括語法結構、語意分析、上下文理解以及語言生成原理，這些理解將直接影響提示詞的設計品質與效果。

此外，若能掌握大型語言模型的運作方式，例如 Transformer 架構與注意力機制，將有助於更精準地控制提示對模型輸出的影響。對深度學習的基本原理有所理解，也能提升與開發團隊的協作效率，特別是在模型微調、提示詞測試與輸出品質控管等環節。

而具備程式設計能力同樣是重要條件。常用語言如 Python，能協助提示工程師進行提示詞的自動化測試與 API 操控，例如串接 OpenAI API（https://platform.openai.com/）以進行提示版本比對與回應分析。

此外，熟悉如 Hugging Face（https://huggingface.co/）等平台，也能幫助提示工程師快速驗證不同模型的輸出表現，進行模型比較與提示優化，進一步提升設計效率與成果品質。

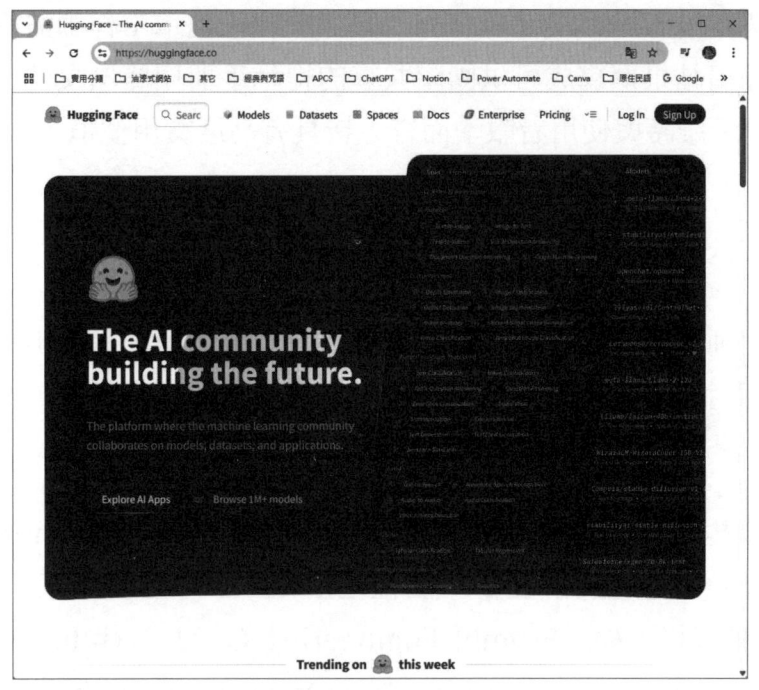

1-2-2 溝通協作與邏輯解構能力

　　優秀的提示設計不僅仰賴技術能力，更需要良好的邏輯思維與跨部門溝通能力。提示工程師經常需與產品經理、使用者、開發工程師及資料分析師合作，深入了解任務背景、需求細節與預期輸出目標，並將這些資訊反映到語言結構與模型應對策略之中。

　　舉例而言，當企業內部開發一款法律知識查詢機器人時，提示工程師需與法務部門協作，理解法條應用的邏輯，再與資料科學家討論模型選擇與資料來源，並將整體任務拆解為多輪提示設計，例如：「角色設定提示」、「問答格式限制提示」、「回應語調提示」等。

　　在邏輯思維層面，提示工程師須具備將複雜任務拆解為具體語意指令的能力。例如，當模型需針對一篇論文進行摘要、提出觀點並回應可能的反駁時，工程師需設計具結構性的提示詞，引導模型依序完成內容摘要、觀點生成、模擬讀者質疑，再提供反駁建議。這類多階段的邏輯設計與思考訓練，是提示工程工作中最具挑戰性的核心任務之一。

Chapter 1　認識 AI 提示工程師技能與職業發展

此外，清晰的表達與文件撰寫能力同樣關鍵。提示工程師需將設計邏輯、測試流程與輸出結果撰寫成可供團隊共享的提示手冊與範例文件，這對於模型微調團隊、提示維護與使用者教學而言，皆具有高度實用價值。

▶ 1-2-3　持續學習與職業素養養成

提示工程師所處的技術環境瞬息萬變，新模型與新工具層出不窮，僅憑既有知識難以應對持續變化的挑戰。因此，具備強烈的自我學習動機與主動追蹤資訊的能力，是每位提示工程師必備的核心素質。

他們應積極參與相關社群與資源平台，例如 FlowGPT（https://flowgpt.com/）、加入 Discord 技術社群、關注 GitHub 上的重要專案，並定期閱讀相關期刊與部落格，如《Prompt Engineering Guide》（https://github.com/dair-ai/Prompt-Engineering-Guide）與《OpenAI Research Blog》。

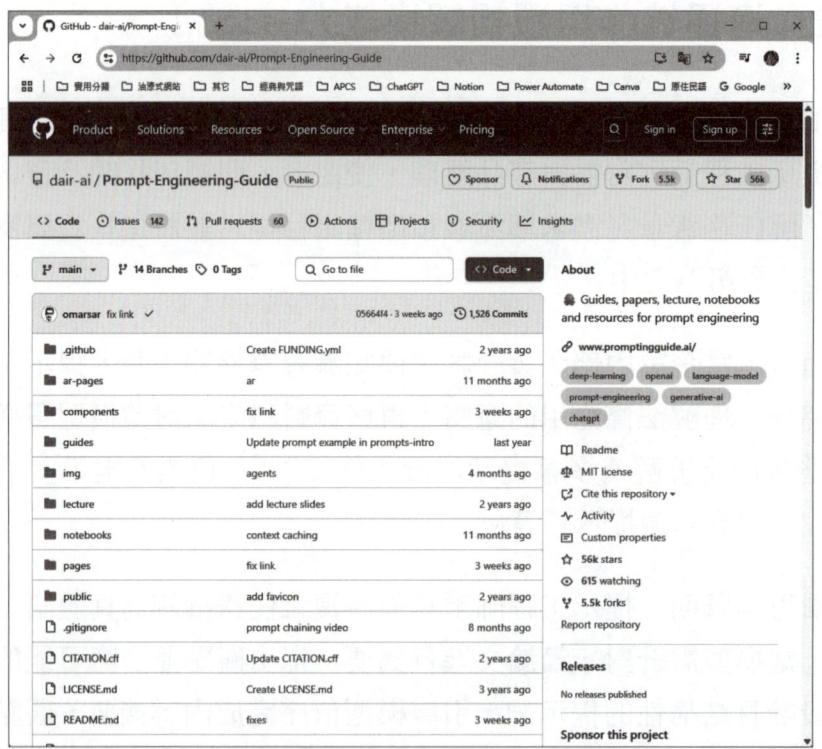

🔺 Prompt Engineering Guide（https://github.com/dair-ai/Prompt-Engineering-Guide）

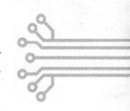

除了持續學習，提示工程師亦需具備高度的細心、耐心與創新精神。每一次提示測試都是一場與模型進行的語言互動探索，若缺乏堅持與嘗試的態度，將難以在反覆的試誤過程中找出最適解。

最後，正直與責任感也是提示工程師職業素養的重要面向。工程師需隨時警覺提示詞是否可能導致模型產生錯誤或偏頗的回應，並與風險控管部門協作，確保提示設計符合倫理規範與資訊安全標準。

1-3 AI 提示工程師的創造力培養

提示工程師的工作需要不斷嘗試與創新，以設計出能引導 AI 產出優質結果的提示詞。本節將分享創造力的養成方法，包括靈感激發技巧、多角度思維訓練與提示設計的實驗策略，幫助讀者在實務操作中培養創意思維與突破框架的能力。

▶ 1-3-1　啟動創造力的基礎：好奇心與跨域學習

創造力的養成，往往始於一顆對世界保持好奇的心。AI 提示工程師若能在日常中培養對事物的探究慾，將更容易在設計提示時跳脫慣性模式，形成具啟發性的輸出策略。這種好奇心並不侷限於技術本身，而是對語言、文化、使用者行為與情境語意等現象持續追問的態度。

例如，一位提示工程師若關注小說敘事結構，可能在設計角色互動式 ChatBot 提示時融入「第一人稱視角」、「內心獨白」、「人物弧線」等文學技巧，讓模型回應更具敘事張力。這種跨領域的應用能力，來自於多元學習與廣泛涉獵。

平台如 Google Scholar（https://scholar.google.com/）可提供研究性思維參考。

而 Creative Prompting 工具如 Promptable（https://promptable.ai/）則支援使用者收集靈感、標註創意案例、進行提示模板分類，有助於激發新構想。

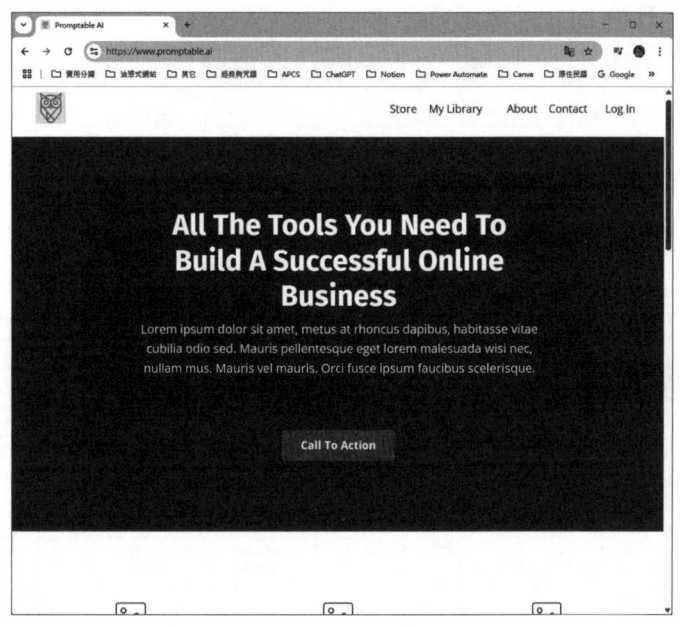

創造力不僅依賴靈光乍現，也能透過技術性訓練與系統性實驗逐步建構。對提示工程師而言，常見的創意思考工具如 SCAMPER、六頂思考帽、逆向提問與語意連結圖等，皆可作為 prompt 設計與靈感發想的有效輔助。

以 SCAMPER 中的「替代（Substitute）」策略為例，提示工程師可以重新設定 ChatGPT 的角色視角，將原本的客服助理轉換為「電影對白撰稿人」，以創造更具戲劇張力的回應風格；或運用「組合（Combine）」技巧，結合品牌價值觀與詩性語言，引導 AI 撰寫充滿意象的品牌敘述。

在實作層面，可使用 ChatGPT Plus（https://chat.openai.com/）或 FlowGPT（https://flowgpt.com/）進行提示詞的 A/B 測試，比較不同策略對模型回應的影響。所謂 A/B 測試是將使用者分成兩組，分別看到不同版本的內容（A 版與 B 版），比較哪一個版本的表現（如點擊率或轉換率）較好，用來找出最有效的方案。提示工程師還可以透過 PromptLayer（https://promptlayer.com/）進行提示版本追蹤、效能分析與資料管理。

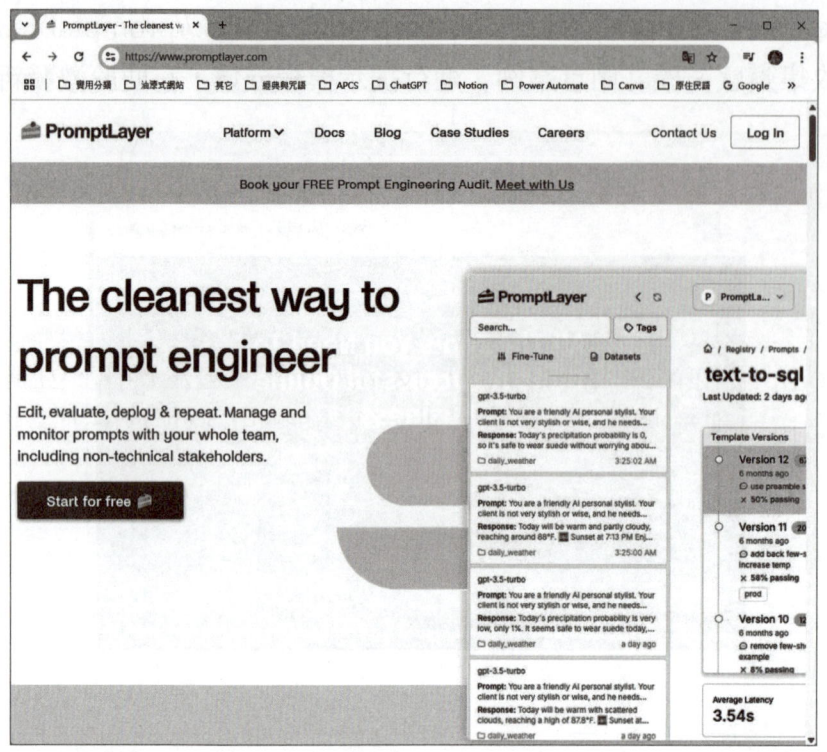

　　在團隊合作環境中，提示工程師亦可參與創意工作坊，或使用協作白板工具（如 FigJam、Miro）模擬多角色、多目標的提示需求場景，進行創意激盪與提示詞協調練習。這類實境演練有助於提升即時創造力與跨部門協作能力，並深化對提示詞調整策略的掌握。

▶ 1-3-2　積累與轉化：從實踐中建立風格化提示設計

　　創造力的深化，來自於長期實作經驗的累積與不斷的反思優化。提示工程師應將每一次提示實驗視為一項設計任務，記錄輸入設定、模型回應、偏差案例與修正策略，逐步建立屬於自己的提示詞風格手冊。

　　這些風格可能涵蓋特定用詞習慣、語意結構特徵、標點格式設計與指令排序邏輯等。例如，有些提示設計偏好以「目標—限制—語氣」為開場順序，有些則傾向先條列任務項目再細述語意指令。這些細節差異不僅呈現了工程師的語言美學，也可能直接影響模型對語意的理解與輸出精度。

1-3 AI 提示工程師的創造力培養

為了將這些經驗系統化，建議使用工具如 Notion AI（https://www.notion.so/product/ai）建立提示詞範本庫，並透過 GitBook（適合多人共筆或個人編輯的文件編輯服務）或 Typora 撰寫提示設計筆記，結合範例、註解與測試回應資料，逐步形成個人化的知識系統與參考資源。

此外，也建議定期參與 Prompt Engineering 社群競賽、Hackathon，或向開放原始碼社群（如《Prompt Engineering Guide》https://github.com/dair-ai/Prompt-Engineering-Guide）投稿與分享。透過實作、互評與公開發表，不僅能拓展創意邊界，也能累積實務經驗與個人曝光度，進一步建立專業影響力。

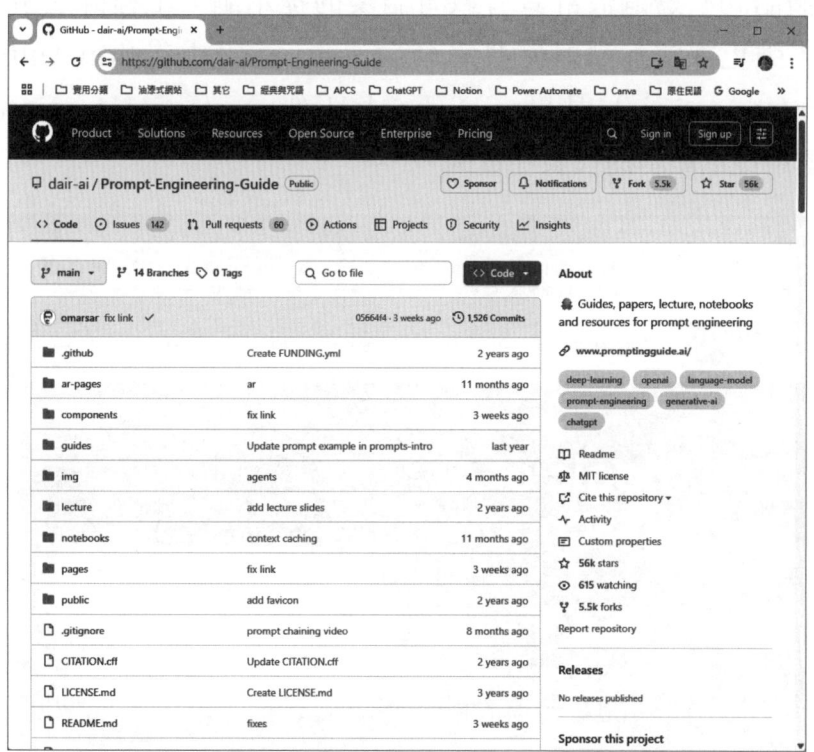

1-4 AI 提示工程師跨領域職能發展藍圖

隨著 AI 技術廣泛應用於教育、行銷、醫療、設計等多元領域，AI 提示工程師的職能發展也朝向更具跨域整合性的方向邁進。

▶ 1-4-1 提示工程師與應用領域的融合

AI 提示工程師的專業價值不限於科技產業，在眾多非技術領域中也扮演關鍵角色。例如在教育領域，提示工程師可協助教師設計 AI 生成的教學素材、題庫與回饋語句。透過設計具有教育語境的提示詞，工程師能引導 AI 模擬教學情境，強化課堂互動與學習效率。Canva for Education（https://www.canva.com/education/）與 MagicSchool AI（https://www.magicschool.ai/）即是教師運用提示範本的代表性實例。

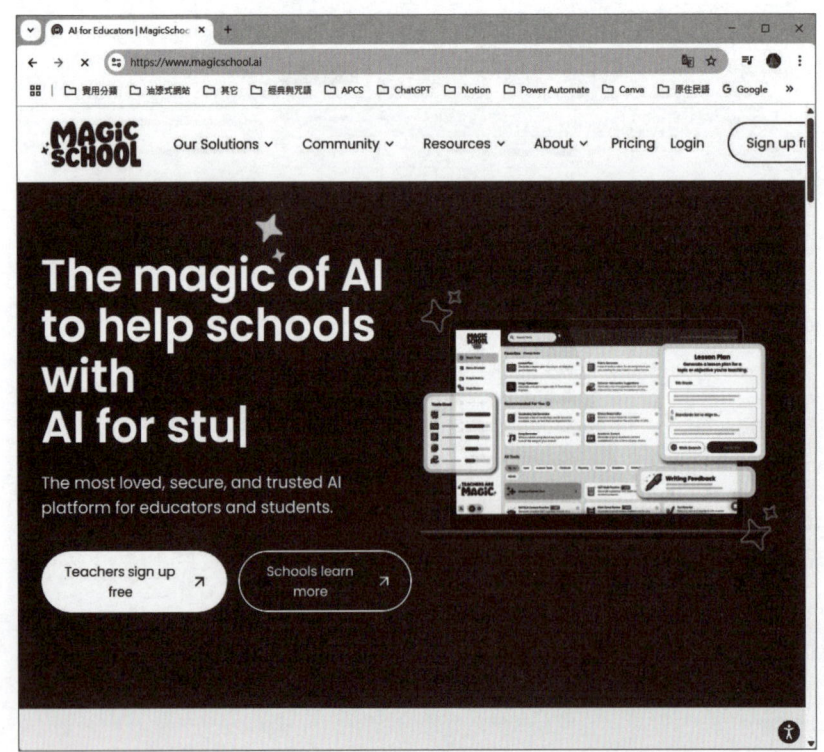

▲ MagicSchool AI（https://www.magicschool.ai/）

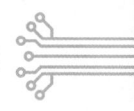

在行銷領域,提示工程師則根據品牌語調、社群平台屬性與目標受眾,制定專屬的內容生成策略。舉例來說,當行銷團隊運用 ChatGPT 撰寫廣告文案時,提示可設定角色為「資深品牌文案專員」、語氣為「年輕有趣」、風格為「Instagram 式懶人包」,透過這種結構化提示詞,提升素材的多樣性與吸引力。

在醫療與法律等專業領域,提示工程師則協助模型理解專業術語、正確套用格式並避免誤判。例如在使用 GPT-4 協助撰寫病歷摘要時,提示工程師需設計能引導模型精準識別症狀與治療歷程的提示詞。這類高責任、高準確度的跨領域應用,讓提示工程師有機會參與複雜專案,並與專業領域人士密切協作,共同打造具可信度的 AI 解決方案。

▶ 1-4-2　技能融合與專業角色轉型

要實現跨領域的職能發展,提示工程師需逐步累積特定領域的知識與實務技能,並建立屬於自己的專業定位。第一步是理解目標產業的工作語境與價值體系,例如熟悉教育評量架構、行銷漏斗邏輯或醫療紀錄的格式與規範,進而將這些產業元素轉化為提示詞設計的核心內容。這也意味著提示工程師不僅是技術的執行者,更是語意策略的設計者。

第二步是培養實作能力。透過建立個人案例庫、參與開放原始碼專案,或在 PromptHero(https://prompthero.com/)、FlowGPT(https://flowgpt.com/)等平台發表作品,提示工程師可以逐步累積作品集與專業聲量,塑造鮮明的個人品牌形象。

最終,跨領域發展也意味著角色的多元轉型。提示工程師可進一步發展為 AI 策略顧問、教學設計師、企業培訓師、創意總監、產品體驗設計師等多樣職能。關鍵在於能否將提示設計能力與原有專業價值相融合,開創出獨特且具可複製性的應用模式與發展路徑。

1-4-3 從技能轉譯到職涯布局：未來導向發展路徑

在生成式 AI 與多模態模型迅速演進的時代，提示工程師的職能正朝向更高層次的整合與創新發展。未來的提示工程工作將結合 UX（使用者體驗）設計、策略諮詢、資料分析、語意設計與多語系管理等多元能力，成為數位轉型的重要推手。

舉例而言，企業可將提示工程師納入產品開發團隊，參與 AI 功能規格的設計與輸出策略的規劃，進而提升 AI 工具的人性化程度與使用體驗。在學術研究領域，提示工程師也能與人文社會學者協作，設計具批判性與探索性的提示詞，以探討 AI 在敘事生成、公民對話與教育公平上的潛在影響。

此外，隨著 AI 輔助工具如 Notion AI（https://www.notion.so/product/ai）、Airtable AI（https://airtable.com/product/ai）、Runway ML（https://runwayml.com/）的普及，提示設計也將滲透至更多資料處理、知識工作與內容生產的微型應用場景中，推動各行各業的深層數位轉型。下圖是 Notion AI 官網，它是 Notion 筆記與協作平台內建的人工智慧助手，能協助你撰寫、整理、翻譯和總結內容，提升工作與學習效率。

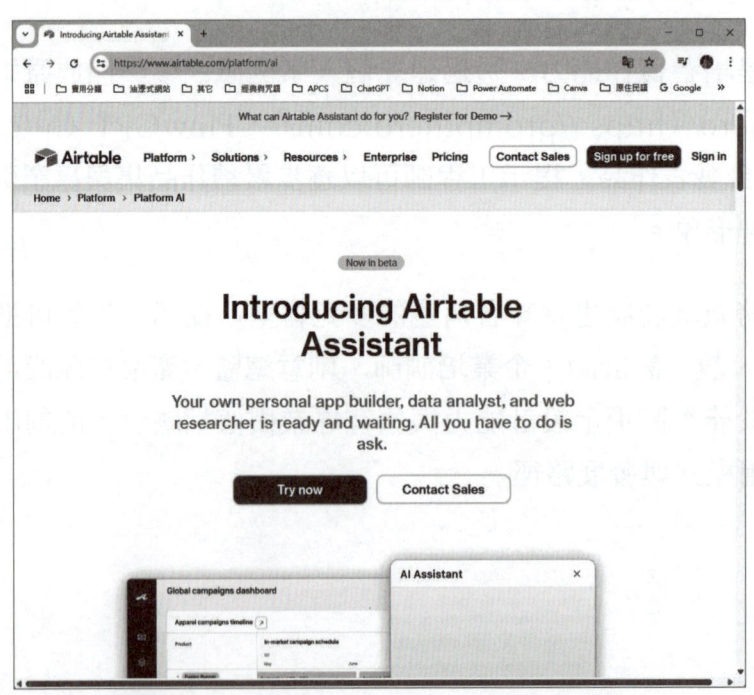

🔺 Notion AI（https://www.notion.so/product/ai）

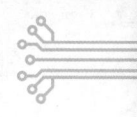

在職涯規劃方面，提示工程師可根據自身背景與興趣選擇不同方向發展，例如技術導向（如 AI 實驗工程師）、創意導向（如生成式導演）、應用導向（如行銷應用設計師）、教育導向（如提示課程講師）等多條路徑。同時，結合自媒體經營或作品平台發表，也有助於擴展個人專業影響力與業界知名度。

AI 提示工程師是設計與生成式 AI 模型互動語言的專業人才，負責撰寫結構清晰、邏輯嚴謹的提示詞，引導模型（如 GPT-4、Claude、Gemini 等）產出符合任務需求的高品質回應。

AI 提示工程師的應用場景橫跨教育、行銷、醫療、法律、知識管理、內容創作與數位轉型等領域。他們可透過客製化提示詞設計，協助教師生成教案、企業撰寫行銷文案、自媒體創作腳本、專業人士快速整理摘要內容。未來亦可轉型為 AI 顧問、策略設計師或跨領域整合專才，展現廣闊的職涯發展潛力。

Chapter 1 課後習題

一、選擇題

_____ 1. AI 提示工程師的核心任務是什麼？
(A) 設計能精準引導 AI 模型執行任務的提示詞
(B) 設計 AI 軟體架構與演算法
(C) 開發新的語言模型
(D) 設計圖形使用者介面

_____ 2. 提示工程師與其他部門合作時，最重要的能力之一是？
(A) 修圖能力　　　　　　　　(B) 溝通協作與需求分析能力
(C) 行銷活動管理　　　　　　(D) 網頁開發技能

_____ 3. 在提示詞的設計策略中，下列何者屬於常見做法？
(A) 使用圖形提示模版
(B) 僅用問句引導模型
(C) 加入角色設定、語氣要求與格式限制
(D) 僅以命令句為主

_____ 4. 成為提示工程師，哪一項特質是關鍵？
(A) 書法能力
(B) 對語言結構與模型邏輯具備高度敏感度
(C) 精通資料庫建構
(D) 擅長剪輯影片

_____ 5. 下列哪一項不是提示工程師的常見任務？
(A) 訓練語言模型權重
(B) 測試並優化提示詞效果
(C) 設計可重複使用的提示詞模組
(D) 撰寫提示設計說明文件

_____ 6. 提示工程師需要具備哪種思維模式來拆解任務？
(A) 單向行銷思維
(B) 資料採礦與統計模型優化
(C) 系統化與邏輯解構能力
(D) 程式編譯器設計

_____ 7. 哪一項是提示工程師經常使用的追蹤與測試工具？
(A) PromptLayer　　　　　　(B) GitBook
(C) Canva　　　　　　　　　(D) Tableau

_____ 8. 以下哪個平台是提示詞收藏與交流的社群平台？
　　　(A) Adobe　　　　　　　　　(B) FlowGPT
　　　(C) LangChain　　　　　　　(D) Grammarly

_____ 9. 若需控制模型輸出格式，應在提示中加入什麼元素？
　　　(A) 插圖語意說明　　　　　　(B) 格式限制與字數要求
　　　(C) 預設編碼設定　　　　　　(D) 附加程式碼

_____ 10. 哪一項技能有助於提示工程師進行自動測試與 API 串接？
　　　(A) Excel 巨集設計　　　　　(B) 網頁切版與 RWD
　　　(C) Python 程式設計　　　　 (D) 演算法複雜度分析

_____ 11. 提示工程師設計跨產業範本庫的目的為何？
　　　(A) 提升提示詞可重用性與規模化應用
　　　(B) 設計圖表模板
　　　(C) 匯出 PPT 簡報風格
　　　(D) 強化行動裝置介面設計

_____ 12. 在創造力訓練方面，提示工程師可運用哪些技巧？
　　　(A) 表單自動化工具
　　　(B) 短影音製作技巧
　　　(C) SCAMPER、語意連結圖、逆向提問等創意思考方法
　　　(D) 整合 ERP 系統設計

_____ 13. 提示工程師與法務人員合作設計法律機器人時，應特別注意什麼？
　　　(A) 音檔轉錄格式正確
　　　(B) 法條邏輯、語氣與資料正確性
　　　(C) 色彩搭配與視覺風格
　　　(D) 標點符號與圖表配合

_____ 14. LangChain 的主要用途是？
　　　(A) 美術創作
　　　(B) 搜尋引擎優化
　　　(C) 建立多階段提示處理流程與鏈式任務
　　　(D) 網頁設計互動功能

_____ 15. 以下哪一個平台提供提示詞交易與參考資源？
　　　(A) Hugging Face　　　　　　(B) PromptScholar
　　　(C) PromptBase　　　　　　　(D) SlideGo

_____ 16. 提示工程師在教育領域的應用包括哪些？
    (A) 為學生統計考試成績
    (B) 協助教師設計 AI 輔助教材與練習題
    (C) 撰寫課程法規條文
    (D) 操作課堂影音轉錄

_____ 17. 提示工程師若參與產品設計流程，可能扮演什麼角色？
    (A) AI 功能策略設計顧問　　　(B) 使用者問卷設計師
    (C) SEO 策略顧問　　　　　　(D) UI 測試專員

_____ 18. 要成為優秀提示工程師，哪種人格特質有助於反覆修正、逐步變好？
    (A) 魅力與幽默　　　　　　　(B) 劇場表演與手勢
    (C) 強記憶力與速度感　　　　(D) 細心、耐心與創新精神

_____ 19. 提示工程師與哪些領域結合可創造跨界價值？
    (A) 教育、行銷、醫療、法律等　(B) 室內設計與建築工程
    (C) 服飾設計與餐飲服務　　　　(D) 生態環保與農業改良

_____ 20. 以下哪一項為未來提示工程師可能的進階職涯發展？
    (A) 手寫辨識工程師　　　　　(B) 網路工程師
    (C) 視覺設計師　　　　　　　(D) AI 策略顧問或知識系統設計師

二、問答題

1. 請說明 AI 提示工程師的定義與主要任務。

2. 成為一位提示工程師需要具備哪些能力？請列出三項以上。

3. 請列舉至少三個提示工程師常用的平台或工具。

4. 為什麼提示工程師需具備「邏輯拆解能力」？

5. 試舉一個提示工程師在醫療應用中的案例。

6. 提示詞範本的建立有什麼好處？

7. 請說明提示工程師中的創造力如何養成。

8. 如何使用提示詞控制 AI 模型的語氣與角色？

9. 提示工程師的職業發展可朝哪些方向延伸？請舉例兩項。

10. 為何 Python 對提示工程師而言是一項重要技能？

11. 請列出提示工程師常需合作的三個職務角色。

12. 試舉提示工程師協助行銷團隊應用 AI 的實例。

13. 請簡述提示詞 A/B 測試的意義與流程。

14. 在跨領域整合應用中，提示工程師應具備哪些學習態度？

15. 哪些社群平台或資源有助於提示工程師持續精進？

Chapter 2

初探人工智慧生成內容（AIGC）

近年來，人工智慧生成內容（AIGC, AI-Generated Content）迅速發展，為文字、圖片、音樂、影片、簡報等多種內容形式的創作帶來革命性的變化。AIGC 不僅大幅降低創作門檻，更重新定義了內容生產的效率與呈現方式，對教育、創作、行銷與辦公等領域產生深遠影響。

本章將帶領讀者初步了解 AIGC 的基本概念與應用範疇，認識各類 AI 內容生成工具，並探討其在教育現場的未來潛力與可能面臨的挑戰。

2-1　認識人工智慧生成內容（AIGC）

2-2　自然語言文字生成 AI 工具

2-3　圖片生成 AI 工具應用導覽與推薦

2-4　影音生成 AI 工具

2-5　簡報生成 AI 工具

2-6　AIGC 的教育趨勢與挑戰

2-1 認識人工智慧生成內容（AIGC）

人工智慧生成內容（Artificial Intelligence-Generated Content，簡稱 AIGC）是當前數位內容創作領域的一項重大突破。此技術結合深度學習演算法與大數據訓練模型，能自動生成文字、圖像、影片、簡報等多媒體形式，徹底改變了資訊產出與設計的方式。

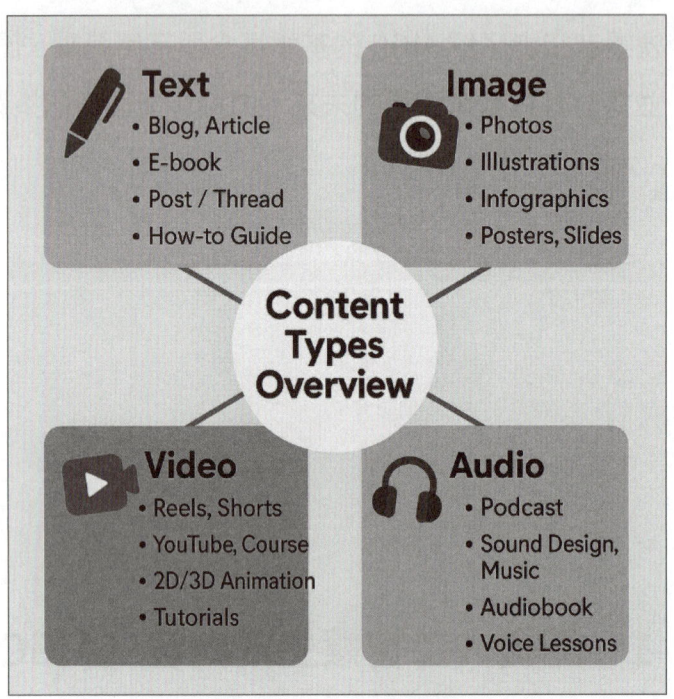

▲ 人工智慧生成內容可呈現多元內容類型

AIGC 的最大優勢在於「高效率」與「低門檻」。過去撰寫行銷文案、設計海報或剪輯影片，往往需仰賴多位專業人員並投入大量時間與資源。如今，只需輸入簡單指令，AI 即可：

- 生成自然口語化的銷售對話。
- 設計符合品牌調性的社群貼圖。
- 編排符合剪輯邏輯的短影音草稿。

舉例應用：

- 教師可使用 AIGC 工具製作 3 分鐘動畫影片，講解歷史事件或科學原理。
- 創作者可透過 Midjourney 製作多版本封面插畫，並結合 Canva 編排電子報。
- 行銷人員能運用 ChatGPT 搭配 ElevenLabs 製作語音腳本與配音內容。

隨著演算法的不斷進化，AIGC 不僅能快速產出內容，還能根據使用者偏好進行個性化調整，模仿語氣、風格甚至品牌語言。結合語境理解與即時生成能力，AIGC 正朝著「互動式內容共創夥伴」的角色邁進。簡單說，互動式內容共創夥伴就是指一個能與你互動、共同創作或調整內容的合作對象，可能是人，也可能是 AI 工具。

更值得關注的是，AIGC 與 AR、VR、MR（混合實境）等沉浸式技術的結合，正在為下一代教育、娛樂與商業應用開啟全新想像。例如，未來學生或許只需透過語音指令，即可讓 AI 即時建構出一座歷史古城，進行虛擬導覽式學習。

總結而言，AIGC 正在重新定義創作流程的基本樣貌。它不僅讓內容產出更快速靈活，也促進個人創意的實現與企業內容產能的提升。隨著工具多樣化與應用深度的持續擴充，AIGC 勢必成為未來數位轉型的重要核心技術。

在實務應用層面，AIGC 工具依其產出類型可概略分為四大類：文字生成、圖像生成、影音生成與簡報生成。下一節將介紹多款實用工具，協助你快速進入實作應用階段。

2-2 自然語言文字生成 AI 工具

自然語言文字生成（NLG, Natural Language Generation）AI 工具正快速改變我們撰寫、溝通與創作的方式。這些工具能根據使用者的輸入，自動產出語意通順、高品質的文字內容，廣泛應用於新聞摘要、程式教學、教育教案、客服自動化與市場分析報告等多種情境，為內容產業與日常工作注入嶄新動能。

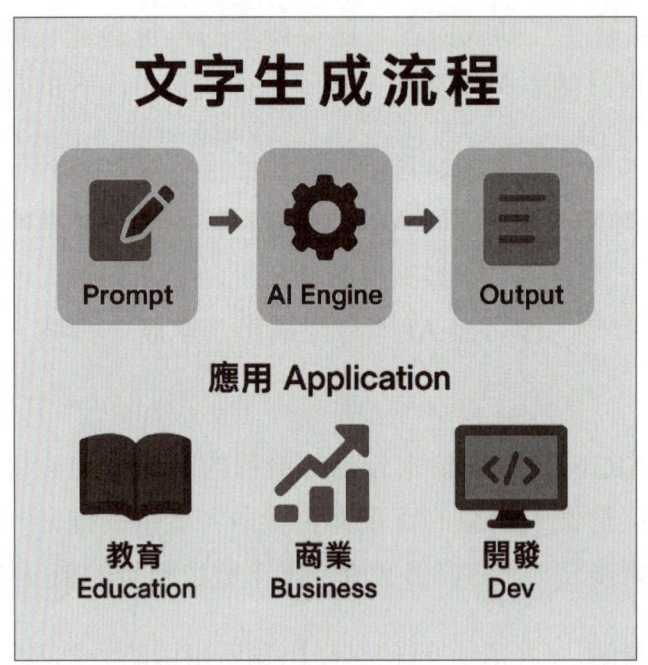

△ 文字生成流程圖、應用場景圖如教育、商業、程式開發

▶ 2-2-1 ChatGPT（OpenAI）

由 OpenAI 開發的 ChatGPT 是目前最廣為人知的文字生成工具之一，基礎架構建構於 GPT 系列模型，擅長模擬人類語言邏輯，能生成自然對話、說明文件與程式碼。應用場景涵蓋：學習助教、語言教學對話者、SEO 文案生成器、程式除錯工具、行政公文撰寫等，實用性高且多元。

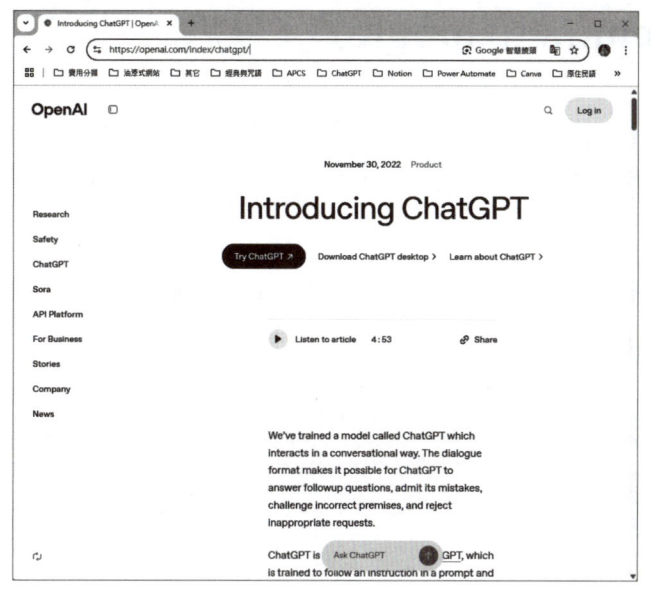

▲ 官方網站：https://openai.com/index/chatgpt/

▶ 2-2-2　Claude（Anthropic）

　　Claude 是由 Anthropic 推出的語言模型，其設計理念強調「AI 安全性」與「人性化對話邏輯」，特別適合企業、醫療、教育等需穩定回應機制的專業場域。Claude 擁有優異的長文理解能力，能處理法律摘要、病歷說明、專案簡報等複雜任務，並提供符合倫理規範的建議與協助。

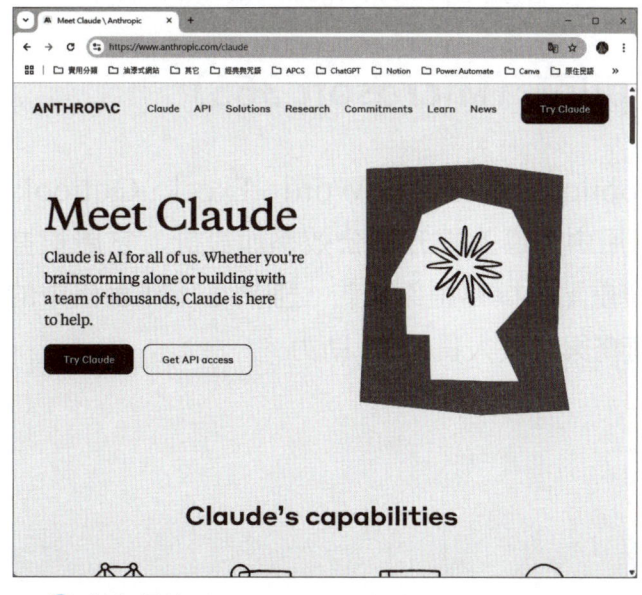

▲ 官方網站：https://www.anthropic.com/claude

2-2-3　Gemini（Google）

　　Gemini 是 Google 最新推出的多模態語言系統，除了語言生成能力強大外，還整合了圖像、影片與語音處理功能，適用於各類跨媒體內容的協作場景。例如：教育互動影片腳本產生、YouTube 播放摘要、圖表轉文字報告等。老師可利用 Gemini 同步生成課文摘要與插圖描述，搭配教學簡報進行課堂互動；企業也可運用其功能產製影音會議紀錄與自動摘要資料。

△ 官方網站：https://gemini.google.com/app

2-2-4　Copilot（Microsoft 365）

　　Microsoft Copilot 深度整合於 Word、Excel、Outlook、PowerPoint 等 Microsoft 365 應用中，專為提升辦公效率而設計。它能根據電子郵件內容自動擬稿、整理會議重點、撰寫提案報告，並將 Excel 表格中的資料轉換為自然語言分析，成為商務與行政人員的 AI 助力。

官方網站：https://copilot.microsoft.com/

2-2-5　Grok-3（xAI）

　　Grok-3 是由 xAI（由伊隆・馬斯克創立）開發的推理型 AI 模型，結合深度搜尋能力與創意思維設計。其擅長處理需高度邏輯分析的任務，例如：科學研究、數學建模、時事整合與趨勢預測。其中的「Think 模式」適用於嚴謹推理場景，「Big Brain 模式」則支援創意生成，如劇本構思、遊戲設計等。此外，Grok-3 能連結 X（前 Twitter）社群資料，進行即時觀點整合與輿情分析，展現 AI 與社群動態結合的潛在威力。

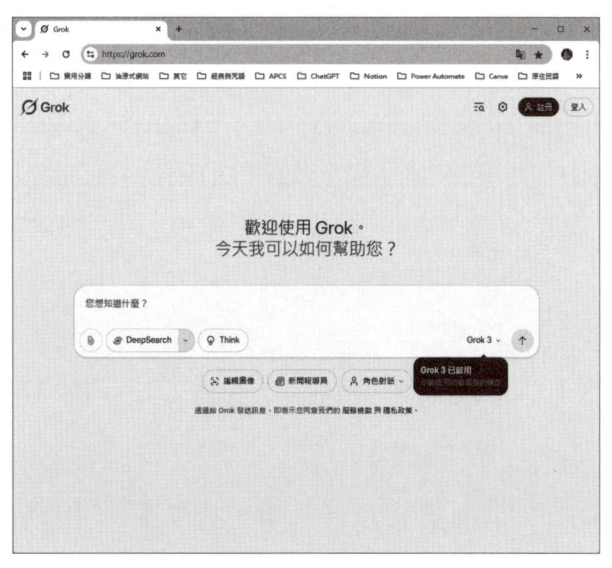

官方網站：https://grok.com/

至於使用者如何選擇合適的文字生成工具，可以參考文字生成 AI 工具有其各自擅長的方向：

- **ChatGPT**：擅長自然對話與多用途內容生成。
- **Claude**：強調安全性與倫理，適合專業場域。
- **Gemini**：支援多模態協作，適用於跨媒體教學與內容整理。
- **Copilot**：聚焦辦公效率，自動化報告與文書處理。
- **Grok-3**：結合邏輯推理與創意生成，支援即時社群應用。

使用者可根據需求（如教育、商業、娛樂、開發等）選擇最適合的工具。隨著技術不斷進化，這些工具將持續創造更多內容創作的新價值與可能性。

2-3 圖片生成 AI 工具應用導覽與推薦

　　圖片生成 AI 工具正迅速成為數位創作流程中的核心助手。無論是設計師、教育工作者，還是一般創作者，都能透過這些工具在極短時間內產出風格多樣、高解析度的圖像內容。從行銷視覺設計到概念草圖、從插畫創作到產品預覽，圖片生成 AI 不僅大幅降低了美術創作的門檻，更引領跨產業的應用革命。

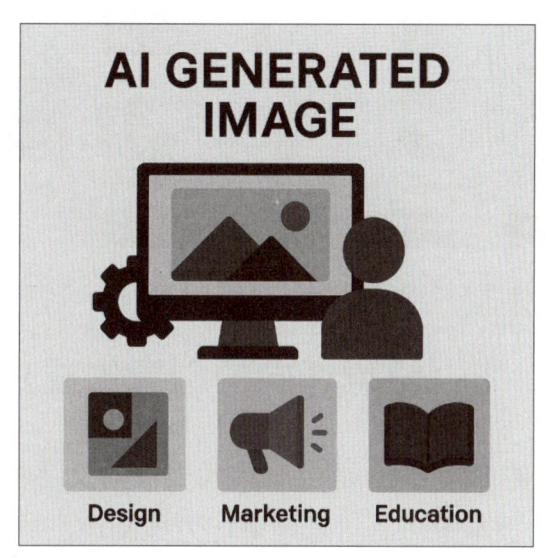

▲ AI 生成圖片在設計、行銷、教育等情境的應用示意圖

▶ 2-3-1 Playground（直覺式創作）

　　Playground 是一款強調即時回饋與操作直覺的圖片生成平台。使用者只需輸入簡單的描述文字，即可快速生成畫質清晰、風格多變的圖像，特別適合用於社群視覺素材製作、活動主視覺提案與品牌延伸設計等場景。

　　Playground 支援細節控制與風格模版套用，即便沒有設計背景的使用者，也能創作出具備專業水準的作品。其即時預覽功能與簡潔介面，使創作流程更加輕鬆順暢，是初學者與視覺創意從業者的理想工具之一。

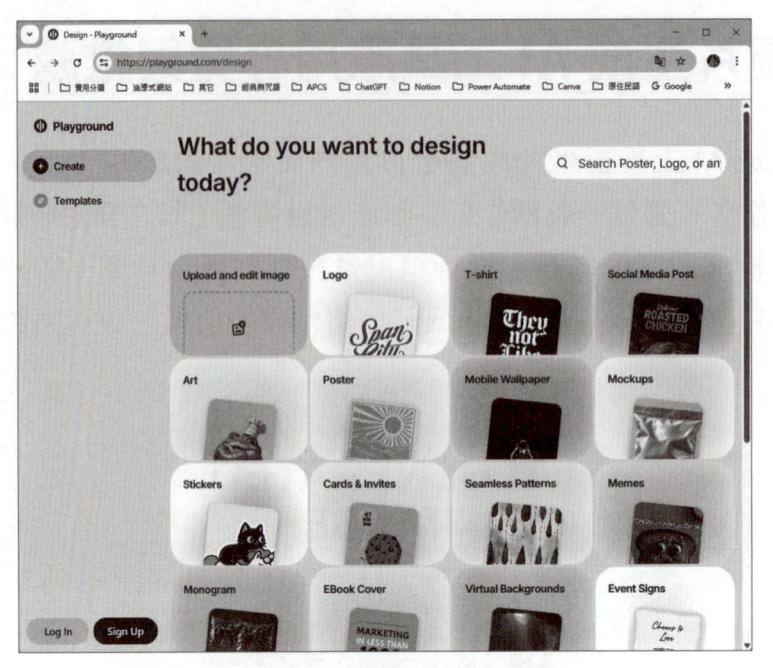

▲ 官方網站：https://playground.com/design

▶ 2-3-2 DALL・E（語意導向的創意生成）

由 OpenAI 推出的 DALL・E 是目前具代表性的文字轉圖片 AI 工具之一。特別是在 DALL・E 3 版本中，其語意理解能力與細節生成品質有了顯著提升，能夠精準轉譯複雜的語句提示，創作出兼具故事性與想像力的視覺作品。舉例來說，只需輸入「一隻在太空中釣魚的狐狸」，系統便能生成一幅具備光影層次、空間感與豐富場景細節的插圖，呈現極具敘事性的畫面。

此外，DALL・E 支援進階功能如圖像編輯（Inpainting）、畫面延展（Outpainting）與 ChatGPT 的整合式生成，可透過對話方式逐步調整畫面元素與構圖方向，顯著提升互動性與創意迭代效率，所謂迭代是指重複修正與改進的過程，每次都讓成果更接近目標，因此能為創作者帶來前所未有的靈活創作體驗。

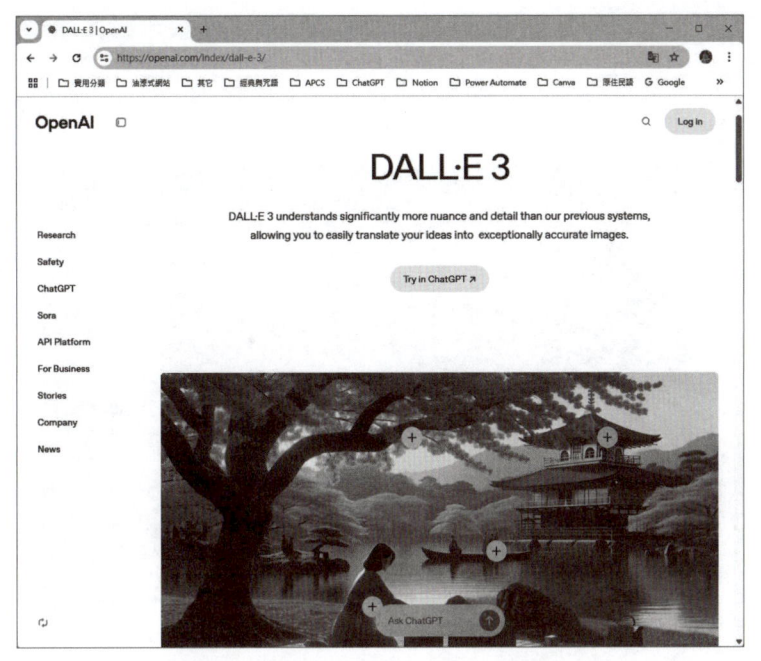

2-3 圖片生成 AI 工具應用導覽與推薦

▲ 官方網站：https://openai.com/index/dall-e-3/

▶ 2-3-3 Midjourney（藝術風格專精）

　　Midjourney 是目前在藝術風格生成領域中最具話題性的圖片生成工具之一。該工具透過 Discord 平台運作，結合高品質圖像渲染演算法與社群互動機制，能創作出極具美感與敘事性的圖像作品，風格涵蓋畫家筆觸、幻想構圖、數位插畫等。

　　Midjourney 特別適合應用於封面設計、角色概念設計、奇幻插畫及電影場景概念圖等創意視覺領域。使用者可透過參數指令（如 --v 5 控制版本、--ar 3:2 設定畫面比例）進行解析度與構圖設定，精準調整圖像風格與表現形式。另外，其社群分享與風格參照機制，也鼓勵創作者交流靈感與模組化提示詞的運用，是追求藝術風格精緻度與視覺敘事力使用者的理想選擇。

33

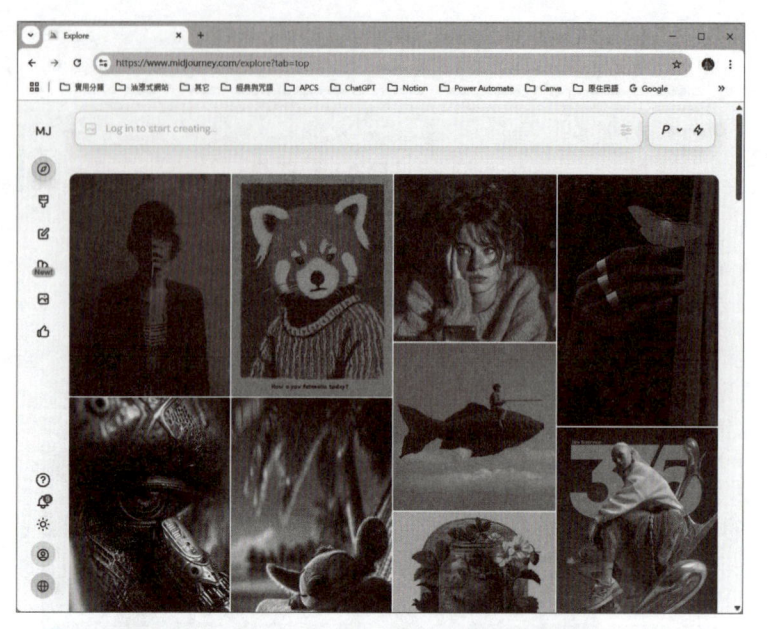

△ 官方網站：https://www.midjourney.com/explore?tab=top

▶ 2-3-4 延伸應用實例

　　圖片生成 AI 工具不僅適用於藝術創作與視覺設計，也能廣泛應用於教育簡報、行銷素材、社群貼文、產品展示等多元情境。本節將整理幾個跨領域的實務應用案例，說明如何依任務需求選擇最適合的工具。

範例

- 教育內容視覺化：老師運用 DALL‧E 為歷史課程設計事件場景插圖，讓學生能透過圖像理解抽象內容，有效提升學習動機與專注度。
- 電商視覺 A/B 測試：行銷團隊利用 Midjourney 生成多款不同風格的產品包裝視覺，進行社群平台上的 A/B 廣告測試，找出最具吸引力的設計方向。
- 社群品牌美感營運：個人創作者使用 Playground 製作主題式插畫圖組，打造風格統一的 Instagram 貼文排版，提高品牌識別度與粉絲互動率。

　　隨著 AIGC 工具的技術演進，未來的圖片生成技術預期將朝向「更擬真、更可控、更多模態整合」（如語音＋圖像）的方向發展，為視覺內容生產開啟更多創新可能。

2-4 影音生成 AI 工具

從文字自動轉語音，到 AI 生成動畫影片與數位分身，影音生成技術正快速改變媒體製作與內容創作的方式。本節將介紹 RunwayML、Pika、ElevenLabs 與 Sora 等代表性工具，說明其功能特點與使用流程，並探討這些工具如何協助影音創作變得更快速、低成本且富有創意潛力。

▶ 2-4-1 影片製作與後製：Runway ML、Pika

在 AI 影像生成與影片處理領域中，Runway ML 與 Pika 是目前最受關注的兩款影片生成平台。這些工具專為創作者、設計師與內容製作人打造，能大幅減少剪輯與後製時間，並提供多樣化的影片生成與視覺處理功能。

1. Runway ML：整合式影片生成平台

Runway ML 是一套功能強大的整合型影片生成平台，支援多種創作功能，包括文字轉影片、即時背景去除、色調調整、場景延伸、物件移除與鏡頭穩定等。使用者只需輸入幾句自然語言（例如「一隻在雨中奔跑的狗」），系統即能根據語意生成符合畫面敘事邏輯的動態片段。Runway 特別適合應用於短影片製作、廣告素材生成與影視剪輯草案的開發階段。

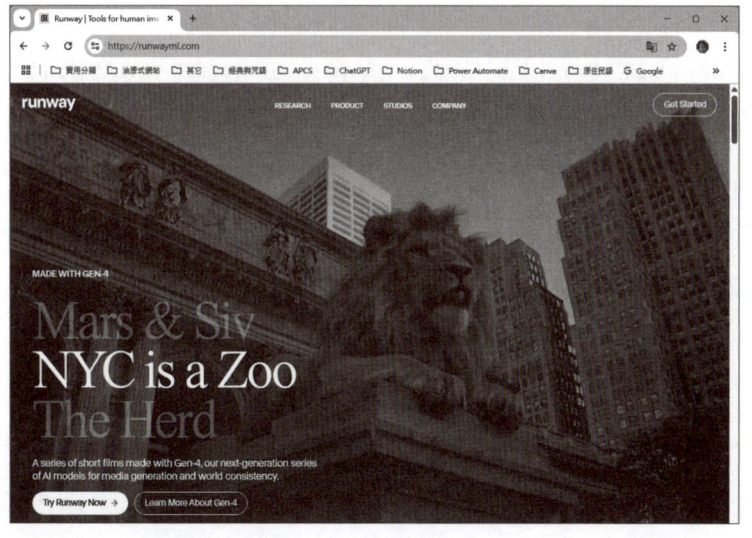

🔺 官方網站：https://runwayml.com/

2. Pika Labs：輕量級動畫與故事影片創作

Pika Labs 聚焦於動畫短片與敘事影片的快速製作，操作介面簡潔，強調「低技術門檻」與「社群樣板重用」的創作模式。使用者可選擇預設角色、場景模板，並搭配簡短提示詞，即可快速生成符合社群平台比例（如 Reels、Shorts、TikTok）的影片片段。Pika 特別適合社群行銷短影音創作者與教育動畫製作者使用，是社群導向與輕製作需求的理想選擇。

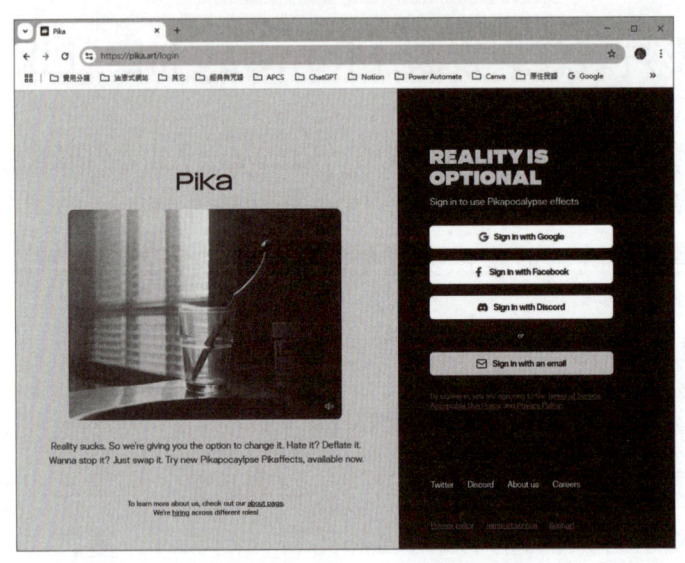

△ 官方網站：https://pika.art/

▶ 2-4-2 聲音生成與數位角色：ElevenLabs、Vidnoz

隨著 AI 語音合成技術日益成熟，聲音生成工具已成為影音創作中不可或缺的利器。其中，ElevenLabs 以自然流暢、情感細膩的語音合成技術著稱，是目前語音生成領域的領導品牌之一。使用者只需輸入文字腳本，即可選擇多種語音角色與語氣風格，生成高品質的敘述語音，廣泛應用於教學影片、企業簡報、Podcast 配音、有聲簡報等多種場景。

1. ElevenLabs：高擬真語音克隆與配音工具

ElevenLabs 也支援語音克隆（clone）技術，只需提供數分鐘的個人語音樣本，AI 即可模擬該說話者的聲線、語調與情緒，應用於有聲書製作、

品牌代言人配音、跨語系內容本地化等場域，提升內容的真實感與在地化程度。

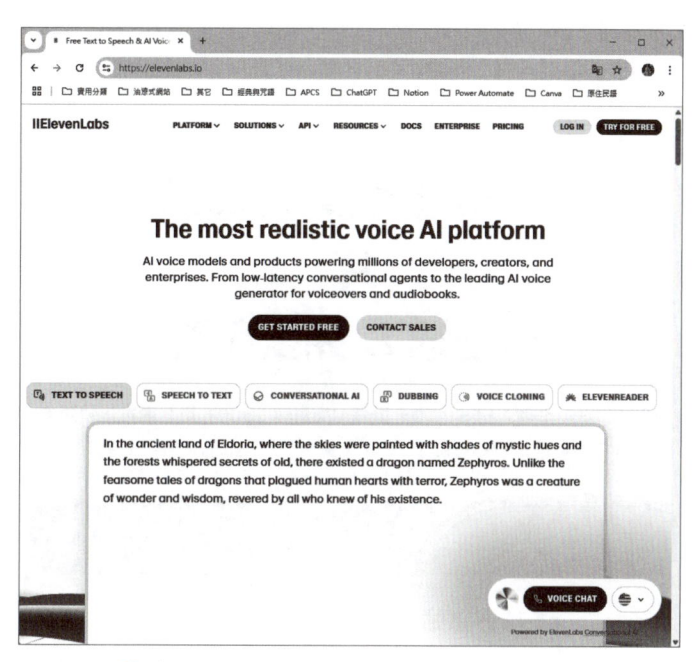

🔷 官方網站：https://www.elevenlabs.io/

2. Vidnoz：華語化 AI 影音製作全能平台

　　另一款具高度實用性的中文系影音工具平台為 Vidnoz。此平台專為華語使用者設計，不僅支援 AI 影片自動生成，還整合了 AI 大頭照、換臉、換聲、動態人像生成與語音翻譯等功能，特別適用於職場簡報、社群影片與產品說明製作等商業應用場景。

> **範例**
> - 創業者可使用 AI 大頭照功能生成專業簡報形象，再搭配 AI 語音為產品進行自動化介紹。
> - 使用者亦可將靜態照片轉換為具備語音與口型動作的數位分身角色，應用於品牌傳播或客製化導覽影片中。

　　這些聲音與人像生成工具不僅擴充了內容創作的多樣性與表現力，也使得個人與企業皆能在不依賴大量人力資源的情況下，製作出高品質影音作品。

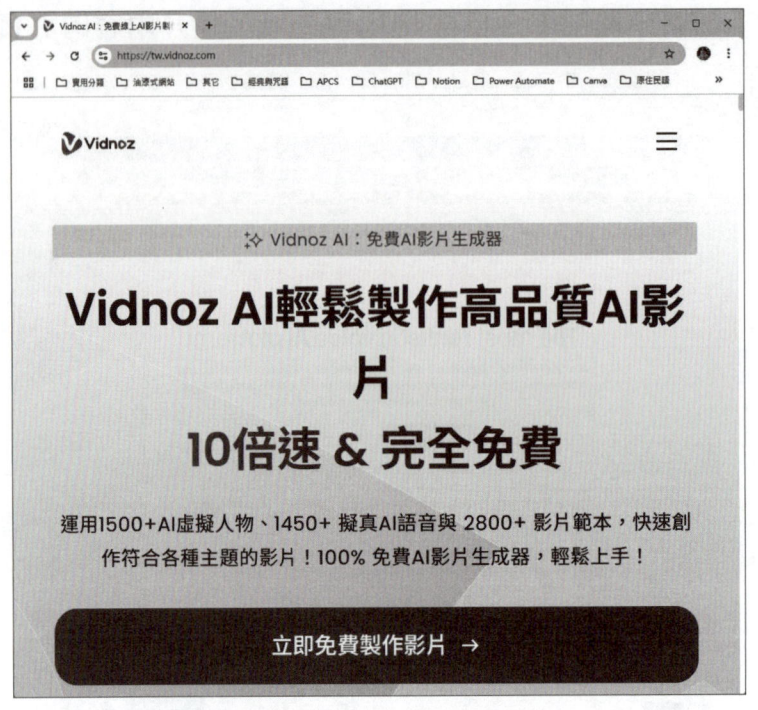

官方網站：https://tw.vidnoz.com/

▶ 2-4-3　故事生成與影片敘事的未來：Sora 與其他創新工具

由 OpenAI 推出的 Sora 是目前最具突破性的文字轉影片生成工具之一。它可根據自然語言描述，自動生成約 5～60 秒具劇情性與動態感的高畫質影片，支援人物動作、場景細節、鏡頭切換與氛圍塑造，實現真正「文字即畫面」的創作體驗。

Sora 不僅具備一般影片剪輯所需的轉場、特效與鏡頭語法控制，還支援「Remix（重製）」、「Loop（循環）」、「Blend（混合）」等創意編輯指令，可針對內容進行快速調整與視覺變化。它特別適用於廣告腳本測試、教育情境模擬、數位故事開發與角色互動影片製作等應用場景。

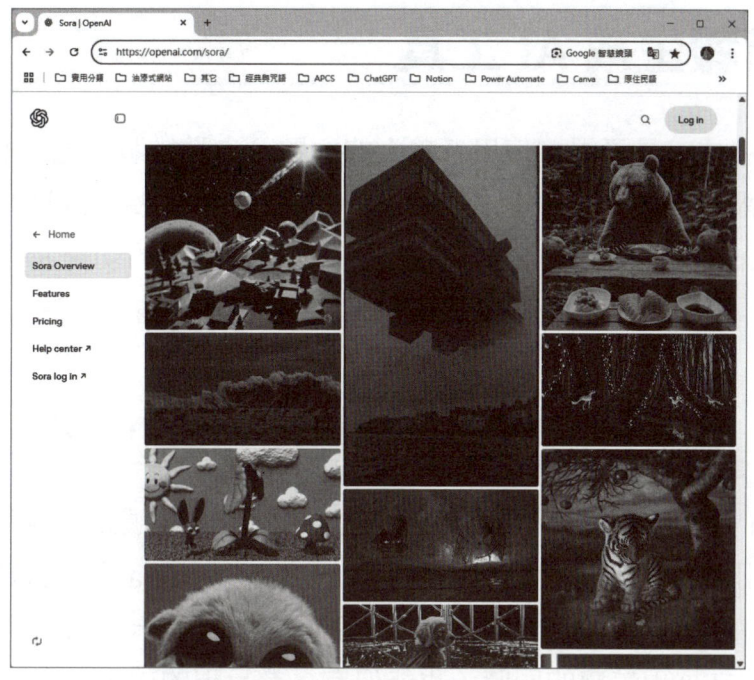

▲ 官方網站：https://openai.com/sora/

　　影音生成技術正朝向「高度互動」與「多模態融合」的方向發展。未來可能的進展包括：

- **即時語音控制與虛擬角色互動**：如 Meta 正開發可透過語音與手勢即時編輯影片內容的 AI 創作平台。

- **3D 建模與沉浸式敘事**：Runway 與 Sora 未來或將支援 3D 場景建構與角色演出，實現動畫導演級的敘事控制。

- **多語系與情緒適應能力**：多語字幕自動生成、角色表情與語調調整等功能，也將逐步成為影片生成工具的標配。

　　影音生成工具的進化不僅加快內容產製流程，更徹底顛覆了「誰能創作」與「如何創作」的傳統界線。在這波數位敘事浪潮中，每個人都可能成為編劇、導演與製作人，開啟屬於自己的創作時代。

2-5 簡報生成 AI 工具

　　AI 簡報生成工具可根據使用者輸入的主題，自動排版、配圖並產出內容，大幅提升簡報製作效率與視覺設計品質。本節將介紹幾款常見的簡報生成平台，包括 Gamma、Tome、Beautiful.ai，並分析它們的功能特點、操作方式與應用場景，協助讀者在教學、會議或提案中快速製作專業簡報。

▶ 2-5-1　結構優先的極簡簡報平台：Gamma

　　Gamma 是一款專為簡報設計而生的生成工具，強調結構自動化與極簡設計美學。使用者只需輸入簡報大綱或主題內容，Gamma 即可自動產出邏輯清晰、視覺一致的簡報頁面。其最大的特色在於模組化卡片設計與智慧排版引擎，使得簡報在展現美感的同時，也能保有專業呈現的效果。

　　Gamma 特別適用於多種場景，包括教育教案設計與教學講義、新創簡報與募資提案、產品簡介與功能展示，以及教學影片的配套說明簡報等。無論是教育還是商務應用，都能有效提升簡報品質與製作效率。

　　在功能方面，Gamma 提供中文介面，操作簡單直觀。它內建多種現代感模板，保持版面整齊一致，並支援圖片搜尋、動畫過場、表格及條列式說明等常見簡報元件。此外，Gamma 支援即時多人協作與預覽，並具備「一鍵發布」功能，可直接將簡報生成網頁版，方便進行線上分享或嵌入至其他平台。

　　綜合來說，Gamma 非常適合教育、培訓與知識型內容的製作。透過模組化卡片的設計理念，使用者可快速建立專業排版，且操作門檻低，即使沒有設計背景也能輕鬆上手。不過，Gamma 在排版彈性上仍有一定限制，對於需要高度自訂化或複雜動畫與互動效果的使用者來說，可能不夠靈活。

官方網站：https://gamma.app/zh-tw

▶ 2-5-2　故事驅動的視覺簡報創作：Tome

　　Tome 是一款結合 AI 技術，專為「說故事」與「視覺簡報」所打造的創作工具。它不僅僅是一個傳統的投影片製作平台，更是一套數位敘事系統，強調敘事邏輯與視覺美學的整合，幫助使用者快速產出具有互動性與故事性的簡報內容。Tome 的設計核心在於推動情境演進，並透過動態視覺呈現強化簡報的吸引力，特別適用於品牌簡介、產品展示、創意提案、教學演示等多元場景。

　　在功能上，Tome 具備多項創新特色。它內建 AI 協作功能，使用者只需輸入簡報主題，系統即可自動生成段落文字與圖像建議，大幅減少內容構思的時間。此外，Tome 支援彈性的版面配置，包括多欄設計與全螢幕動畫過場，使用者可依需求調整畫面佈局。為提升互動性，Tome 還允許嵌入影片、GIF、網頁連結等多媒體元素，讓簡報內容更豐富生動。同時，平台也提供匯出 PDF 與即時發表線上簡報頁面的功能，便於展示與分享。

　　Tome 的優勢在於操作介面簡潔直觀，特別適合重視視覺呈現的創作者或提案者。AI 輔助創作功能更進一步降低內容規劃與設計的門檻，使沒有設計背景的使用者也能輕鬆上手。這使 Tome 成為數位提案、創業簡報、教學展示等領域的理想選擇。

然而，Tome 仍有一些潛在限制。目前的中文處理與段落邏輯尚未完全優化，可能影響部分中文使用者的體驗。此外，免費版本的功能有限，若有更進階的設計或互動需求，則可能需要升級至付費方案。儘管如此，Tome 依然是一款極具創新性的視覺簡報工具，對於追求效率與創意兼具的內容創作來說，提供了嶄新的解決方案。

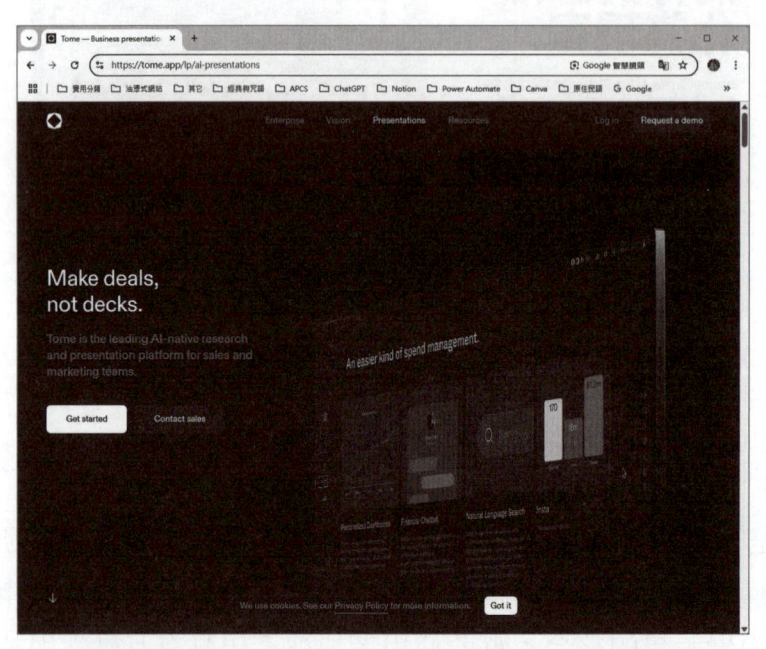

▲ 官方網站：https://tome.app/lp/ai-presentations

▶ 2-5-3　AI 簡報設計雙星：Beautiful.ai 與 Copilot

Beautiful.ai 與 Copilot in PowerPoint 是當今簡報製作領域中兩種具有代表性的 AI 工具，分別象徵著線上簡報平台與傳統簡報軟體 AI 化的發展方向。兩者皆致力於提升簡報設計的效率與視覺品質，但在服務模式、操作方式以及適用情境上展現出明顯差異，使得使用者可依據需求選擇最合適的工具。

1. Beautiful.ai：自動化排版的簡報設計工具

Beautiful.ai 是一款強調設計自動化的線上簡報工具，特別適合追求現代感與科技風格的簡報創作者。其核心特色在於能根據使用者輸入的標題與要點，自動選擇合適的版型並完成排版作業。同時，搭配 AI 資料圖表功

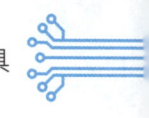

能，可快速將統計資料或關鍵績效指標轉化為視覺化圖表，節省設計時間並強化內容呈現。Beautiful.ai 提供多樣化、風格一致的現代模板，並支援雲端儲存、多人協作與即時線上發表，特別適用於創業簡報、財務報告、科技產品展示及行銷提案等場景。

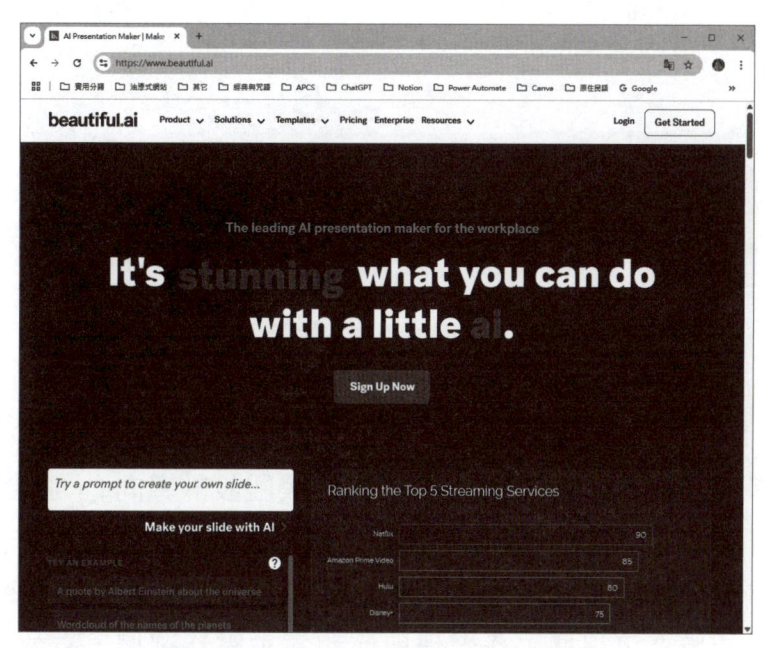

▲ 官方網站：https://www.beautiful.ai/

2. Copilot in PowerPoint：企業導向的簡報助理

相較之下，Copilot in PowerPoint 則是 Microsoft 365 系統中整合 AI 助手的 PowerPoint 擴充功能，專為熟悉 PowerPoint 操作的專業人士與企業用戶所設計。使用者只需提供簡報大綱，Copilot 即可自動生成整份投影片內容，並由 Microsoft AI 補充圖片、圖表與文字段落，提升簡報內容的完整性與表達力。Copilot 最大的優勢在於其深度整合 Microsoft 生態系，可直接匯入 Word 文件、Excel 資料與 Outlook 郵件內容，快速轉換為簡報素材，特別適用於企業日常報告、專案簡報及跨部門資訊彙整等工作需求。此外，Copilot 保留 PowerPoint 的原生操作介面，大幅降低使用門檻與學習成本。

△ 官方網站：https://www.microsoft.com/en-us/microsoft-365/copilot

總體而言，Beautiful.ai 更傾向於「快速美觀設計導向」，適合需要高視覺美感與效率的使用者；而 Copilot 則偏重「資料驅動與工作流程整合」，適用於需要大量內容整理與跨工具協作的商務場景。這兩款工具代表了簡報創作的不同策略方向，使用者可根據工作習慣與簡報需求靈活選擇，有效運用 AI 技術提升簡報品質與生產力。

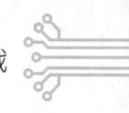

2-6 AIGC 的教育趨勢與挑戰

人工智慧生成內容（AIGC）在教育場域的應用已逐漸成形，涵蓋教材設計、學生寫作輔助、翻譯練習與創意啟發等多元層面。它不僅為教師備課與學生學習帶來前所未有的便利，也開啟了教學與學習方式的新可能。

然而，AIGC 的廣泛導入也伴隨著一些潛在風險與爭議，例如著作權歸屬、學習真實性與評量標準模糊化等問題。本節將深入探討 AIGC 在教育領域的創新潛力與應對挑戰，並思考教師與學習者如何因應未來變革。

▶ 2-6-1 教育實踐中的創新應用與代表工具

AIGC（人工智慧生成內容）在教育領域的應用大致可分為三個主要方向，分別是內容創作、學習輔助與教學簡化。

首先，在內容創作方面，AIGC 能夠協助教師設計各類教材與產出教學文本，無論是課程講義、閱讀材料，甚至是練習題與教學投影片，都能透過 AI 工具迅速生成，節省教師大量備課時間。

其次，在學習輔助層面，AIGC 可支援學生進行語言練習、寫作增能與解題訓練。透過個人化回饋與自動批改機制，學生能獲得即時指導，有效強化學習成效與自主學習能力。

最後，在教學簡化方面，AIGC 有助於減輕教師在備課與教學行政上的負擔，例如自動產生學習歷程紀錄、課堂筆記或測驗題庫，進而提升整體教學效率與品質。

透過這三大方向的整合應用，AIGC 正逐步改變傳統教學模式，為教育現場帶來更多創新與可能。

以下介紹幾款目前廣泛應用於教育現場的 AIGC 工具：

Chapter 2 初探人工智慧生成內容（AIGC）

1. Canva：整合式教學設計平台

Canva 不僅是一個視覺設計工具，更整合了多項 AI 功能，支援教師快速製作教材、海報、互動簡報等。內建的 Magic Write 功能可協助自動產出教案大綱、學習單內容與活動流程設計，特別適合課堂活動、教學簡報與跨領域專題使用。

▲ 官方網站：https://www.canva.com/zh_tw/education/

2. Quillbot：語言強化與翻譯練習輔助

Quillbot 是一款針對英文寫作設計的 AI 工具，具備語句重寫、文法校正與同義替換等功能。學生可用於摘要訓練、句型多樣化練習與翻譯比對；教師則可利用該平台協助學生提升語言表達邏輯與文體掌握。

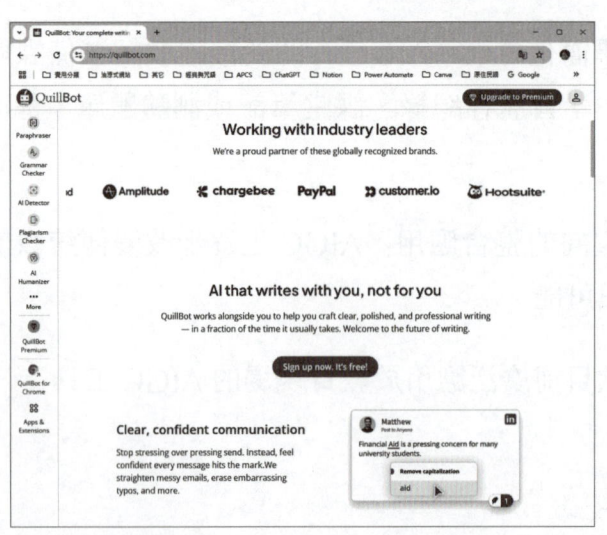

▲ 官方網站：https://quillbot.com/

3. MagicSchool AI：K-12 教師專屬的備課助理

　　MagicSchool AI 是一款專為教育工作者打造的 AIGC 工具，提供教學範本、評量題庫、家長通知信、教案設計等功能，特別針對 K-12 教學場域進行優化。使用者可透過內建範本快速生成所需教學素材，減輕班級導師或行政教師的備課與溝通負擔。

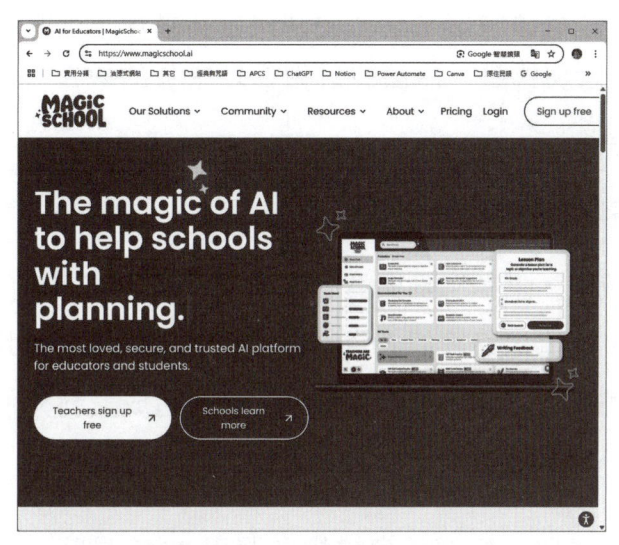

▲ 官方網站：https://www.magicschool.ai/

4. Scribbr AI：學術寫作輔助工具

　　Scribbr AI 專為大學生與研究生設計，可協助進行論文改寫、參考格式檢查（如 APA、MLA）與文獻查詢建議。特別適合用於報告撰寫、期末報告、研究論文等高階學術場景。

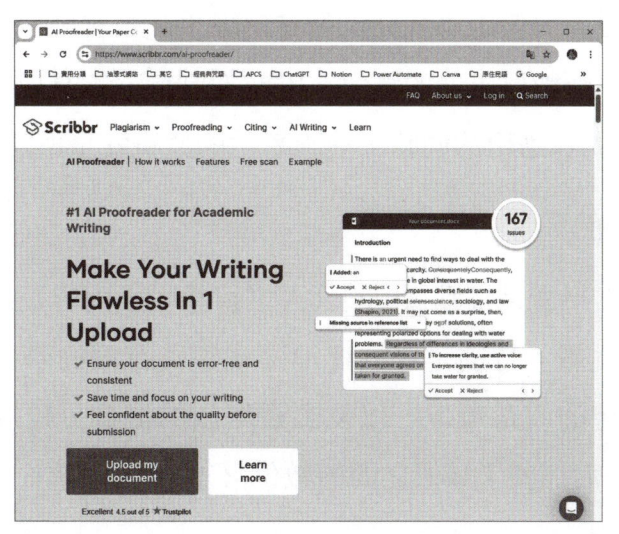

▲ 官方網站：https://www.scribbr.com/ai-proofreader/

這些工具正逐步改變教育現場的工作模式，使教學更有效率、學習更具彈性。不過，教師與學生也需同步提升對 AIGC 工具的判斷力與倫理意識，方能真正發揮其助力、避免過度依賴。

▶ 2-6-2 教育現場面臨的技術與倫理挑戰

儘管 AIGC 在教育領域帶來諸多便利與創新應用，但其推廣與實作過程中也伴隨多層次的風險與挑戰。本節將針對幾項常見的教育現場問題進行說明，並提出具體應對建議。

1. 隱私風險與資料安全

在教育場域中，隱私風險與資料安全是一項不容忽視的重要議題。學生的姓名、成績、學習紀錄等個人資料經常需要被處理與應用，若在未經妥善保護的情況下輸入至各類 AI 工具平台，可能造成資料外洩、隱私侵犯，甚至引發資料濫用的風險。

為降低這類風險，建議教育機構在選用 AI 工具時，應優先考慮符合國際資料保護法規的產品，例如歐盟的一般資料保護規則（GDPR）或美國加州的消費者隱私法案（CCPA），以確保基本的合規性與防護機制。此外，學校應建立明確的資料使用規範與存取控管流程，同時設置資訊安全監測系統，以防止資料在未經授權下被擷取或洩露。

除了技術層面的保護措施外，教育現場也應重視師生的數位素養訓練，培養其辨識與因應數位風險的能力。唯有從制度、工具與教育三方面同步強化，才能在推動 AI 應用的同時，守護學生的個資安全與隱私權益。

2. 教育資源不平衡

教育資源不平衡是推動 AIGC（人工智慧生成內容）在教育現場應用時所面臨的重要挑戰。特別是在偏鄉地區或經費有限的學校，往往因缺乏必要的設備、穩定的網路環境，以及師資培訓的機會，難以有效導入與運用 AIGC 技術，進而加劇了城鄉之間的數位落差。

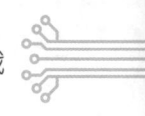

為了縮小這項差距,建議政府與相關教育單位應主動擬定具體的 AI 教育普及政策,推動數位平權的實踐。同時,應針對偏鄉地區提供基礎硬體建設的補助方案,並設計針對性教師研習課程,讓各地教師皆能具備應用 AI 工具的能力。此外,透過推廣開放平台與公有資源分享機制,可提升教育工具的可近性與可用性,使所有學生不論地區背景,都能享有公平的數位學習機會。

唯有從政策制定、資源投入與平台共享等多面向著手,才能真正實現 AIGC 技術在教育現場的普及與平等發展。

3. 學習真實性與過度依賴風險

在 AIGC 技術廣泛應用於教育現場的同時,也帶來了學習真實性與過度依賴的風險。當學生長期仰賴 AI 工具來完成作業、撰寫摘要或進行解題,容易對 AI 產出的內容產生過度信任,進而削弱自身的理解能力、批判思維以及獨立思考的能力。這種依賴性若未加以引導,將可能影響學生的深度學習與長期學習成效。

為了避免這類情況,教師在教學設計上應採取更具開放性與實作導向的評量方式,透過問題解決、探究任務與創作活動,鼓勵學生主動思考並靈活應用知識。此外,應引導學生將 AI 工具視為學習的輔助資源,而非獲得正確答案的唯一管道,藉此培養他們對資訊的辨識與整合能力。

同時,學校也應納入數位倫理與 AI 素養相關課程,協助學生學會正確使用 AI 工具,並具備質疑與驗證其內容的能力。唯有在技術應用與價值教育之間取得平衡,才能確保學生在數位時代中維持真實學習的品質與思辨能力的養成。

AIGC 技術的導入,應以「促進教與學」為核心,而非完全取代原有學習方式。唯有在技術與倫理並重的前提下,AI 教育應用才能真正發揮其長遠價值。

Chapter 2 初探人工智慧生成內容（AIGC）

▲ 學生使用 AI 解題 vs. 傳統動手操作解題的對照圖

▶ 2-6-3 教育者的角色轉型與 AIGC 未來整合方向

AIGC 技術的發展正逐步改變教育者的定位，教師的角色將從「知識傳遞者」轉型為「學習設計師」與「學習引導者」。不再僅是課程內容的提供者，而是學習體驗的策劃者與技術整合的推動者。為有效因應 AIGC（人工智慧生成內容）所帶來的教育變革，未來的教育者必須具備多項關鍵能力，以充分運用新技術提升教學品質與學習效能。

首先，在教師應具備的核心素養方面，提示（prompt）詞設計能力是最基本的入門技能。教師需能根據不同的教學目標，設計出具引導性與針對性的提示詞，讓 AI 能生成真正符合需求的教學內容。其次，AI 工具的辨識與選用能力也至關重要，教師應熟悉各種 AI 工具的功能與應用場景，並能靈活選擇合適資源來輔助課堂教學。進一步地，教師還需具備教學轉化能力，將 AI 所產出的內容有效整合進課程中，進行補充、調整與個別化教學設計。

最後，評量設計能力亦是不可或缺的一環，教師應能設計出結合 AI 輔助成果的多元評量方式，強調學生的學習歷程與真實表現，而不僅僅是結果評量。

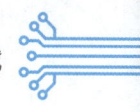

展望未來，AIGC 在教育領域的發展也將更趨多元與深化。舉例而言，語音 AI 技術將能協助視障學生或閱讀障礙者透過語音轉換系統進行學習，有助於落實教育平權；AI 教師助手則能協助分析學生學習數據，提供個別化的學習診斷與補救建議，並自動生成學習歷程紀錄，減輕教師負擔。

此外，在語言教育方面，AI 可結合翻譯技術與文化情境模擬，打造沉浸式的多語學習平台，提升學生的跨語系溝通與理解能力。至於教育遊戲的發展，也將受益於 AIGC 的即時生成能力，能創造出更具劇情深度與角色互動的學習情境，進一步提高學生的參與度與學習動機。

總之，未來的教育者不僅需要熟悉 AI 技術，更需具備整合、轉化與評量的專業能力，才能在 AI 世代中引導學生邁向更有深度與廣度的學習旅程。

▲ AI 教師助手與實體教師協同設計課程之合作場景插圖

其實 AIGC 並非取代教育者，而是放大教師專業價值的催化劑。未來的教育現場將更加重視設計思維、數位素養與創意整合，教師如果能掌握 AI 技術的應用邏輯與教學轉化策略，將在智慧教育時代中扮演不可或缺的關鍵角色。

CH2 重點回顧

1. 人工智慧生成內容（AIGC）技術結合深度學習與大數據模型，能快速生成文字、圖像、影片、簡報等多媒體內容，廣泛應用於教育、行銷、創作與辦公領域，並大幅降低內容製作門檻與專業技術門檻。

2. 文字生成與語言處理類的代表工具有：ChatGPT、Claude、Gemini、Copilot（Microsoft 365）、Grok-3（xAI）。

3. ChatGPT擅長模擬人類語言邏輯，支援自然對話、說明文與程式碼生成等多元應用，能作為學習助教、語言對話者、文案生成器與行政寫作助手。

4. ChatGPT主要應用在教育教案撰寫、語言學習輔助、程式教學對話模擬、公文與電子郵件撰寫、內容創作與AI助理功能整合。

5. 圖像生成AI工具可根據使用者輸入的描述，快速生成高畫質的視覺作品，廣泛用於社群設計、行銷提案、教育簡報與創作插圖中。

6. 圖像生成類的代表工具有：Playground、DALL·E、Midjourney。

7. DALL·E擅長語意理解與細節描繪，可將複雜文字指令轉為具敘事性與風格化的插圖。

8. DALL·E主要應用在教育插圖製作、廣告視覺設計、故事繪本構圖與品牌形象創作。

9. 影音生成AI工具可自動製作影片、合成語音或生成動畫，提升影音創作速度並降低剪輯技術門檻。

10. 影音生成類的代表工具有：Runway ML、Pika Labs、ElevenLabs、Vidnoz、Sora（OpenAI）。

11. Runway ML擅長影片後製與影像生成，可進行背景去除、物件移除、影片風格轉換等多種編輯任務。

12. Runway ML主要應用在短影音製作、廣告影片開發、教學影片剪輯與創意動畫製作。

13. 簡報生成AI工具可根據輸入主題與內容，自動排版並產出具設計感與邏輯性的簡報頁面。

14. 簡報生成類的代表工具有：Gamma、Tome、Beautiful.ai、Copilot in PowerPoint。

15. Gamma強調極簡排版與結構導向，適合教育簡報與知識型簡報內容製作。

16. Gamma主要應用在課程設計簡報、創業提案、產品簡報與報告視覺化示範。

17. AIGC在教育領域中展現出教材製作、學習輔助與個人化教學三大應用優勢，能幫助教師與學生提升學習效率與內容品質。

18. 教育應用代表工具有：Canva（教育版）、Quillbot、MagicSchool AI、Scribbr AI。

19. MagicSchool AI為教師提供教案生成、評量設計、行政文本編寫等功能，支援K-12教學日常。

20. MagicSchool AI主要應用在備課簡化、教學內容生成、評量題目快速產出與家長溝通文本撰寫。

21. AIGC在教育實務應用中仍面臨資料安全、學習真實性與教育資源落差等挑戰，教師需具備提示詞設計、工具判讀與評量創新等素養。

Chapter 2 課後習題

一、選擇題

_____ 1. AIGC 技術主要結合哪兩種技術基礎？
(A) 深度學習與大數據模型　　　(B) 區塊鏈與雲端計算
(C) 感測器與物聯網　　　　　　(D) 機器視覺與語音辨識

_____ 2. 下列何者屬於 ChatGPT 的常見應用場景？
(A) 專業影片剪輯與轉場設計　　(B) 建築藍圖繪製與施工模擬
(C) 學習助教與語言教學對話者　(D) 精細的 3D 建模與渲染設計

_____ 3. 哪一個工具由 Google 推出並具備圖像、語音整合能力？
(A) Claude　　　　　　　　　　(B) Copilot
(C) Gemini　　　　　　　　　　(D) MagicSchool AI

_____ 4. Playground AI 圖片生成工具的最大特色是？
(A) 即時生成與風格控制簡易　　(B) 可生成 AI 角色配音
(C) 適合長文資料摘要　　　　　(D) 針對職場簡報自動生成

_____ 5. DALL·E 的哪一項能力最強？
(A) 即時圖像翻譯
(B) 多語系輸出
(C) 語意理解與細節描繪之圖形繪製能力
(D) 分析統計圖表與報告

_____ 6. Midjourney 最適合下列哪種創作用途？
(A) YouTube 影片剪輯　　　　　(B) 藝術風格插畫與概念圖設計
(C) 行銷簡報設計與排版　　　　(D) 論文翻譯與寫作建議

_____ 7. Runway ML 可應用於下列哪一項？
(A) 建立互動問答系統
(B) 背景去除、影片色調調整與物件移除等後製
(C) 3D 建模動畫設計
(D) 編輯 AI 原始演算法

_____ 8. Pika Labs 主要強調哪方面特色？
(A) 快速社群短影音與模板簡易生成
(B) 聲音合成與聲音轉換
(C) 多語系編輯與語意結構分析
(D) 影片字幕辨識與轉錄

_____ 9. ElevenLabs 的語音技術能實現哪項應用？
　　　　　(A) 影片剪輯與轉場效果　　　(B) 編輯簡報動畫流程
　　　　　(C) 聲音情緒與語調擬真合成　(D) 建立資料分析儀表板

_____ 10. Vidnoz 是哪一類工具？
　　　　　(A) 華語使用者專用的影音 AI 平台
　　　　　(B) 美術圖像編輯平台
　　　　　(C) 工程模擬資料可視化工具
　　　　　(D) VR 虛擬展覽建模軟體

_____ 11. Sora 能協助使用者進行哪項任務？
　　　　　(A) 區塊鏈資料儲存
　　　　　(B) AI 模型訓練
　　　　　(C) 生成具故事性與動態性的高畫質影片
　　　　　(D) 網頁程式編寫輔助

_____ 12. Gamma 主要用於什麼情境？
　　　　　(A) AR 教學動畫編排　　　　(B) 教案簡報與知識型內容視覺化
　　　　　(C) 商業 ERP 流程建置　　　 (D) 醫療報告預測模型設計

_____ 13. Tome 的哪個特性最突出？
　　　　　(A) 資料預測精度高　　　　　(B) 表格產生自動化
　　　　　(C) 設計圖庫多元　　　　　　(D) 故事敘事邏輯與視覺簡報整合

_____ 14. Copilot in PowerPoint 特別適合什麼類型使用者？
　　　　　(A) 新手程式設計師　　　　　(B) 科學資料建模研究人員
　　　　　(C) 藝術與繪圖工作者　　　　(D) 熟悉 PPT 並需快速生成簡報者

_____ 15. Beautiful.ai 的設計重點是？
　　　　　(A) 寫作語句優化
　　　　　(B) 知識庫建置
　　　　　(C) 輸入語音即自動生成簡報
　　　　　(D) 設計現代化圖文排版與資料視覺化

_____ 16. Canva 教育版最適合下列哪個族群使用？
　　　　　(A) 法律人員進行判例建構
　　　　　(B) 教師設計教材、互動投影片與學習單
　　　　　(C) 科學家分析基因序列
　　　　　(D) 銀行主管設計財報模型

_____ 17. MagicSchool AI 最主要的功能是？
    (A) 教案、測驗與行政文件自動生成
    (B) 圖像批次轉繪工具
    (C) 學習歷程視覺化平台
    (D) 語音編輯與字幕自動生成

_____ 18. Scribbr AI 適合哪種用途？
    (A) 多媒體動畫設計
    (B) 協助學生學術論文改寫與格式檢查
    (C) AI 創作短篇小說
    (D) PPT 輔助設計與匯出影片

_____ 19. AIGC 在教育場域面臨的主要挑戰之一為？
    (A) AI 計算資源不足
    (B) 圖像解析度過高
    (C) 教師缺乏程式能力
    (D) 學生過度依賴 AI 影響學習有效性

_____ 20. 教育者因應 AIGC 時代需具備哪些核心能力？
    (A) Prompt 設計、AI 工具產出內容辨識與評量設計能力
    (B) 動畫特效編輯與語音合成技術
    (C) 媒體採訪與報導能力
    (D) 量子運算與數位電路設計

二、問答題

1. 什麼是 AIGC？它與傳統內容製作方式有何差異？

2. AIGC 技術具備哪些優勢？請列舉三項。

3. 請簡述 ChatGPT 在教育領域的應用實例。

4. Grok-3 有哪些特色功能？適合哪些任務？

5. 圖像生成 AI 工具可應用在哪些教育情境？

6. Midjourney 的特色與主要用途為何？

7. Runway ML 主要提供哪些影片製作功能？

8. Copilot in PowerPoint 如何幫助使用者提升簡報製作效率？

9. Gamma、Tome 和 Beautiful.ai 三者有何不同定位？

10. AIGC 在學術寫作方面的工具有哪些？請舉兩例並說明功能。

11. MagicSchool AI 能協助教師完成哪些具體任務？

12. 教師應如何因應 AIGC 導入教學場域的挑戰？

13. AIGC 結合沉浸式技術（如 VR/AR）可帶來什麼樣的教育創新？

14. 哪些情境下應特別注意 AIGC 工具的資料隱私與安全問題？

15. AIGC 技術未來在教育場域的整合發展方向有哪些？

Chapter 3

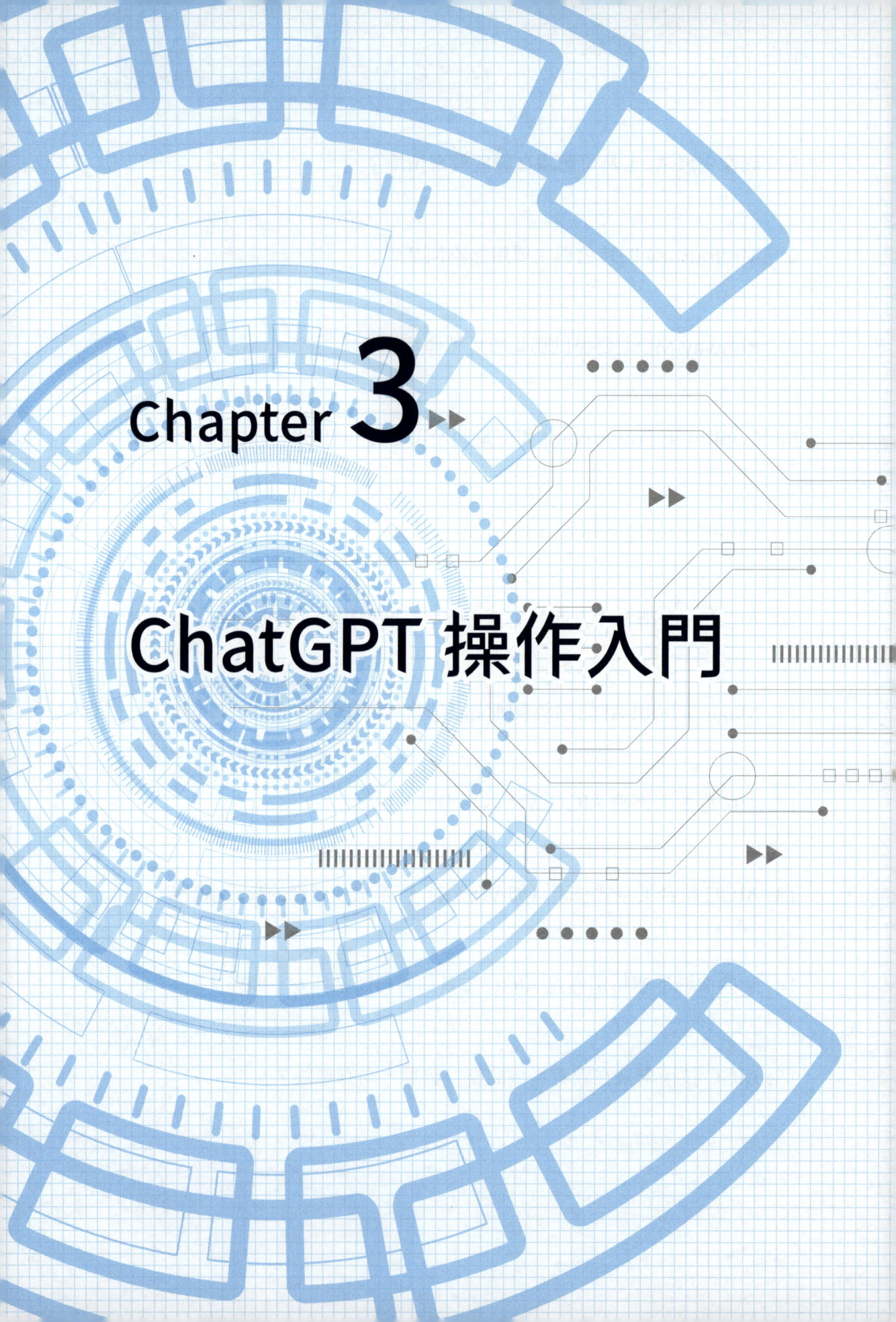

ChatGPT 操作入門

作為當前最廣泛應用的生成式 AI 工具之一，ChatGPT 已逐漸成為學習、創作、辦公與日常生活中不可或缺的智慧助理。本章將從基礎概念開始，帶領讀者快速了解 ChatGPT 的運作原理、核心功能、使用方式以及不同版本的差異，為後續深入應用與實作奠定堅實基礎。

3-1　ChatGPT 的概述與工作原理

3-2　ChatGPT 的優勢與限制

3-3　ChatGPT 的基本入門

3-4　關於 ChatGPT 的付費版本

3-5　不同的 AI 模型的特色比較

3-1 ChatGPT 的概述與工作原理

ChatGPT 是由 OpenAI 開發的大型語言模型（Large Language Model, LLM），具備優異的自然語言理解與生成能力，能根據使用者輸入的提示（prompt）詞產出語意合理、風格自然的回應。本節將介紹其基本概念、背後技術架構與核心運作流程，協助讀者掌握這項 AI 工具的邏輯基礎與應用潛能。

▶ 3-1-1 ChatGPT 的基本概念與應用情境

ChatGPT 的核心功能是根據使用者輸入的提示，生成自然流暢且語意一致的文字回應。此技術廣泛應用於多元情境，包括：

- 聊天機器人對話模擬。
- 文章撰寫與改寫輔助。
- 程式碼自動產生與除錯。
- 翻譯與語言學習應用。
- 文件摘要與筆記整理。
- 教學內容設計與客服支援。

ChatGPT 的最大特色，在於它能模擬人類的語言風格與邏輯思維，並依照上下文動態調整回答內容。使用者只需輸入一段問題或敘述，系統便能即時產生回應，並且在多輪對話中維持主題連貫性與互動性。

此外，ChatGPT 操作門檻低，使 AI 不再是工程師專屬的工具，而成為所有知識工作者、學生、教育者與內容創作者皆能靈活運用的智慧夥伴。

▲ 官方網站：https://chatgpt.com/

▶ 3-1-2　ChatGPT 的核心技術原理

　　ChatGPT 的技術基礎為生成式預訓練轉換器（generative pretrained transformer, GPT），是一種深度學習語言模型。它的訓練流程可分為三個主要階段：

1. **預訓練（pre-training）**：模型透過大量語料學習語言的結構與用詞關係，例如語句的語法、語意邏輯與上下文關聯。

2. **監督式學習（supervised learning）**：工程師餵入一系列範例問題與理想回應，協助模型學會在特定任務中產生正確的回答。

3. **人類回饋強化學習（reinforcement learning with human feedback, RLHF）**：透過人工標註者評比模型輸出的品質，並將這些評價回饋給模型，用來優化其反應邏輯與生成策略。

　　其核心架構為 Transformer，由 Google 於 2017 年提出，專為處理序列資料（如語言、音樂）所設計。Transformer 最具特色的是「注意力機制」（attention），可在不使用傳統循環神經網路（recurrent neural network,

RNN）的情況下，捕捉長距離語意依賴關係，使模型能在段落、對話等上下文處理上表現更優。

> **Tips**
>
> **Transformer**
>
> Transformer 是一種神經網路架構，透過注意力機制取代傳統的循環結構，能同時處理整段文字，並找出詞語之間的關鍵聯繫。這讓模型能更快更準確地理解語意關係，是現今生成式 AI 的技術基礎之一。

目前最新版本 GPT-4.5（內部代號：Orion）已支援多模態輸入，可同時處理文字、語音與圖像資料，進一步升級為「多模態語言模型」。此版本在語意理解、邏輯推理與跨模態應用上，均較前代有顯著提升，現已開放給 ChatGPT Plus 與 Pro 用戶使用。

▶ 3-1-3　ChatGPT 的運作方式

當我們與 ChatGPT 對話時，實際上是觸發一段即時運算流程：

1. **接收提示詞**：系統接收使用者輸入的問題或敘述。
2. **轉換為詞元嵌入（token embeddings）**：系統將文字轉為數值向量，使模型能進行語意理解與邏輯推理。
3. **進行語意運算與預測**：模型根據上下文預測下一個最合適的詞元，逐步生成回應內容。
4. **輸出文字結果**：將模型運算結果轉換為自然語言文字呈現給使用者。

「提示工程師（Prompt Engineer）」已逐漸成為 AI 實作中的關鍵角色，負責撰寫高品質指令語句，引導模型穩定生成預期結果。目前 ChatGPT 提供免費版本（GPT-3.5）以及付費版本（GPT-4／4.5），企業用戶亦可透過 API 串接將模型整合至內部系統或產品服務中，詳情可參考官方平台：https://platform.openai.com/。

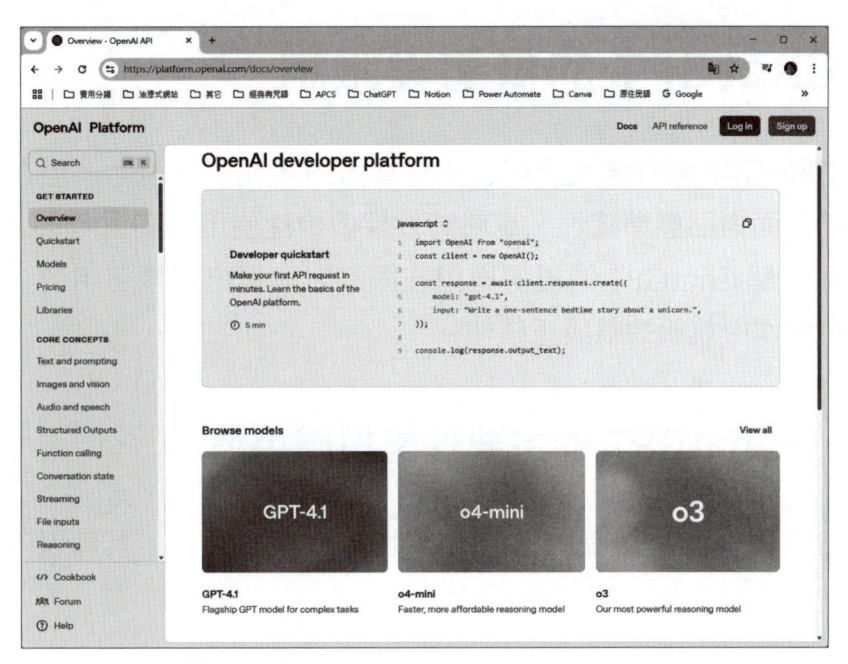

3-1 ChatGPT 的概述與工作原理

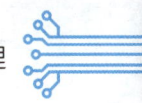

▲ 官方網站：https://platform.openai.com/

3-2　ChatGPT 的優勢與限制

儘管 ChatGPT 擁有強大的語言生成能力與多元應用潛力，但在實際操作過程中，仍須面對回應準確性、資料時效性與倫理使用等多重考量。本節將帶領讀者全面理解 ChatGPT 的優勢與潛在限制，並提出理性運用的實務建議，協助讀者在操作中兼顧效率與正確性。

▶ 3-2-1　ChatGPT 的主要優勢與應用情境

ChatGPT 作為當前最受歡迎的語言生成 AI 工具之一，具備以下幾項明顯優勢：

- **支援多國語言輸入**：可使用英文、中文、日文、法文等語言進行溝通，廣泛適用於跨國教育與商務環境。
- **介面直覺、學習曲線低**：非技術背景者亦能輕鬆上手，迅速學會撰寫提示（prompt）詞並取得實用回應。
- **角色模擬能力強**：可設定特定語氣與角色（如：客服、旅遊導遊、歷史學者），提供高度情境化的互動回應。
- **多元應用場景**：
  1. 教育：生成教學講義、試題、閱讀理解練習等。
  2. 商務：撰寫行銷文案、產品說明、市場趨勢摘要。
  3. 個人創作：協助撰寫故事、部落格文章、翻譯與摘要等。

▶ 3-2-2　使用上的限制與錯誤回應風險

儘管 ChatGPT 功能強大，但使用上仍存在幾項不可忽視的限制與風險：

- **幻覺回應（hallucination）現象**：系統可能生成語句通順但事實錯誤的內容。例如：誤將歷屆總統資料、歷史事件或法律條文產出錯誤資訊，若使用者未加查證，恐導致誤教或錯誤決策。

- **知識更新有限**：模型基於訓練資料建立，無法掌握最新事件或動態消息。雖 ChatGPT 已開放「網頁搜尋功能（ChatGPT Search）」補足資訊即時性，但一般模型本身仍不具備內建資料來源連結或註解功能。
- **對提示詞敏感**：提問方式稍有不同可能導致回應品質差異，讓初學者難以掌握輸出穩定性與可預測性。
- **無法進行深層價值判斷或倫理思辨**：面對法律、醫療、教育等專業場域的判斷任務，ChatGPT 缺乏專業依據與批判能力，無法取代專家角色。

▶ 3-2-3　善用 ChatGPT 的策略與理性運用建議

為充分發揮 ChatGPT 的優勢，並降低其潛在風險，使用者可參考以下實務建議：

1. 資訊查詢採雙重驗證原則

先讓 ChatGPT 提供初步資訊，再透過 Google、維基百科或專業文獻進行查證，避免誤信錯誤資訊。

2. 設計具體明確的提示詞

加上角色背景、語氣語法、格式規範或任務限制，有助於提升回應品質。例如：

「請以財務顧問的角色，條列說明 2024 年中小企業可申請的政府補助項目。」

3. 建立個人提示範本庫

記錄不同任務下有效的提示詞與回應，進行版本比對與優化，累積自己的提示設計經驗。

4. 搭配輔助工具提升使用效率

- **PromptLayer**（https://promptlayer.com/）：提示記錄與輸出效果追蹤。
- **FlowGPT**（https://flowgpt.com/）：參考他人設計的提示範例。

- **Notion AI**（https://www.notion.so/product/ai）：與筆記與專案管理結合，實現多任務 AI 協作。

這裡簡單作一個結論，ChatGPT 並非萬能工具，而是一項高效的文字生成與語言處理助手。若能在了解其技術原理與操作限制的前提下，結合其他資源進行查證與補充，便能真正將其發揮為學習輔助、創意發想與知識工作的強力夥伴。

3-3 ChatGPT 的基本入門

對初次接觸 ChatGPT 的使用者而言,如何開始操作、輸入有效的提示詞與理解回應邏輯,是成功使用的第一步。本節將提供入門教學,包含帳號註冊、介面說明與基礎互動示範,讓讀者快速進入狀況,體驗 AI 對話的魅力。

▶ 3-3-1 如何註冊 ChatGPT 帳號並開始使用

要使用 ChatGPT,第一步是建立帳號並完成驗證。請先造訪官方網站 https://chat.openai.com/,點選右上角的「免費註冊」進入註冊流程。

使用者可以選擇透過電子郵件、Google 帳戶或 Microsoft 帳戶進行註冊。若選擇使用電子郵件註冊,系統會要求輸入密碼並發送驗證信,接著需輸入姓名與手機號碼進行身份驗證。請注意輸入的手機號碼格式應為純數字,不含開頭零或國碼,系統將發送 6 碼驗證碼簡訊,輸入後即可啟用帳戶。

登入後,您將看到 ChatGPT 的主要對話介面,可以點選左側「新聊天」開始新的對話,或瀏覽過去紀錄。免費用戶可使用 GPT-3.5,升級為 Plus 用戶則可使用 GPT-4 與多模態功能。

3-3-2　初學者介面導覽與常用功能

ChatGPT 的操作介面設計簡潔，核心功能集中在主對話區與左側選單欄。左側包含歷史對話清單、GPT 機器人切換……等功能。

使用者可利用「新聊天」開始新的對話，可以確保模型不受前次語境干擾；也可透過「搜尋聊天」搜尋歷史對話紀錄。在模型選單中，可以選擇目前使用的是 GPT-3.5、GPT-4，若使用 GPT-4-turbo 則支援多模態（文字＋圖像＋文件）功能。

提示框左側的「新增相片和檔案」功能允許上傳 PDF、CSV、XLSX、圖片等文件，AI 可直接進行閱讀與分析。此外，「語音模式」可啟用麥克風進行語音輸入與回應。這些功能提升了使用靈活性，特別適合行動裝置與跨平台應用。

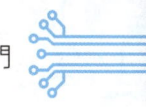

3-3-3　如何撰寫有效提示詞與理解模型回應

提示（prompt）詞是與 ChatGPT 溝通的關鍵。寫得好的提示詞能引導模型給出精準且有用的回應。初學者可以從幾種基本技巧開始學習撰寫提示詞。

首先，明確指定角色能讓模型模擬對應的身份，如：「你是一位歷史老師，請用口語方式解釋羅馬帝國的興衰」。其次，限定輸出格式或結構，例如：「請使用表格列出台灣三大超商的比較項目」。第三，將任務具體化是關鍵，與其說「請幫我寫文章」，不如明確說明：「請撰寫一篇 300 字、面向高中生的文章，主題為環保回收的重要性」。此外，可嘗試使用分步驟引導，如：「第一段介紹問題，第二段提出建議，第三段總結」。

使用者也應學會觀察模型的回應特性，例如回應是否重複用詞、是否有虛構資訊。若出現錯誤，可使用「請重新嘗試」、「請加入資料來源」等方式進行補強。

3-4 關於 ChatGPT 的付費版本

截至 2025 年 5 月，OpenAI 提供多種 ChatGPT 使用方案，以滿足不同類型用戶的功能需求與預算考量。本節將介紹各種版本的功能權限，協助讀者根據自身需求做出最佳選擇。

3-4-1 ChatGPT 免費版與 Plus 版比較

ChatGPT 的免費版本提供基本的語言互動功能，使用 GPT-3.5 模型，適合一般使用者進行日常對話、問題解答、文字生成等基本任務。然而在高流量時段，免費用戶可能會遇到登入困難、回應延遲等限制。

為提升體驗，OpenAI 推出 ChatGPT Plus 方案。Plus 用戶每月支付 $20 美元，可使用 GPT-4-turbo 模型、享有優先使用權、回應速度更快，並可搶先體驗新功能如 GPT Store、語音模式與多模態文件分析功能等。

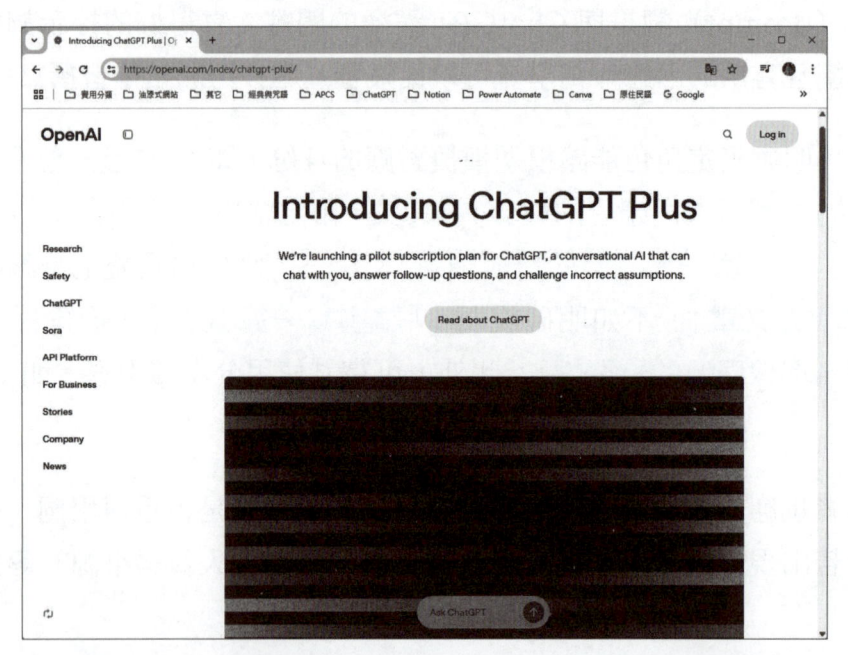

🔺 Plus 官方介紹頁面：https://openai.com/blog/chatgpt-plus

儘管免費用戶無法使用「專案（Projects）」功能（僅開放給 ChatGPT Plus、Team、Enterprise 用戶），但 OpenAI 自 2024 年起已開放 GPT-4o 模型給所有用戶，並提供一系列實用功能，讓免費用戶也能體驗多模態 AI 的互動潛力。免費版支援的功能包括：

- 使用 GPT-4o 模型（最新且具多模態能力的高效模型）。
- 網頁搜尋：查詢即時資訊與最新資料。
- 資料分析：可上傳 Excel、CSV 等檔案進行洞察與可視化分析。
- 圖片提示：上傳圖片並進行描述、辨識與生成回應。
- 探索 GPTs：可使用社群創建的自訂 GPTs（類似 App Store 的 AI 應用）。

Tips

免費用戶雖可使用上述功能，但在回應速度、使用頻率與資源存取上仍有次數限制與優先順序差異。例如在高流量時段，回應可能較慢，或被系統排隊處理。

這些補充功能讓免費用戶即使未升級，也能進行多樣化的 AI 創作與資料互動，尤其適合學生、初階學習者與有輕度需求的個人使用者。

▶ 3-4-2 Plus 訂閱與取消流程教學

升級為 ChatGPT Plus 相當簡單。使用者可點選畫面左下角的「升級至 Plus」，若之前已升級過，則可以按「續訂 Plus」按鈕，填寫信用卡與帳單資訊，確認後點擊「訂閱」即可完成付費流程。

付款方式支援 Visa、Mastercard、American Express 等主要信用卡。完成訂閱後系統將每月自動扣款。若不想繼續使用，可至 ChatGPT 主畫面中選擇「檢視方案」，點選「取消訂閱」即可避免下期續費。

Chapter 3　ChatGPT 操作入門

接著在下圖視窗中按「管理我的訂閱」。

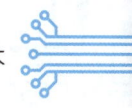

接著在下圖出現的畫面中執行「取消訂閱」即可。

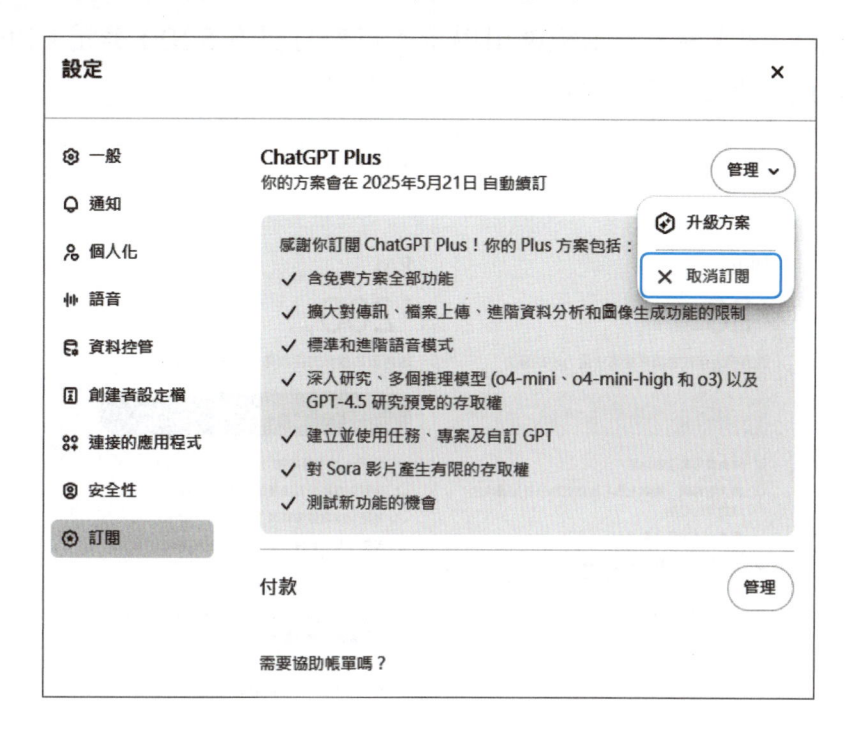

> **Tips**
> 取消訂閱後仍可使用已購期間內的功能，但到期後會回復為免費版。

▶ 3-4-3　ChatGPT Pro 高階功能與使用者定位

　　對於需處理高強度工作負載、進行深度研究或多模態生成任務的專業用戶，OpenAI 推出 ChatGPT Pro 訂閱方案。此方案除了包含 Plus 的所有功能外，還提供無限制使用 GPT-4o、進階語音助理、多步推理與搜尋、以及搶先體驗 GPT-4.5 等研究功能。

Pro 方案亦支援操作 GPT-4 API 和 GPT Store 專屬整合模組，讓開發者能創建專屬 AI 助理或導入企業級應用場景。目前月費為 $200 美元。Plus 與 Pro 功能權限可以參考下面網頁的說明：

▲ 官方網站：https://chatgpt.com/#pricing

3-4-4 團隊合作與商業授權方案：Team 與 Business

針對企業或教育機構等團體使用者，OpenAI 推出 ChatGPT 團隊版（Team）與 ChatGPT 企業版（Enterprise），支援多人共用、專屬資料空間與統一帳單管理。

「ChatGPT 團隊版」適用於小型團隊，具備基本的協作功能；而「ChatGPT 企業版」則提供更高階的客製化權限控管與資料保護機制，滿足跨部門協作與專案共享的需求。

兩種方案均支援 API 整合，可搭配 OpenAI Platform 串接內部資料庫、CRM、ERP 系統，實現跨平台知識搜尋、自動化文件摘要等多元應用情境。

ChatGPT 企業版（ChatGPT Enterprise）官方介紹頁面如下：

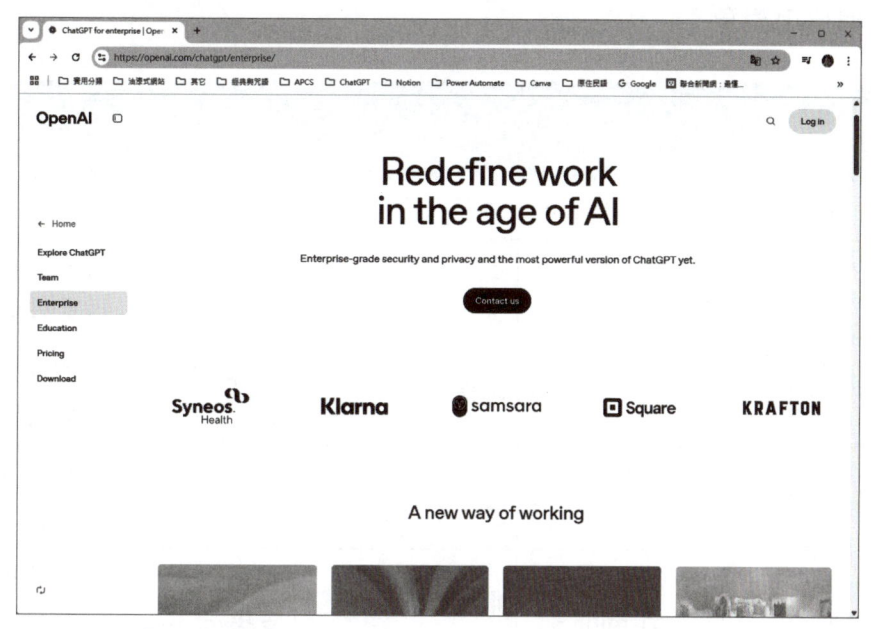

▲ 官方網站：https://openai.com/chatgpt/enterprise/

3-4-5　選擇適合你的版本

　　ChatGPT 提供多種付費版本，從入門到高階用途皆有涵蓋。若您是一般使用者、學生或偶爾使用者，免費版足以應付日常需求。但如果您需在高峰時段穩定使用，或對文字生成品質有更高要求，則建議升級為 Plus 版本。

　　當您的工作涉及大量 AI 協作任務，例如內容創作、教案開發、產品設計、行銷企劃，則可考慮升級至 Pro 版本，享有完整的 GPT-4o 能力與無限互動權限。

　　而對於企業與教育單位，建議選擇「團隊（Team）」或「企業（Business）」模式，以利整合授權、集中管理，並提升資料安全性與系統擴充彈性。

Chapter 3 ChatGPT 操作入門

下表整理了各種版本的比較,包括:月費(美元)、模型存取、使用上限、進階功能與適用對象:

版本	月費(美元)	模型存取	使用上限	進階功能	適合對象
免費版	$0	GPT-4o mini	每日有限	基本功能	一般用戶
ChatGPT Plus	$20	GPT-4o、o1-mini	高(約為免費版 5 倍)	DALL·E 3、檔案上傳等	個人用戶、創作者
ChatGPT Pro	$200	o1、o1 Pro	無限制	Deep Research 等	專業人士、研究人員
ChatGPT Team	$20 / 人	GPT-4o、o1-mini	團隊共享	團隊管理工具	小型團隊、初創企業
ChatGPT Enterprise	約 $30 / 人	GPT-4o、o1-mini	無限制	企業級安全與支援	中大型企業、機構

3-5 不同的 AI 模型的特色比較

ChatGPT 支援多種不同 AI 模型，包括 GPT-3.5、GPT-4、GPT-4.5、GPT-4o 等。隨著 AI 技術的演進，這些模型在理解深度、生成能力、處理速度與多模態應用上的表現愈加分化。本節將逐一介紹各模型的技術特性與應用情境，協助讀者依實際需求選擇最適合的版本。

▶ 3-5-1　GPT-3.5 與 GPT-4：語言模型的世代差異

GPT-3.5 是多數使用者最早接觸到的 ChatGPT 模型，具備基本的自然語言生成能力，適合日常對話、簡單資訊整理與初階文案撰寫。相較之下，GPT-4 則是技術上的重大飛躍。

GPT-4 引入更大的參數規模與更嚴謹的訓練機制，能更精確理解複雜語意、處理多段上下文並進行多步推理。根據 OpenAI 的說明，GPT-4 可處理約 25,000 字元的輸入、支援圖像輸入，並能回答更接近人類邏輯性的問題，在模擬律師考試中的表現也進入前 10%。

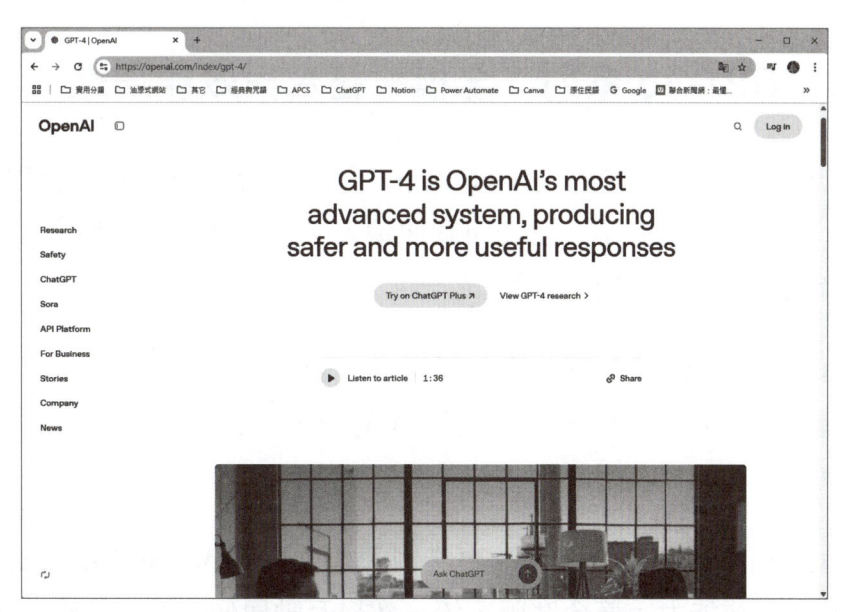

▲ 官方網站：https://openai.com/index/gpt-4/

不過，GPT-4 的運算成本較高、處理速度較慢，目前主要開放給付費用戶使用。若在生成效率與品質之間進行權衡，GPT-4 適合應用於教學、寫作、顧問諮詢等對準確性要求高的情境；而 GPT-3.5 則適合用於快速試用、基礎任務或成本敏感型專案。

▶ 3-5-2　GPT-4 Turbo 與 GPT-4V：效能優化與圖像輸入能力

GPT-4 Turbo 是 2023 年底推出的 GPT-4 優化版本，其運算速度提高約兩倍，成本也大幅下降，非常適合用於大規模企業應用與 API 串接部署。它保留 GPT-4 的準確性與語意理解能力，但反應速度更快、穩定性更高，是商業部署的首選。

另一項技術突破是 GPT-4V（Vision），該版本支援圖像輸入處理。使用者可上傳圖片，模型將進行內容解析、文字辨識、物件分類或描述分析。這為教育、輔助科技與商品辨識等應用場景提供嶄新可能，例如學生可上傳化學圖表，GPT-4V 即可進行圖表講解與推理解釋。

▶ 3-5-3　GPT-4o 系列：全模態整合與效能躍進

2024 年 5 月問世的 GPT-4o（Omni）是 OpenAI 首款真正實現多模態整合的模型，能同時處理文字、語音與圖像輸入。其反應時間平均僅 320 毫秒，是目前語音互動速度最快的 AI 模型之一。

GPT-4o 的主要優勢在於效能全面提升：語言理解更加精準、非英語語言支援度大幅改善，且 API 成本僅為 GPT-4 的一半。GPT-4o 已成為免費用戶的預設模型（部分功能仍有限制）。

GPT-4o mini 為其輕量版本，專為嵌入式裝置與低功耗系統設計，保留基本語言理解與生成能力，適合客服系統、教學互動與個人助理等應用情境。

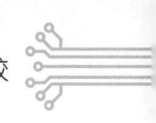

3-5-4　GPT-4.5 Orion：個性化推理與互動強化

GPT-4.5（內部代號 Orion）是 OpenAI 於 2025 年初推出的新一代語言模型，具備更強的推理能力、情感理解力與互動體驗。此模型基於 Microsoft Azure 平台訓練，整合 Canvas 編輯、多檔上傳、網頁搜尋等功能，並實現運算效率提升約 10 倍。

GPT-4.5 特別適合用於個性化內容生成、企業顧問應用、教學與訓練系統。它支援圖像與文件輸入，強化的自然語言理解與推理能力，讓生成內容更加人性化、準確且更符合使用者目標。

3-5-5　o 系列模型：推理導向的輕量與高階選擇

除了 GPT 系列外，OpenAI 也推出數款強化邏輯推理的輕量模型，統稱為 o 系列。其中 o1-mini 與 o1 分別針對快速推理與安全回應設計，o1 強調計算過程中的「深度思考」，特別適合數學、科學與技術解決方案。

o3-mini 系列則進一步強化數理運算與程式處理能力，提供低、中、高三種推理強度版本。其中 o3-mini-high 使用更多計算資源，以產出更高準確性的邏輯運算結果，特別適合研究與開發用途。

雖然 o 系列模型無法處理圖像與語音輸入，但在文字理解與邏輯推演方面表現優異，且成本更低、反應更快，十分適合開發者、教育平台與訓練環境整合使用。

3-5-6　選擇模型的依據與應用建議

選擇適合的 AI 模型需考量任務類型、互動深度、資源條件與即時性需求。以下為選擇建議：

- **內容撰寫、創意發想**：推薦使用 GPT-4 或 GPT-4o。
- **多模態輸入或語音互動**：建議選用 GPT-4V 或 GPT-4o。

- **教育、科學與程式任務（高邏輯精度）**：適合 GPT-4.5 或 o3-mini-high。
- **重視效率與成本控制**：可選擇 o1-mini、GPT-4 Turbo 或 GPT-4o mini。

有關所有模型選擇與應用建議，可參考下列官方說明頁面，內含 GPT-4o、GPT-4.5、o1、o3 等模型特點、版本差異與實作建議。

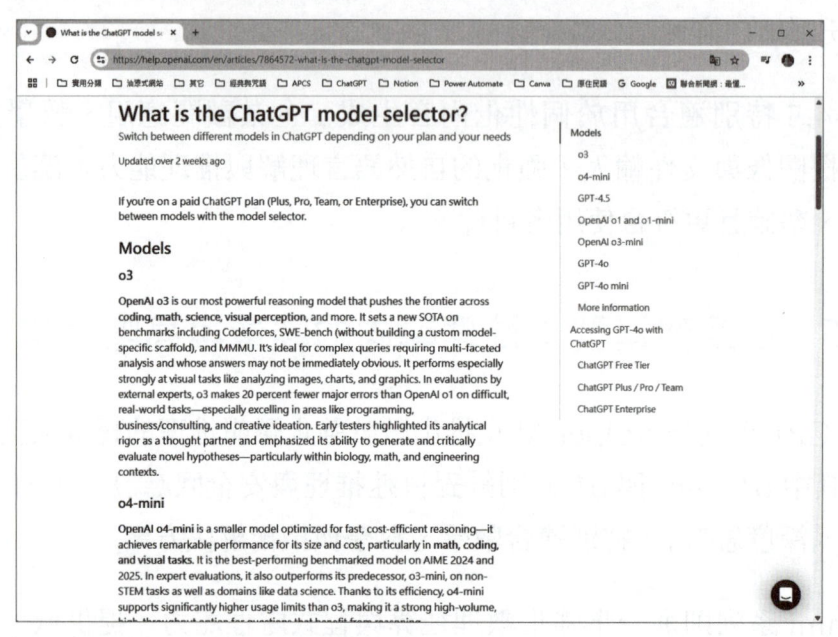

▲ 官方網站：https://help.openai.com/en/articles/7864572-what-is-the-chatgpt-model-selector

CH3 重點回顧

1. ChatGPT是一款具備自然語言理解與生成能力的AI工具，能根據使用者輸入的提示詞即時回應，適合用於內容撰寫、改寫、翻譯、摘要、對話模擬等語言任務，廣泛應用於教育、創作、客服、商務與日常生活中。

2. ChatGPT擅長模擬人類語言邏輯，支援多國語言、角色模擬與語氣切換，可靈活應對教學、寫作、翻譯、程式生成等各類情境。

3. ChatGPT主要應用於教案設計、閱讀測驗生成、段考題目編寫、行銷文案撰寫、產品介紹內容製作、客服回覆草擬、語言練習模擬、電子郵件與公文草擬、履歷與簡報輔助等場景。

4. ChatGPT技術基礎為GPT模型，採用Transformer架構，並結合監督式學習與人類回饋強化學習（RLHF）進行微調。

5. 最新的GPT-4o模型具備多模態能力，支援圖像、語音與文字的綜合輸入，回應速度更快，理解也更精準。

6. ChatGPT依版本功能區分為：免費版（GPT-3.5）、Plus版（GPT-4o）、Pro版（GPT-4.5 Orion）與企業方案（Team／Enterprise），其使用情境與授權權限各異。

7. 操作介面簡潔直觀，使用者可透過「提示詞」設計輸入任務說明，並運用條列化、語氣控制、角色模擬等技巧，優化回應品質。

8. ChatGPT的限制包括：知識更新延遲、可能產生幻覺錯誤、回應一致性不足與倫理風險，使用時應搭配資料查證與理性判讀。

9. 建議使用者建立個人提示詞範本庫，善用提示框架與第三方追蹤工具（如PromptLayer、FlowGPT），以強化操作效率。

10. 初學者可從帳號註冊、選擇模型、撰寫基礎提示詞開始，逐步進階至語音輸入、文件分析、圖像解析與多模態整合應用。

Chapter 3　課後習題

一、選擇題

_____ 1. ChatGPT 是由哪家公司開發的 AI 語言模型？
　　(A) OpenAI　　　　　　　　(B) Google
　　(C) Microsoft　　　　　　　(D) Anthropic

_____ 2. ChatGPT 模型的核心技術架構是什麼？
　　(A) LSTM　　　　　　　　　(B) RNN
　　(C) CNN　　　　　　　　　　(D) Transformer

_____ 3. ChatGPT 在訓練過程中使用哪一種方式優化模型？
　　(A) 強化式學習　　　　　　　(B) 人類回饋強化學習（RLHF）
　　(C) 無監督學習　　　　　　　(D) 強化學習與監督學習混合

_____ 4. 以下哪一項不是 ChatGPT 的應用情境？
　　(A) 建立區塊鏈智能合約　　　(B) 客服對話模擬
　　(C) 教案生成　　　　　　　　(D) 翻譯外語文章

_____ 5. ChatGPT 回應錯誤資訊時，常被稱為？
　　(A) 幻覺回應（hallucination）　(B) 暗示生成
　　(C) 範本漂移　　　　　　　　(D) 過擬合現象

_____ 6. 在 ChatGPT 中加入「請用友善語氣回答」的語句是屬於什麼技巧？
　　(A) 長記憶調整　　　　　　　(B) 知識追蹤
　　(C) 語氣控制與角色模擬　　　(D) 條件編碼

_____ 7. 免費版本的 ChatGPT 預設使用哪一個模型？
　　(A) GPT-4　　　　　　　　　(B) GPT-4 Turbo
　　(C) GPT-4.5　　　　　　　　(D) GPT-3.5

_____ 8. ChatGPT Plus 版本每月費用為？
　　(A) $10 美元　　　　　　　　(B) $20 美元
　　(C) $30 美元　　　　　　　　(D) 免費

_____ 9. 下列何者為 GPT-4 Turbo 相對於 GPT-4 的一項改進？
　　(A) 運算速度提升與成本下降　(B) 加入聲音辨識
　　(C) 模型變小但效能下降　　　(D) 支援本地端部署

_____ 10. 若使用者需以團隊共享方式操作 ChatGPT，建議使用哪一種方案？
　　(A) Plus　　　　　　　　　　(B) Team
　　(C) Pro　　　　　　　　　　(D) Basic

_____ 11. ChatGPT 的「提示（prompt）詞」主要用途為？
   (A) 輸出翻譯結果　　　　　　(B) 控制回答語速
   (C) 指示任務方向與輸出格式　(D) 儲存模型參數

_____ 12. 若模型回應內容邏輯矛盾或錯誤，使用者該怎麼做？
   (A) 繼續追問不修正　　　　　(B) 修改提示詞並重新提問
   (C) 重整網頁　　　　　　　　(D) 直接關閉模型

_____ 13. 哪個功能允許使用者將圖片、文件等檔案提供給 ChatGPT 分析？
   (A) PromptLayer　　　　　　　(B) GPT Store
   (C) GPT Studio　　　　　　　 (D) 上傳檔案功能（多模態支援）

_____ 14. ChatGPT 的語音模式是在哪一個版本中率先推出的？
   (A) GPT-3.5　　　　　　　　　(B) GPT-3
   (C) GPT-4o　　　　　　　　　 (D) GPT-4.5 Orion

_____ 15. 若想追蹤提示詞表現並管理版本，推薦使用哪個工具？
   (A) FlowGPT　　　　　　　　　(B) PromptLayer
   (C) Notion AI　　　　　　　　(D) ChatGPT Projects

_____ 16. ChatGPT Enterprise 主要針對哪類使用者設計？
   (A) 教師與學生　　　　　　　(B) 科學家與作家
   (C) 自由創作者　　　　　　　(D) 中大型企業

_____ 17. GPT-4o 模型的主要特點為何？
   (A) 同時支援文字、圖像與語音輸入
   (B) 只能處理英文語料
   (C) 僅適用於手機裝置
   (D) 與 Copilot 整合

_____ 18. ChatGPT Pro 提供以下哪項功能？
   (A) GPT-4.5、語音推理與無限互動次數
   (B) 圖像繪圖生成功能
   (C) 本機離線使用權限
   (D) 快速 API 整合自動化

_____ 19. ChatGPT 在教育現場最常被應用在哪些情境？
   (A) 視覺設計與繪圖　　　　　(B) 教案撰寫與語言學習模擬
   (C) 音樂編曲與節奏偵測　　　(D) 螢幕錄影與剪輯

_____ 20. ChatGPT Plus 版本能使用哪一項進階功能？
(A) 資料科學編輯器　　　　　　(B) 智能手機版離線模式
(C) DALL·E 圖片生成功能　　　　(D) 即時影片辨識

二、問答題

1. ChatGPT 是什麼？請簡述其核心功能與應用情境。

2. GPT 的技術基礎為何？請說明其核心架構。

3. ChatGPT 的訓練過程分為哪三階段？

4. 什麼是幻覺回應？為什麼使用者需要特別留意？

5. 請說明如何撰寫有效的提示（prompt）詞。

6. 免費版與 Plus 版 ChatGPT 有何差異？

7. GPT-4o 的特色是什麼？

8. ChatGPT 的操作介面有哪些常見功能？

9. 使用者如何避免 ChatGPT 提供錯誤資訊？

10. 哪些平台能幫助使用者優化提示詞設計？

11. ChatGPT 可用在哪些教育應用中？

12. 請說明 GPT-4 Turbo 與 GPT-4 的差別。

13. ChatGPT Pro 方案適合哪類使用者？

14. 使用者在語音互動上可採取哪些操作？

15. ChatGPT 在企業應用上的擴充功能有哪些？

Chapter 4

ChatGPT 全新功能—推理、語音、搜尋網頁與專案

隨著技術更新，ChatGPT 不再僅是文字互動工具，而逐漸進化為多功能整合平台。從具備更強邏輯思考的推理能力，到支援即時語音對話、網頁搜尋與專案管理功能，這些全新升級為使用者帶來更貼近真實助理的互動體驗。

本章將介紹這些嶄新功能的應用場景與實際操作方式，讓讀者充分掌握 ChatGPT 的最新能力，發揮更高的使用價值。

4-1　推理功能

4-2　啟動語音模式與視訊互動功能全攻略

4-3　全新升級：ChatGPT 網頁搜尋功能應用解析

4-4　專案（Project）管理功能：入門教學與應用實作

Chapter 4　ChatGPT 全新功能—推理、語音、搜尋網頁與專案

4-1 推理功能

隨著大型語言模型（LLM）技術日趨成熟，ChatGPT 已不再只是單純的文字生成工具。特別是自 GPT-4 Turbo 問世後，推理能力成為其功能升級的核心亮點之一。到了 GPT-4o（Omni）版本，推理更從單步回應進化為具備條件判斷、邏輯分析與多步思考的智慧任務處理工具。這使得 ChatGPT 不僅可以「回應」，更能「思考」，逐漸接近真正的數位助理角色。

▶ 4-1-1　ChatGPT 的推理能力與演進

那麼，AI 的「推理」究竟是什麼？與過去常見的文字補全或問答模式有何不同？簡單來說，傳統語言模型擅長依據語料庫的機率邏輯給出最「常見」或「合理」的回答，但這樣的回應往往無法處理需要多步驟拆解、條件比對或策略評估的任務。而具備推理能力的 AI，則能針對輸入的條件逐步判斷、過濾、排序，進行跨步整合後得出具邏輯性的結論。

以最新的 ChatGPT 為例，其推理能力主要體現在三個面向：

1. **多步邏輯處理**：能分析多個輸入條件之間的關係並作出順序合理的判斷，適用於解題、策略擬定或資料分析等任務。
2. **短期記憶整合**：OpenAI 在 GPT-4o 中導入了類似「短期記憶」的技術，使 ChatGPT 能在一次對話中持續記得上下文，進行連續條件的綜合判讀，而非每次都從零開始。
3. **跨模態推理能力**：可整合圖像、語音與文字資訊進行複合式推理，使 AI 能更準確地理解「整體情境」，不再局限於單一資料片段。

這樣的推理能力，特別適用於處理資訊多元且缺乏單一標準答案的問題。在教育現場，老師可請 AI 分析學生作業錯誤原因並提供教學建議；在業務領域，主管可讓 AI 協助評估不同企劃方案的執行可行性與資源匹配度；在日常生活中，一般使用者也能透過 ChatGPT 比較旅遊行程、擬定購物預算或管理專案排程。推理能力不僅提升 AI 的「知識輸出精準度」，也讓互動體驗更具人性化與真實感。

舉一個實際範例來說，若一家公司擁有 50 萬元預算，需規劃內部培訓課程，可能面臨以下三種選擇：

- A 方案為單日課程，每場 8 萬元，最多辦 6 場；
- B 方案為雙日課程，每場 15 萬元，最多辦 3 場；
- C 方案為 50 萬元的線上包年課程，參與人數無上限。

若使用傳統的 ChatGPT 提示方式，系統可能僅列出各方案的特點。但若提示詞加入推理語法，例如：「請依據預算與預期效益，推薦最適合的方案並說明理由」，ChatGPT 就會主動分析每一方案的總成本、活動頻率、參與人數彈性與性價比，進而給出清楚的優劣分析與建議結論。這類分析過程即是典型的推理任務。

要讓 ChatGPT 展現這樣的推理能力，使用者的提示詞設計也需要更精準。建議可採用多步指令，如：「請先整理……，再分析……，最後比較……」的結構；或針對特定條件給出篩選指令，例如：「若符合條件 A 與 B，請判斷最合適的方案並解釋原因」。透過這類語意明確的引導，ChatGPT 才能在輸出過程中進行邏輯拆解與結構思考，真正發揮推理引擎的效益。

總結來說，推理能力是 ChatGPT 邁向高階應用的重要里程碑。它不再只是輸出資訊的機器，而是一位具備邏輯處理與策略思考的智慧助手。對於教育者、管理者、專業人士，甚至日常使用者而言，了解並善用這項功能，將大幅提升與 AI 互動的深度與價值。

▶ 4-1-2 ChatGPT 如何進行多步推理與條件分析的實作技巧

隨著 ChatGPT 推理能力的進化，使用者不僅可以向它詢問單一問題，更能請求它在「理解任務目標」的基礎上，進行條件分析與多步推論。這種能力的實用價值，在於 AI 能夠像人類一樣先理解「限制條件」，再進行判斷、排序與建議，使得許多原本需人工拆解的任務能夠自動化執行。

Chapter 4　ChatGPT 全新功能─推理、語音、搜尋網頁與專案

想要善用 ChatGPT 的多步推理功能，第一步在於調整我們下達提示的方式。許多人習慣一次性拋出問題，例如：「請推薦適合小型企業的行銷方案」，然而這樣的提問雖然簡單明瞭，但若未提供具體條件，AI 可能會回應一個大而化之的建議，缺乏針對性與操作性。

因此，設計「多步推理」的提示詞，關鍵在於三個原則：**逐步引導、條件具體、輸出結構化**。

1. 逐步引導是最基本的技巧

與其一次要求 AI 完成複雜任務，不如將其拆解為有邏輯順序的操作步驟。

例如，可這樣下達提示：

「請先列出五種行銷策略，接著分析它們的優缺點，最後根據成本效益與預期成效排序出前兩名。」

這類語句具有明確步驟，能幫助 AI 組織資訊並完成較複雜的思考任務。

2. 條件具體化是提升推理品質的關鍵

AI 需要足夠的「前提資訊」才能做出合理判斷。例如：「我該選擇 A 產品還是 B 產品？」這類問題若不附加使用目的、預算限制、預期使用頻率等條件，AI 只能根據公開資訊或預設常識作答，結果可能偏離實際需求。

若改為：

「我預算在 2 萬元內，需要一款適合每週長時間使用且維修方便的筆電，請比較 A 與 B 兩款產品，並推薦最符合需求者。」

ChatGPT 即能依據條件進行邏輯推理與篩選，提出具參考價值的建議。

3. 要求結構化輸出有助於閱讀與應用

即便推論正確，若缺乏結構，內容仍可能難以理解或比較。建議在提示詞中加上：

「請分三段回答。」

「請使用表格比較。」

「每個方案請用標題＋摘要＋建議格式呈現。」

例如，若請 ChatGPT 協助選擇公司年度會議場地，可使用以下提示詞：

「請協助我從 A、B、C 三個會議場地中選擇最適合舉辦兩天一夜公司年會的地點。請依據以下條件進行評比：(1) 場地可容納人數是否符合（預計 120 人）、(2) 住宿與餐飲服務是否完善、(3) 距離公司交通是否便利、(4) 總預算不超過 30 萬元。請使用表格比較三個場地，並在最後做出總結推薦。」

ChatGPT 將依序分析條件、比較優劣、統整成表格，最後依邏輯給出推薦建議，這就是典型的條件分析型推理應用。

在實務操作上，還有一項值得注意的技巧是「允許 ChatGPT 思考」，也就是引導它說出推理過程。各位可以使用像「請一步一步思考並說明判斷依據」這樣的語句，讓 AI 不僅給出結論，也揭露其邏輯。

例如：

「請分析這兩項政策，分別列出三個優點與三個可能風險，再依據成本、影響範圍與執行難度三項因素，說明哪一項政策更可行。請一步一步說明你的分析過程。」

這樣可避免 AI 因語料中的偏見或過度簡化而草率下結論，也能幫助使用者理解其背後邏輯，甚至發現盲點。

此外，若需處理結合多來源資訊的情境，例如同時整合表格資料、敘述文字與圖片描述，建議採用多步提示的方式：

「根據下表中的資料，結合我提供的顧客意見摘要，請分析哪一項產品應優先改版。請說明你的分析邏輯與建議排序。」

這樣可誘發 ChatGPT 啟動更高層級的資訊統整能力，對教育、產品開發、專案管理者來說特別實用。

ChatGPT 的推理功能在正確設計提示詞的情況下，能處理極為多樣的條件推論任務。從單一變數的判斷，到多重限制的策略建議，甚至可與使用者展開多輪互動進行決策模擬。未來這項能力將不僅應用於寫作與客服，更將廣泛滲透至決策輔助、教育設計、研究討論與個人生活規劃等方面。只要用對方法，ChatGPT 的推理就能成為你每日工作與學習上的強力助力。

▶ 4-1-3 複雜任務的分解與模擬

在現代職場與教育環境中，許多任務並非單一問題求解，而是由多重條件、交錯變數與不確定因素所構成的「複雜情境」。這些情境往往需要先進行任務拆解，再根據不同層面的資訊，逐步整合出最佳策略。傳統上，這類工作仰賴專業知識與經驗判斷，但現在，借助 ChatGPT 的推理與模擬能力，使用者即使不具備專業背景，也能完成類似任務，並從中獲得決策支援、邏輯分析，甚至替代方案建議。

1. 任務拆解與動態調整

ChatGPT 具備一項關鍵優勢：能夠理解任務的多層次結構，並逐步協助使用者進行任務分解。當使用者描述一個看似複雜的需求時，例如「請協助我規劃公司 2025 年度的教育訓練策略」，傳統 AI 可能僅回覆一段籠統建議。但 ChatGPT 則可透過逐步追問與條件辨識，將此任務拆解為幾個子任務，例如：確定訓練目標、分析員工需求、估算預算、選擇適當課程型態、建立執行時程等。這樣的任務模擬與分解不但有助於釐清問題，也為後續的策略規劃鋪平道路。

舉例來說，一家新創公司希望針對不同部門設計 2025 年的內訓計畫，條件如下：

- 行銷部需強化資料分析與品牌策略；
- 業務部希望提升簡報能力與 AI 應用；
- 預算上限為每月 15 萬元，需涵蓋五個部門；

- 執行期間為每月一場，自 3 月至 11 月。

在這樣的情境下，若單純詢問「請推薦內訓課程」，即使 AI 回應正確，也難以貼合這些條件。而若改為以下提示詞：

「請根據下列條件，規劃 2025 年公司內訓課程。條件包括：不同部門的學習目標、每月預算上限 15 萬元、訓練時程從 3 月到 11 月、每月一次課程。請針對五個部門設計對應課程主題、預估費用與執行月份，並以表格呈現。同時請說明選擇這些課程的邏輯與優先順序。」

這樣的提示詞不但完整交代任務背景，也設定了輸出格式與邏輯說明的需求，使 ChatGPT 能夠在同一次互動中完成多項任務：**理解背景→分析條件→分配資源→建議方案→模擬執行時程**。

在此過程中，ChatGPT 就像是一位專案經理，不僅能列出步驟，還能根據邏輯與條件進行動態調整。例如，若你接著說：「若 6 月課程預算超支，請重新分配其他月份預算以平衡年度總額」，ChatGPT 可以立即重新運算並調整資源分配。這種動態模擬與策略修正，是傳統靜態工具難以實現的，而在 ChatGPT 中，只需自然語言就能達成。

2. 多變數比較與未來情境模擬

另一個常見應用是多變數比較與決策模擬。假設你是一位大學行政主管，正在評估是否推動生成式 AI 工具導入校內行政流程，可能面對多項選擇（如使用現有平台、自行開發或採購外部系統），每一方案都有不同的優缺點、風險與預算限制。你可以下達如下提示詞：

「請比較三種選項：(1) 導入現成的 AI 平台，(2) 與資訊系合作自建平台，(3) 委外購買客製化服務。比較項目包括：成本預估、執行時程、風險控管、未來擴充性與校內接受度。請以表格列出各項分析，並在結尾給出建議排序與建議原因。」

這樣的提示會驅動 ChatGPT 不僅條列分析，更針對條件進行交叉評比，並彙整出結論與可行建議。這種推理架構不但實用，還能節省大量思考與整理時間。

再進一步，ChatGPT 也能支援模擬未來場景的邏輯預測任務。例如，教育單位可要求它模擬：「在生成式 AI 普及的趨勢下，未來三年哪些學科最需要課綱調整？」、「AI 助教可能會對教學模式產生哪些衝擊？」只要語句具邏輯、條件明確，ChatGPT 就能組織推論鏈條，模擬可能的場景發展、風險與對應策略。

整體而言，ChatGPT 已經從單點輸出工具，升級為能處理複雜任務模擬與邏輯規劃的智慧系統。無論是學術研究、專案排程、政策擬定或資源分配，只要我們能清楚描述條件與目標，它就能成為一位邏輯清晰、穩定可靠的助理。使用者也不需一次性提出完整問題，而可以採取「逐步探索、逐步修正」的方式與它互動，藉此建立一個具備「共構能力」的智慧對話模型。

總之，ChatGPT 的推理功能正逐步改變人們處理資訊與決策的方式。當 AI 能夠模擬思考過程，並協助我們拆解問題、整合資源、預測風險與生成對策時，我們與它的互動就不再只是「問與答」，而是真正進入了「共同思考」的合作階段。

▶ 4-1-4 比較 GPT-4o 與 GPT-o3 推理能力：以數學應用題為例

數學推理不僅限於數列或公式推導，在實際應用場景中，問題通常涉及多步運算與邏輯整合。為更全面地檢視 ChatGPT GPT-4o 與 GPT-o3 在推理過程中的表現，本節將改以一道生活情境型的應用數學問題為例，觀察兩者在步驟展開、資料解讀與最終解答正確性等方面的差異。

應用題範例說明

題目內容：

「一間教室裡有若干張椅子。如果每 2 人共用 1 張椅子，則剛好少 5 張椅子；如果每 3 人共用 1 張椅子，則剛好多 3 張椅子。請問這間教室有多少張椅子？有多少人？」

這是一題結合邏輯設算與代數系統推導的典型應用題，適合用以觀察模型在條件拆解與方程式列式過程中的邏輯清晰度與精準度。

GPT-4o 解題策略與表現：

GPT-4o 通常擅長快速理解題意並進行直觀列式。GPT-4o 解題時展現出速度快、格式工整、列式正確的特點，適合解釋簡潔化流程。其步驟可能展開如下：

> 一間教室裡有若干張椅子。如果每 2 人共用 1 張椅子，則剛好少 5 張椅子；如果每 3 人共用 1 張椅子，則剛好多 3 張椅子。請問這間教室有多少張椅子？有多少人？

我們設：

- 教室裡有椅子數為 x
- 有人數為 y

根據題目兩個條件列出方程式：

條件一：每 2 人共用 1 張椅子，椅子不夠，少 5 張

$$\frac{y}{2} = x + 5 \Rightarrow y = 2x + 10 \tag{1}$$

條件二：每 3 人共用 1 張椅子，椅子多出 3 張

$$\frac{y}{3} = x - 3 \Rightarrow y = 3x - 9 \tag{2}$$

將 (1)、(2) 兩式聯立：

$$2x + 10 = 3x - 9 \Rightarrow 19 = x$$

代回任一式求 y：

$$y = 2(19) + 10 = 48$$

☑ 答案：
- 椅子數：19 張
- 人數：48 人

GPT-o3 解題流程與精度評估：

　　GPT-o3 模型則偏好更細緻的敘述與檢查推理一致性，GPT-o3 在推理時展現較強的容錯與驗證能力，對於條件式推敲與語意判斷更細緻，較適合數學教學與邏輯驗證。o3 在「進階推理」上的主要特色是深度鏈式思考（private chain-of-thought），也就是說，o3 透過強化學習被刻意訓練成「先想後答」，在內部完成多步邏輯推演後，再生成回覆，顯著提升複雜問題的正確率。其步驟可能展開如下：

> 一間教室裡有若干張椅子。如果每 2 人共用 1 張椅子，則剛好少 5 張椅子；如果每 3 人共用 1 張椅子，則剛好多 3 張椅子。請問這間教室有多少張椅子？有多少人？

已思考 7 秒鐘 >

設
- 椅子數 x（張）
- 人數 y（人）

條件一

每 2 人共用 1 張椅子，**還缺 5 張**：

$$x = \frac{y}{2} - 5 \tag{1}$$

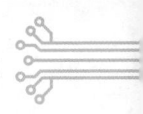

條件二

每 3 人共用 1 張椅子,正好多 3 張:

$$x = \frac{y}{3} + 3 \qquad (2)$$

把兩式聯立:

$$\frac{y}{2} - 5 = \frac{y}{3} + 3$$

兩邊同乘 6 得:

$$3y - 30 = 2y + 18 \implies y = 48$$

將 $y = 48$ 代回式 (1):

$$x = \frac{48}{2} - 5 = 24 - 5 = 19$$

結論

- 椅子:19 張
- 人數:48 人

檢查:

- 48 人 ÷ 2 人/張 = 24 張,需要 24 張而實際只有 19 張,少 5 張 ✔
- 48 人 ÷ 3 人/張 = 16 張,需要 16 張而實際有 19 張,多 3 張 ✔

從本例可看出,GPT-4o 偏向快速生成與明確答題,適合大量類似題型練習與應用場景;而 GPT-o3 強調步驟合理與驗算環節,對需詳細驗證與教學步驟呈現的需求較為適配。建議使用者可根據任務性質選擇最適合的 AI 模型。

4-2 啟動語音模式與視訊互動功能全攻略

隨著生成式 AI 技術的演進，ChatGPT 的語音功能也日益進化，從單純的文字互動擴展至雙向語音交流與視覺辨識整合，打造更直覺、自然的人機互動體驗。目前 ChatGPT 已推出進階語音模式（Advanced Voice Mode with Vision），支援語音對話、視訊辨識與多媒體輔助等功能，適用於學習、對談輔助、即時識圖與語音控制等多元應用場景。

▶ 4-2-1 使用語音與視覺功能的必要條件

若要使用進階語音模式與視覺功能，使用者需確認以下設備與環境條件：

- 裝置需配備麥克風、喇叭與攝影機（如筆電、平板、智慧手機）。
- 安裝最新版 ChatGPT App，或使用支援語音模式的瀏覽器。
- 穩定的網路連線，以確保即時語音處理與影像傳輸效能。

此功能的三大應用亮點如下：

- 語音互動自然流暢，無需打字即可與 AI 對話。
- 結合視訊鏡頭進行即時影像分析，例如辨識物品或描述環境情境。
- 適合語言學習者進行口說練習，並獲得即時發音回饋。

▶ 4-2-2 在電腦上啟用語音模式

若您使用的是 ChatGPT Plus 或 Pro，可在網頁版 ChatGPT 啟用語音功能：

Step 1 點選提示詞輸入框右下角的「啟用語音模式」圖示。

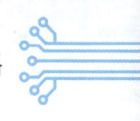

Step 2 啟動語音模式後,在畫面右上角可點選「語音選項」 鈕,可以讓使用者選擇與用戶交談的語音對象。

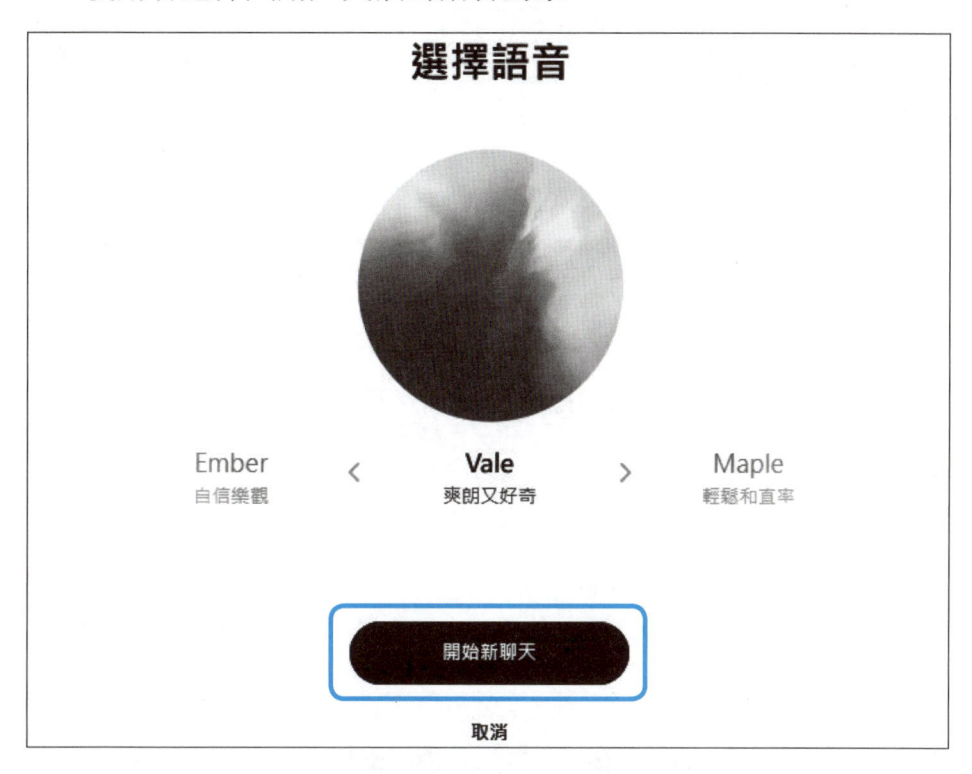

選擇語音

Ember　　　　　Vale　　　　　Maple
自信樂觀　　　爽朗又好奇　　輕鬆和直率

開始新聊天

取消

Step 3 選定語音對象後,按上圖的「開始新聊天」鈕,啟動後便可透過語音提問,例如:「AI 機器人會取代哪些人類的工作?」。就可以馬上聽到 ChatGPT 以語音的方式回答提問的內容。

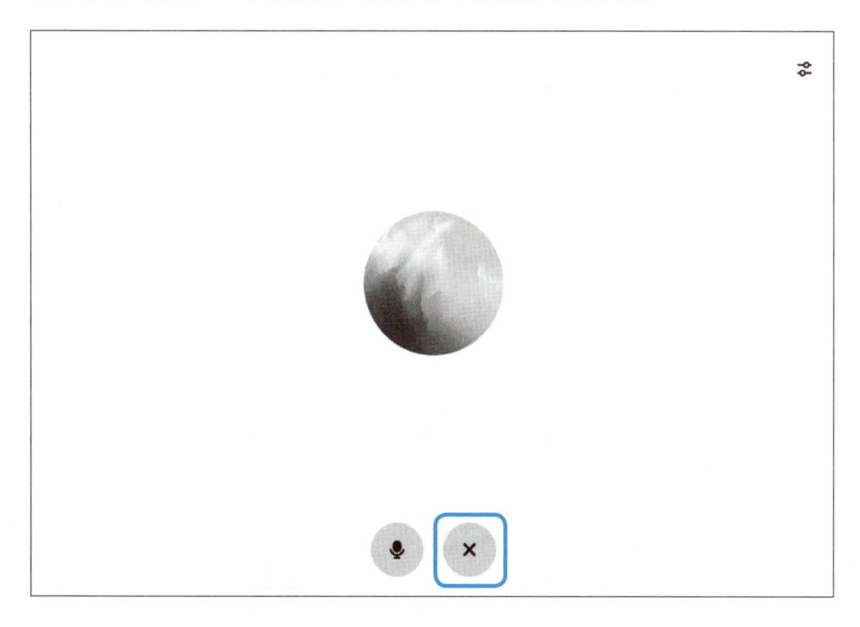

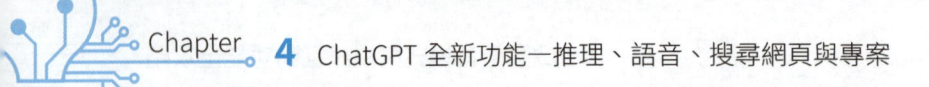

Chapter 4 ChatGPT 全新功能－推理、語音、搜尋網頁與專案

Step 4 當使用者想要結束對談可點擊畫面下方的「×」圖示，就可以發現語音轉文字記錄將保留於對話區。

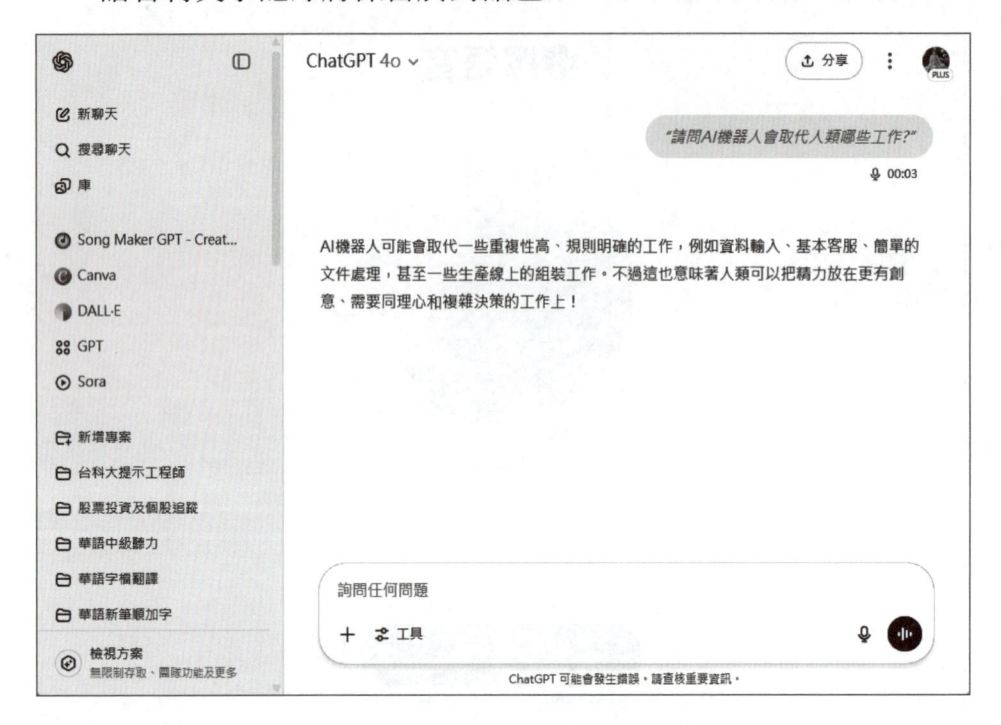

4-2-3 在手機 App 啟用視訊對話功能

若各位使用的是 ChatGPT App，則可以直接使用進階語音＋視訊功能，具體操作如下：

Step 1 開啟手機 ChatGPT App，點選右下角啟動語音圖示。

4-2 啟動語音模式與視訊互動功能全攻略

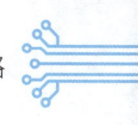

Step 2 同樣的，畫面右上角可點選「語音選項」切換偏好語音。滑動畫面選擇喜愛語音角色，點選「完成」鈕。

Step 3 第一次使用會要求授權相機權限，即可啟用視訊對話。接著就可以利用語音的方式提供，語音內容也將轉為文字記錄儲存於畫面下方。

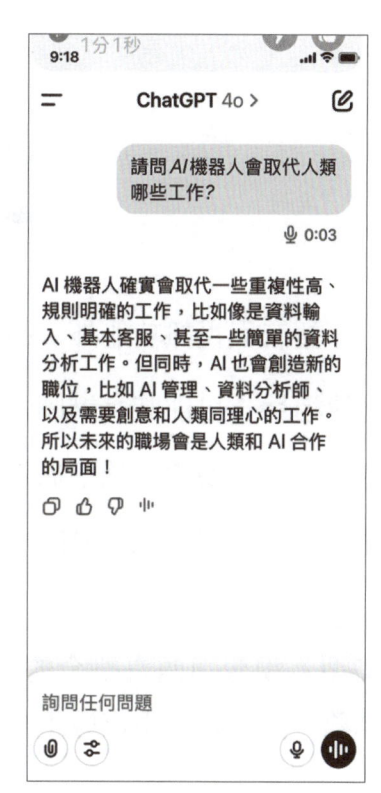

101

Step 4 點擊「…」可展開功能選單。

除了語音與視訊功能外，ChatGPT 手機 App 中還支援以下操作：

- **上傳相片**：可即時辨識圖片內容，並翻譯圖中顯示的文字。
- **拍照互動**：使用相機拍攝畫面後，即時請 AI 協助分析或解說。
- **分享畫面**：讓 ChatGPT 根據使用者畫面內容提供建議與操作協助。

透過語音與視覺功能的結合，ChatGPT 不僅提供更自然的對話體驗，也逐步轉型為視覺與語言整合的 AI 助理。未來，這些功能勢必將更加普及且多元，為教育、照護、工作與生活帶來全新的互動模式。

4-3 全新升級：ChatGPT 網頁搜尋功能應用解析

隨著資訊傳遞速度日益加快，傳統靜態語言模型已無法即時回應使用者對最新資訊的需求。為突破這項限制，ChatGPT 導入了網頁搜尋功能，讓 AI 能即時存取網路資料，提供更具時效性、深度與可信度的回應。本節將帶您深入了解這項功能的核心特色、啟用方式與實際應用情境，並透過示例說明 ChatGPT 如何整合網頁資訊，全面提升使用體驗。

▶ 4-3-1 功能介紹與操作方式

ChatGPT 的網頁搜尋功能可以根據問題內容，自動或手動連接網路查詢資料，適用於即時天氣、金融資訊、新聞動態、最新研究等情境。

Step 1 在對話區點選「工具」圖示，接著點選選單中的「搜尋網頁」，就可以啟用網頁搜尋模式。

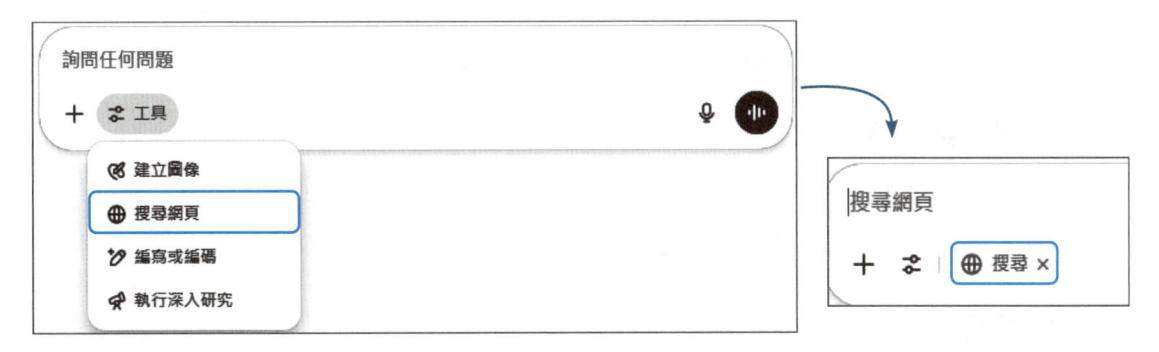

Step 2 或者於輸入框輸入「/」後，也可以快速開啟工具選單，再執行「搜尋」指令。

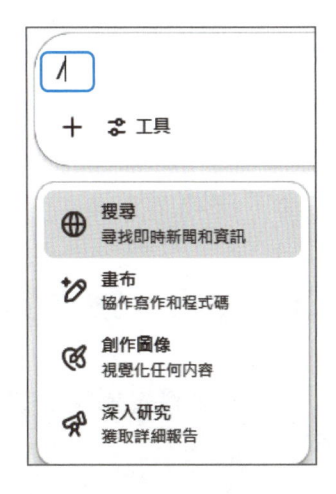

Step 3 欲關閉搜尋模式，只要再點選一次「 ⊕ 搜尋 × 」圖示。

103

ChatGPT 的網頁搜尋功能具備以下幾項特色：

- **即時資料存取**：可查詢最新天氣、股市、新聞、交通等即時資訊。
- **資料來源註記**：回應中會附上引用來源，方便使用者查核資訊真偽。
- **多媒體整合**：搜尋結果可包含圖片、影片、圖表等多元內容。
- **高互動性回應**：支援地圖標示、新聞摘要與股票資訊整合呈現。
- **多階段開放**：初期開放給 Plus 使用者，並於 2024 年底擴大至所有使用者。

▶ 4-3-2　三大核心應用改進

ChatGPT 的搜尋功能在以下三個面向，大幅超越傳統靜態語言模型：**資訊時效性、資料廣度與回答準確性**。

1. 資訊時效性
- 請查詢目前高雄市的氣溫、濕度與空氣品質指數。
- 幫我找出今日台北捷運哪幾條線有停駛或延誤通報。

2. 資料廣度與深度
- 請彙整 24 小時內有關生成式 AI 法規制定的國際新聞。
- 列出今天蘋果與 Google 的新品發布摘要與亮點分析。

3. 回應準確性
- 請說明最新發表於《Nature》期刊的論文 "Quantum Entanglement Dynamics in AI Systems" 的重點發現。
- 找出 2024 年 5 月最新一筆有關癌症早期篩檢技術的突破，並提供臨床應用範例。

▶ 4-3-3　搜尋實例

本節將透過搜尋實例，示範操作 ChatGPT 結合網頁搜尋功能的應用方式。

提示範例 4-1 ◆ 即時天氣查詢

提示（prompt）詞：

請問現在台北的氣溫和降雨機率是多少？

ChatGPT 回答畫面：

> 請問現在台北的氣溫和降雨機率是多少？

截至 2025 年 5 月 25 日上午 9:38，台北市的即時天氣如下：

🌡 **氣溫**

- 目前氣溫：約 22°C（72°F）
- 今日預測高溫：約 23°C（73°F）
- 今日預測低溫：約 19°C（67°F）

🌧 **降雨機率**

- 全天降雨機率：高達 90%，預計會有間歇性降雨，局部地區可能出現大雨。

☁ **空氣品質（PM2.5）**

- PM2.5 指數：約 95，屬於「中等」等級。
- 健康建議：對敏感族群（如有呼吸道疾病者）可能有影響，建議減少戶外活動時間。 `Yahoo奇摩新聞`

☑ **建議**

- 出門請攜帶雨具，並注意防滑。
- 敏感族群建議配戴口罩，避免長時間在戶外活動。

如需更詳細的天氣資訊，建議參考中央氣象局或其他即時天氣預報平台。

Chapter 4　ChatGPT 全新功能─推理、語音、搜尋網頁與專案

▶ 提示範例 4-2 ◆ 新聞摘要回應

提示（prompt）詞：

今天有哪些重要的國內財經新聞？

ChatGPT 回答畫面：

> 今天有哪些重要的國內財經新聞？

截至 2025 年 5 月 25 日，以下是台灣當前的重要財經新聞摘要：

📊 經濟與金融政策

- **瑞銀上調台灣 GDP 成長預測至 3%**
  瑞銀投資銀行將台灣 2025 年的國內生產毛額（GDP）成長預測從原先的 2.6% 上調至 3%，主要受惠於出口熱潮。不過，該機構也提醒，全球貿易緊張局勢可能帶來風險。 聯合新聞網 +2

- **金管會推動三項主題式活動促進金融科技發展**
  金融監督管理委員會（簡稱金管會）宣布將舉辦三項主題式活動，旨在促進台灣金融科技的發展，涵蓋數位金融、綠色金融和普惠金融等領域。 維基百科 +6

🏦 金融與產業動態

- **國泰金與輝達合作訓練 AI 語言模型**
  國泰金控宣布與輝達（NVIDIA）合作，利用 NVIDIA 的 NeMo 框架，結合台灣金融授信資料，訓練大型語言模型（LLM），以打造能夠精準回應進階金融問答的 AI 智慧代理。 經濟日報 +1

- **鴻海攜手輝達打造台灣首座 AI 超級算力中心**
  鴻海科技集團與輝達合作，在台灣建立首座 AI Factory 超級算力中心，提供最新的 NVIDIA Blackwell 基礎設施，支援產官學界的 AI 發展需求。 Yahoo奇摩股市 +6

提示範例 4-3 ◆ 專業研究資訊

提示（prompt）詞：

請說明美國最新通過的 AI 監管法案的主要條文與產業影響。

ChatGPT 回答畫面：

> 請說明美國最新通過的 AI 監管法案的主要條文與產業影響。

截至 2025 年 5 月，美國尚未通過全面的聯邦人工智慧（AI）監管法案，但近期的立法動向顯示，聯邦政府正積極推動相關政策，對產業發展產生深遠影響。以下是目前主要的聯邦層級法案與政策概況：

US 聯邦層級主要法案與政策

1.《移除美國人工智慧領導障礙行政命令》（Executive Order 14179）

2025 年 1 月，總統唐納·川普簽署了此行政命令，旨在撤銷前總統喬·拜登於 2023 年頒布的《安全、可靠且值得信賴的人工智慧發展與使用行政命令》（Executive Order 14110）。新命令強調： 維基百科

- 撤銷被視為阻礙 AI 創新的政策與指令，以促進美國在 AI 領域的全球領導地位。
- 要求各聯邦機構在 180 天內制定行動計畫，以支持 AI 發展，並確保其不受意識形態偏見或社會議程的影響。
- 強調人類福祉、經濟競爭力與國家安全為政策核心。 The White House +1 維基百科 +1

2.《AI 法案》中的 10 年州級監管暫停條款

眾議院共和黨人在預算法案中提出一項條款，禁止各州在未來 10 年內制定或執行任何針對 AI 模型、系統或自動決策系統的法律或法規。該條款旨在： Inside Global Tech +2

ChatGPT 網頁搜尋功能的引入，標誌著從「封閉知識模型」邁向「即時資訊助理」的關鍵轉變。使用者不再受限於模型訓練資料的時間點，而能根據實際需求查詢最新資訊來源，進行動態互動與高準確性的決策輔助。

未來，此功能也將進一步整合行動裝置、圖像理解與多語搜尋能力，全面擴展其應用潛力，成為跨平台、高效率的智慧資訊協作工具。

4-4 專案（Project）管理功能：入門教學與應用實作

面對日益龐雜的工作與學習需求，ChatGPT 推出了「專案（Projects）」功能，讓使用者能在 ChatGPT 中建立具結構化的工作空間，保存多個對話、檔案與相關指令，實現跨會話的資料整合與集中管理，為使用者帶來全新層級的對話組織與 AI 協作體驗。

這項功能不僅能將聊天內容、操作指示與相關資料統一歸檔，更透過自訂化指令與視覺化分頁，大幅提升任務執行效率與進度追蹤的清晰度。

> **Tips**
>
> 目前，ChatGPT 的「專案（Projects）」功能僅對付費使用者開放，包括 ChatGPT Plus、Pro 和 Team 方案的使用者。免費版使用者尚無法使用此功能。

▶ 4-4-1 專案功能三大核心價值

ChatGPT 專案功能的設計，不僅是為了讓對話更有組織，也回應了使用者在「任務導向型使用」上的需求。透過結構化的專案架構、明確的個人化指令設定，以及整合多筆對話與文件的能力，此功能為個人與團隊使用者提供了更高效、更清晰的 AI 互動流程。本節將聚焦於專案功能的三大核心價值，並解析其在實務應用中所能帶來的具體效益：

- **結構化整理**：採用類似資料夾的分頁方式，讓使用者能將對話、草稿、指令等資料集中於同一主題下，避免資訊散落。
- **協作與追蹤**：適用於長期任務（如研究計畫、內容製作、行銷提案等），可提供持續追蹤紀錄，避免重複溝通與資料遺漏。
- **回應精準化**：可針對各專案設定 AI 的回覆語氣或角色（如「請以顧問角度回答」），打造個性化的互動體驗。

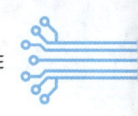

> **範例**
> - 教學用途：教師可建立「高中歷史補充教材」專案，並要求 ChatGPT 以教科書語調協助編撰內容。
> - 企業應用：行銷團隊可建立「新產品社群行銷專案」，搭配目標指令生成社群貼文建議與競品分析。
> - 學術研究：研究生可建立「碩論初稿」專案，整合所有與主題相關的資料、摘要與圖表敘述。

▶ 4-4-2　建立與設定新專案

想要有效運用 ChatGPT 的專案功能，第一步便是學會如何建立並設定一個專屬的專案空間。無論您是規劃行銷活動、撰寫研究報告，或是設計個人學習計畫，只要善用建立專案與自訂指令的流程，便能讓 ChatGPT 在後續的互動中提供更精準、具上下文理解力的回應。

接下來，將以圖解方式，引導您完成專案建立的操作步驟，快速展開個人化的 AI 專案管理體驗。

Step 1　開啟 ChatGPT 側邊欄，點選「專案」，接著選擇「新增專案」。

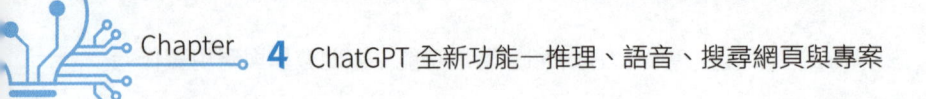

Step 2 輸入專案名稱，例如「2025 年旅遊行程規劃」後按下「建立專案」。

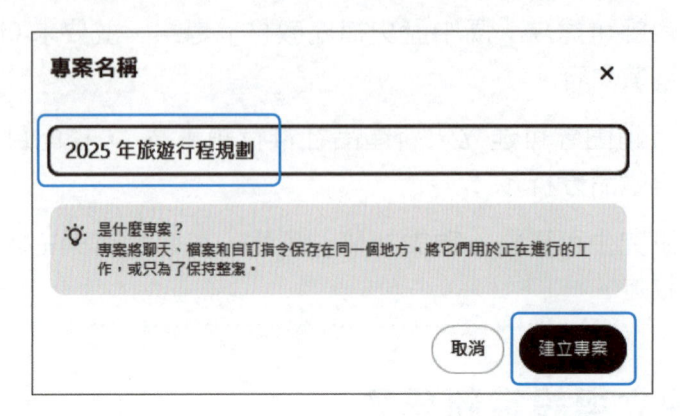

Step 3 專案建立成功後，可在畫面中看到主頁。

Step 4 點選「新增指令」設定專案角色，例如輸入：「請以專業旅遊編輯的語氣提供建議」並儲存。

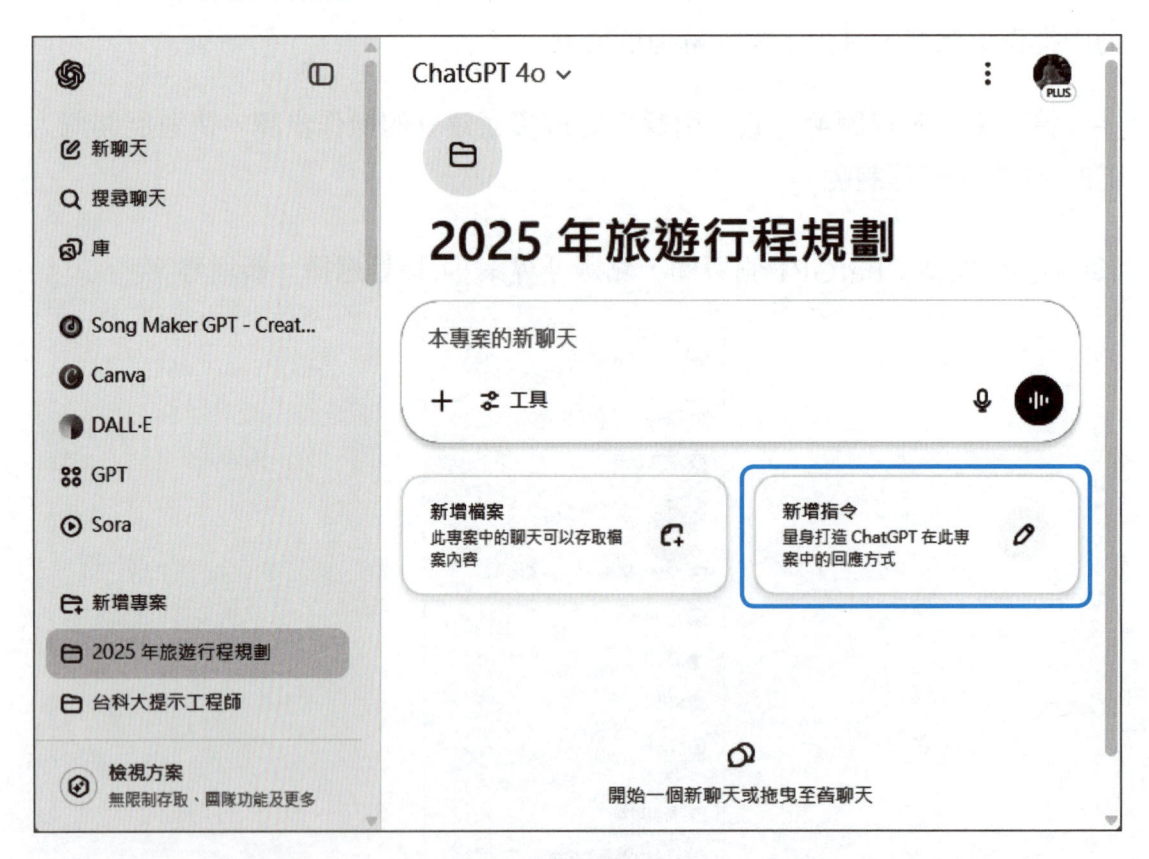

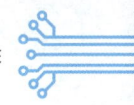

4-4 專案（Project）管理功能：入門教學與應用實作

指令

ChatGPT 可以如何幫助你完成這個專案？
你可以要求 ChatGPT 焦注在特定主題，或要求它使用特定語氣或格式進行回應。

> 請以專業旅遊編輯的語氣提供建議

[取消] [儲存]

Step 5 接下來可於該專案內持續輸入提示詞並接收針對性回覆。

2025 年旅遊行程規劃

> 請推薦高雄一日遊的私密景點

> 請推薦高雄一日遊的私密景點

當然可以！以下是專為想探索高雄在地風情與秘境景點的一日遊私房路線推薦，避開人潮、深入在地，適合熱愛自然、文化與拍照打卡的你：

🏞【高雄私密一日遊路線建議】

☀ 上午：秘境山林與茶香體驗

▶ 美濃雙溪口秘境步道 + 黃蝶翠谷

- 美濃不是只有客家菜與紙傘！深入雙溪口的山林步道，能看到層層山巒與溪水潺潺，特別是在黃蝶翠谷時節（約5-7月）有大量蝴蝶飛舞，宛如森林仙境。
- ✅ 推薦活動：健行、拍照、生態觀察。

▶ 老古茶堂（或美濃客家茶坊）

- 漫步後可到在地茶行，品一壺冷泡綠茶或擂茶，享受靜謐的山城時光。
- ✅ 推薦茶品：美濃綠茶、擂茶DIY體驗。

🍱 中午：隱藏版老屋餐館午餐

▶ 楠頭糖廠旁的「糖鐵人家」

- 隱藏在糖廠園區旁的百年老宿舍改建空間，結合懷舊與文青風格，提供家常創意料理。
- ☑ 招牌菜色：慢燉牛肉飯、台式肉燥飯、冰糖滷味拼盤。

🍁 下午：港都懷舊與藝術秘境

▶ 大港倉庫群（香蕉碼頭後方倉庫區）

- 一般觀光客多停在駁二，這裡則更接地氣。老倉庫已被改造為手作工坊與藝術展示空間，平日下午遊客少、非常適合拍照。
- ☑ 推薦活動：工藝體驗（如金工、皮革）、攝影、藝術小展覽欣賞。

▶ 高雄港秘境碼頭（前鎮漁港旁）

- 傍晚時分前往這處少人知道的堤岸，看船入港、觀日落、吹海風。
- ☑ 建議：備好防蚊液，適合拍剪影與IG風格照片。

🌙 傍晚：夜色下的復古時光

▶ 前金區「茂雄冰室」或「仁武無名燒肉」

- 回到市中心，選擇一家復古冰室吃甜點（如港式多士與絲襪奶茶），或到當地人口耳相傳的無名炭烤店吃晚餐，享受一日的完美結尾。

📷 拍照亮點推薦

- 黃蝶翠谷蝴蝶群舞
- 美濃老茶行木窗光影
- 大港倉庫斑駁鐵門
- 港邊夕陽剪影照

若你想搭配交通方式、在地小吃地圖或加購DIY體驗行程，也可再告訴我，我可以幫你延伸成完整旅遊行程表。要不要幫你排出 Google Map 導覽連結或交通建議呢？

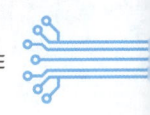

▶ 4-4-3 整合舊對話與重新命名主題

若您已有相關主題對話,可將其加入現有專案中。操作步驟如下:

Step 1 於舊對話列表中點選右側功能鍵「…」,選擇「新增至專案」。

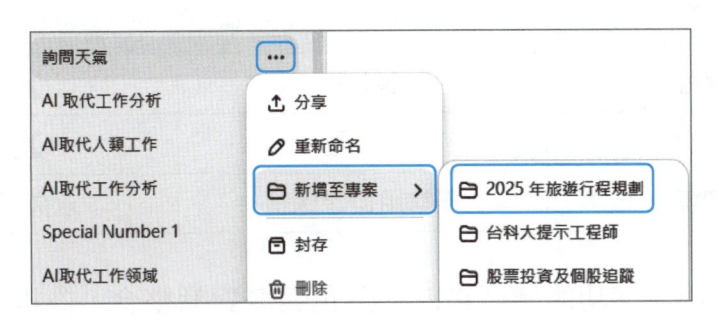

Step 2 回到專案頁面,會看到主題成功納入專案清單中。

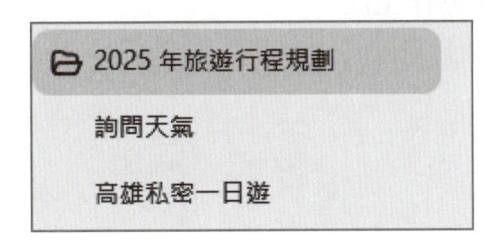

Step 3 若需重新命名主題,可再次點選功能鍵並選擇「重新命名」,例如「詢問天氣及交通建議」。

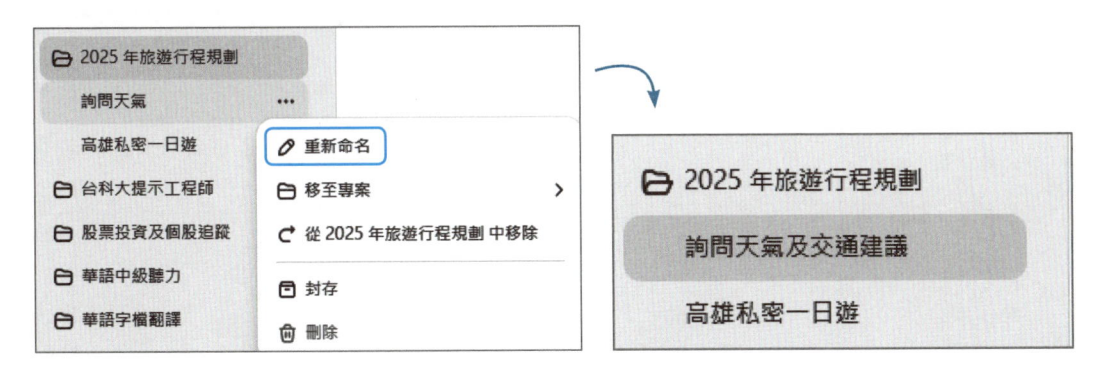

4-4-4 管理完成任務：封存與刪除差異

為了保持主畫面的簡潔，使用者可針對不常用的專案進行封存或刪除。二者差異如下表：

功能	封存	刪除
是否保留	☑ 是	✖ 否
是否可還原	☑ 可	✖ 不可
使用情境	不常用但想保留	永久移除內容

ChatGPT 的專案功能結合自訂化角色與多對話整合，為複雜任務提供清晰管理架構。不論您是教育者、創作者還是企業工作者，都能藉由此工具打造高效率、具延展性的 AI 協作空間。

CH4 重點回顧

1. ChatGPT 的推理功能擅長進行多步驟拆解、條件比對與邏輯分析，能協助使用者完成複雜任務規劃、策略評估、資料分析與決策模擬等工作，適合應用於教育、管理、研究與個人生活決策等場景。

2. 推理功能的代表應用包括：條件篩選、排序分析、優劣比較、資源分配模擬、政策分析與教案規劃等邏輯性任務。

3. ChatGPT 擅長處理結構化提示詞，例如「請先……，再……，最後……」的邏輯指令，並可透過加入如「請說明分析過程」「以表格呈現」等提示詞來提升回應品質。

4. 推理功能可廣泛應用於多條件任務選擇、跨模態資訊整合（圖文語音）、教學錯誤診斷、產品評比、資源排程與情境模擬規劃等領域。

5. ChatGPT 的語音模式與視訊功能讓 AI 互動更自然，支援即時語音輸入、語音對話與鏡頭辨識，適用於語言學習、口語訓練、無障礙操作與視覺識別等應用情境。

6. 語音功能的主要使用場景包括：語音聊天、圖像拍照解說、影片語音互動、教學講解與生活資訊查詢。

7. ChatGPT Plus 與 Pro 版本支援進階語音與視訊功能，其中 GPT-4o 模型可啟用完整的語音對話與視覺識別整合。

8. ChatGPT 的網頁搜尋功能支援即時資料查詢，能提供最新資訊並附上資料來源，提升內容時效性、可信度與互動靈活度。

9. 搜尋功能可應用於天氣查詢、財經動態、即時新聞、研究論文追蹤與政策法規查詢等場景。

10. ChatGPT 回應內容可結合網頁結果、自動生成摘要與圖像資料，提升複雜問題的資訊整合與應對能力。

11. ChatGPT 的專案功能提供結構化的任務管理機制，能集中整理多筆對話、檔案與個人指令，方便使用者進行跨階段追蹤與個性化 AI 協作。

12. 專案功能的代表應用包括：教案整理、內容開發、學術研究、行銷企劃、產品設計與多任務追蹤等場景。

13. 使用者可為每個專案設定角色語氣、資料主題與工作內容，自訂 AI 回覆邏輯，提升互動效率與輸出一致性。

Chapter 4 課後習題

一、選擇題

_____ 1. ChatGPT 的推理功能主要體現在下列哪個層面？
  (A) 演算法選擇
  (B) 大數據分析
  (C) 多步邏輯處理、條件比對與綜合判斷
  (D) 聲音辨識準確度

_____ 2. 想讓 ChatGPT 展現邏輯推理能力，下列哪一種提示詞最有效？
  (A) 請幫我列清單
  (B) 請依照三個條件進行比較與排序，最後做出建議
  (C) 隨便給我一個建議
  (D) 請簡單說明一下

_____ 3. ChatGPT 在處理哪一類問題時，其推理功能可發揮最大效益？
  (A) 語音辨識   (B) 區塊鏈演算
  (C) 多變數條件比較與任務規劃   (D) 繪圖與排版

_____ 4. 要促進 ChatGPT 產出結構化回應，下列哪個提示詞最有效？
  (A) 請幫我分析
  (B) 請以表格形式比較優缺點並提供總結
  (C) 回答越簡單越好
  (D) 用口語解釋即可

_____ 5. 下列哪項 ChatGPT 的應用最接近「模擬決策情境」？
  (A) 翻譯一段英文
  (B) 解釋化學公式
  (C) 寫一篇部落格
  (D) 分析三個會議方案並依預算建議最合適者

_____ 6. ChatGPT 推理能力的提升與哪個版本的模型發展最有關？
  (A) GPT-4o   (B) GPT-3.5
  (C) GPT-2   (D) o1-mini

_____ 7. ChatGPT 能透過哪些方式幫助管理者進行企劃評估？
  (A) 執行簡報自動套版
  (B) 製作影片配樂
  (C) 合成語音回饋
  (D) 條件篩選、策略排序與建議說明

_____ 8. 想請 ChatGPT 推薦會議場地，哪個提示詞設計最恰當？
(A) 哪個地方不錯？
(B) 隨便推薦一個場地
(C) 我有預算但不確定想辦哪裡
(D) 請依據人數、預算與交通距離三項條件，推薦最適合的會議場地並說明理由

_____ 9. 在模擬課程規劃時，ChatGPT 可扮演什麼角色？
(A) 翻譯員
(B) 影片剪輯工具
(C) PDF 轉檔軟體
(D) 預算分析與方案比較的助理顧問

_____ 10. 為讓 ChatGPT 進行更高層次思考，下列哪種語句可啟動推理模式？
(A) 幫我查資料
(B) 給我結果
(C) 請一步步思考並說明判斷依據
(D) 隨意寫寫

_____ 11. ChatGPT 的語音模式在哪一平台上能完整支援視訊互動？
(A) 桌上型電腦　　　　　　　　(B) 手機 App
(C) GPT-3.5 網頁版　　　　　　(D) Edge 擴充元件

_____ 12. ChatGPT 的網頁搜尋功能最適合查詢什麼內容？
(A) 課本內容　　　　　　　　　(B) 已知公式
(C) 最新新聞與時事資訊　　　　(D) 靜態簡報

_____ 13. 使用 ChatGPT 搜尋功能時，下列何者正確？
(A) 無法查看資料來源　　　　　(B) 僅能回答靜態知識
(C) 不支援新聞摘要　　　　　　(D) 回應中會附上引用來源

_____ 14. 若您想追蹤 ChatGPT 回應並管理多筆工作任務，建議使用哪項功能？
(A) 替代提示詞　　　　　　　　(B) 專案管理功能
(C) 聲音指令儲存　　　　　　　(D) 計時器與提醒功能

_____ 15. ChatGPT 的專案功能最適合下列哪種使用者？
(A) 需管理多主題對話並整合工作的專業人員
(B) 單純對話娛樂使用者
(C) 畫圖教學使用者
(D) 遊戲玩家

_____ 16. 在 ChatGPT 專案功能中，若要統一語氣與角色，可採用什麼方法？
　　　(A) 問題分段　　　　　　　　(B) 引用鏈接
　　　(C) 自訂指令設定角色與語氣　(D) 自動回覆樣式設計

_____ 17. 使用「封存」功能的情境為何？
　　　(A) 永久刪除不用的對話
　　　(B) 修改指令語氣
　　　(C) 暫時不使用但希望保留對話與資料
　　　(D) 隱藏回應錯誤記錄

_____ 18. 若想讓 ChatGPT 分析某政策的可行性，哪種結構較有效？
　　　(A) 請說明三個優點與風險，再依三項條件分析可行性
　　　(B) 請馬上給我結論
　　　(C) 是否應該施行
　　　(D) 該不該做，請說清楚

_____ 19. ChatGPT 的多步推理可應用於何種教育情境？
　　　(A) 輸出 PDF 課本
　　　(B) 分析學生作業錯誤並提出補救建議
　　　(C) 製作影片轉場
　　　(D) 教師繳交表單

_____ 20. 下列哪個例子最能展現 ChatGPT 的模擬與決策能力？
　　　(A) 翻譯小說
　　　(B) 搜尋氣象
　　　(C) 統整歷任總統
　　　(D) 規劃年度培訓方案並模擬課程時程與預算配置

二、問答題

1. 請簡述什麼是 ChatGPT 的推理功能？

2. 推理能力與一般問答有何不同？

3. 提示詞該如何設計才能發揮推理能力？

4. 舉例說明 ChatGPT 推理能力在教育場域的應用。

5. ChatGPT 如何支援使用者進行「複雜任務模擬」？

6. 說明 ChatGPT 語音功能的應用情境。

7. ChatGPT 網頁搜尋功能有何優點？

8. 為何 ChatGPT 專案功能對長期任務特別實用？

9. ChatGPT 推理功能在企業中的應用有哪些？

10. 請說明如何讓 ChatGPT 回應具備結構與條理？

11. 舉例說明如何使用 ChatGPT 分析多項產品的優劣與推薦。

12. ChatGPT 的語音模式在哪些版本中可完整啟用？

13. 請舉出三種 ChatGPT 推理任務的常見場景。

14. 使用者如何運用 ChatGPT 協助會議場地評估？

15. ChatGPT 專案功能如何提升團隊工作效率？

Chapter 5

精準下達提示詞的實用技巧

在 AI 應用日益普及的今天，提示（prompt）詞的設計能力已成為使用者是否能有效操作 AI 的關鍵之一。無論是生成文字、影像、資料分析，或進行對話模擬，提示詞的品質都會直接影響 AI 回應的準確性與實用性。

本章將介紹撰寫提示詞的基本原則、常用方法與實戰策略，並帶領讀者認識實際應用中不可忽略的關鍵技巧與平台資源，協助從「會用」邁向「精準掌握」的專業層次。

5-1　建構高效提示（Prompt）的基本原則

5-2　常用的提示方法和策略

5-3　精準內容生成策略的 CNDS 原則

5-4　不藏私提示詞應用技巧

5-5　提示詞交易平台簡介

5-1 建構高效提示 (Prompt) 的基本原則

有效的提示詞能讓 AI 準確理解任務需求並產出理想結果。本節將帶領讀者掌握提示詞的基本結構，包含角色指定、任務描述、輸出格式與語氣語境，並透過範例說明如何避免模糊不清與過度簡略的表述，提升溝通效率與產出品質。

1. 明確設定任務目標：讓模型理解你要做什麼

建立高效提示的第一步，是明確界定任務目標。無論是撰寫文章、生成表格、翻譯段落或設計練習題，若能在提示中具體告知「你希望 ChatGPT 執行的任務是什麼」，就能有效降低理解誤差。

> **範例**
> - ❌ 模糊提示：「幫我寫一點內容。」
> - ✅ 改進提示：「請撰寫一段 100 字內的導語，主題為環保回收，使用高中生能理解的語言。」

2. 指定語氣語境與角色：賦予 AI 任務視角

在提示中加入明確的角色與語氣設定，可使 ChatGPT 生成更具風格與一致性的內容。

> **範例**
> - 「請以資深旅遊導遊的角度推薦花蓮景點。」
> - 「你是一名財經記者，請撰寫一篇市場趨勢摘要。」

3. 界定輸出格式與長度：幫助 AI 有條理地輸出

高效提示通常包含格式要求，例如：「請以表格格式回覆」、「請列出三項建議並各用一段說明」等。亦可指定字數範圍，或分段引導內容。這能提升可讀性，並節省後製時間。

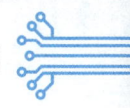

4. 提供上下文背景：協助模型掌握語意脈絡

由於 ChatGPT 不具備即時記憶，若缺乏上下文，可能無法給出準確回應。建議在提示中補充背景資訊、條件或場景。

> **範例**
> - 「根據以下課文內容，請出三道選擇題。」
> - 「我是一位旅客，計畫在 3 天內遊玩台南，請依此安排行程。」

5. 避免模糊語句與過度簡化提問

過於籠統的提示如「請寫文章」、「幫我想一下」等，會讓 AI 無從著手。即使是簡單任務，也應至少包含主題、用途與語氣。

> **範例**
> - 「幫我寫一段 IG 貼文內容，主題為永續生活，語氣輕鬆。」

6. 巧用範例引導：讓模型模仿你的想法

提供一段你期望的輸出範例，是提升品質的高階技巧。這能協助模型理解語氣、格式與風格，降低試錯成本。

> **範例**
> - 「以下是我寫的開場白，請依此風格繼續撰寫這個主題的段落。」
>   **這裡貼上你自己寫的開場白**

7. 使用引號與標籤：強化關鍵詞辨識力

在提示中使用引號可讓模型辨識主詞，而加入標籤（如 # 主題、重點）則可引導內容聚焦。

> **範例**
> - 「請說明『AI 道德風險』的常見觀點。」

8. 迭代修正與追問：從回應中調整提示

有效提示往往需多次修正。若回應不理想，可補充條件或改寫問題。

> **範例**
> - 「請重新生成並加入兩個例子。」
> - 「請縮短段落但保留重點。」

9. 結合關鍵字與情境限制：讓產出更聚焦

明確限制回應範圍有助於內容專業化與可控性。

> **範例**
> - 「限制只討論 2024 年政策。」
> - 「請使用繁體中文台灣用語。」

10. 避免資訊缺口：主動補足模型可能不懂的細節

若提示涉及冷門用語、簡稱或地區文化，建議補充解釋。

> **範例**
> - 「我將提到的『LOL』是指《英雄聯盟》（英語：League of Legends，簡稱 LoL）是一款 5v5 多人線上戰鬥技術型遊戲。」

5-2 常用的提示方法和策略

在軟體工程與問題解決的過程中，使用有效的提示方法與策略是提高效率、突破瓶頸的關鍵。透過適當的提示，工程師不僅能引導自己深入思考問題、探索可行解決方案，甚至還能激發創造力與創新思維。

本章將介紹幾種常用的提示方法，包括：「關鍵字提示法」、「引導式提示法」、「類比」與「比喻提示法」，以及「探索式提示法」。這些方法將幫助工程師以更系統化且有組織的方式進行問題分析與解決，同時提供新的洞察與靈感來源。

▶ 5-2-1 關鍵字提示法：用語彙為創意加速

關鍵字提示法是一種透過精選語詞引導 AI 模型產出目標內容的技巧。不同於一般自然語言輸入，此方法聚焦於單字或片語的組合與聚合邏輯，使工程師能鎖定問題核心、快速擷取資源並比對解決方案。無論是撰寫程式、設定介面參數或搜尋最佳實作範例，善用關鍵字提示都能明確指引 ChatGPT 往正確方向產出內容。

此方法常透過提供與問題相關的技術詞彙、術語、工具名稱或概念，引導工程師進行思考與探索。這些關鍵字可幫助使用者快速理解問題範疇，並有效尋找進一步的解決資源。

簡單來說，關鍵字提示法提供「方向性」，協助工程師更快找到解決問題的線索與支援知識。

範例 1 程式設計中的日期處理

當工程師在解決一項程式設計問題時，遇到「日期格式轉換」的需求，使用關鍵字提示法可提醒其搜尋如：

- 「日期格式轉換」
- 「日期處理函式」

這些關鍵字可用於網路搜尋或提示詞撰寫中，迅速找到程式碼片段、技術討論或 API 文件。

Chapter 5　精準下達提示詞的實用技巧

> **範例 2　前端開發中的動畫效果**
>
> 　　一位前端工程師正在開發網頁，希望在使用者滾動頁面時觸發某元素的淡入效果。他知道要使用 CSS 和 JavaScript，但不確定實作方法。此時，關鍵字提示法可發揮作用。
>
> 　　他可嘗試使用以下關鍵字搜尋：
>
> - 「CSS 滾動時淡入效果」
> - 「JavaScript 滾動事件觸發 動畫」
>
> 　　透過這些關鍵字，工程師能迅速找到網路文章、範例程式碼、討論串或教學影片，瞭解如何使用 scroll 事件與 opacity 屬性實現所需效果，並套用至實際專案中。

　　透過關鍵字提示法，工程師不僅能提高搜尋與提問效率，也能將問題明確化，引導 AI 提供更聚焦的回應，進一步促進技術解決與創意激發。

▶ 提示範例 5-1

提示（prompt）詞：

請使用 CSS 和 JavaScript 來實現滾動時淡入效果。

ChatGPT 回答畫面：

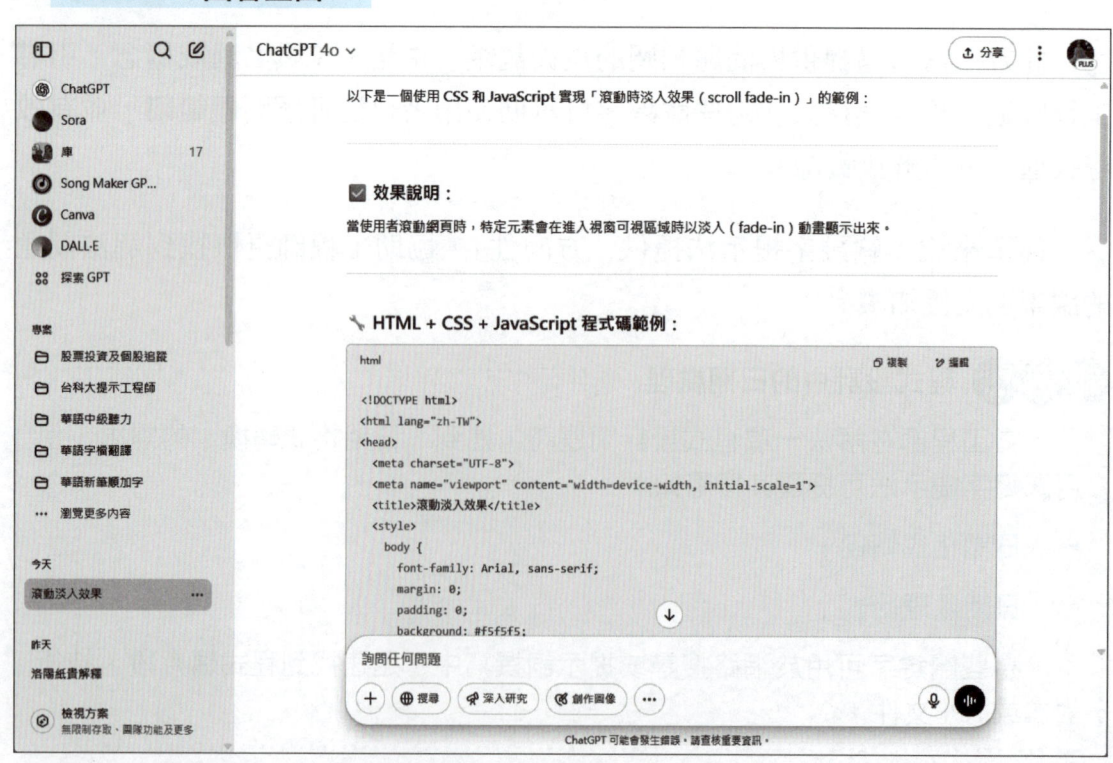

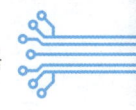

關鍵字提示法不僅適用於程式設計相關的問題，還可以用於尋找技術文件、API 參考、論壇討論等各種技術相關資訊。透過適當的關鍵字，工程師可以快速找到所需的資源，並加速解決問題的過程。以下是使用關鍵字提示法的指示範例：

▶ 提示範例 5-2 ◆ 使用關鍵字建立提示列表

根據問題的內容，生成一個與問題相關的關鍵字列表。這些關鍵字應涵蓋問題的主題、相關技術和相關概念。可利用領域知識或專業文獻來獲取這些關鍵字。將關鍵字組織成清晰的列表，幫助工程師快速找到相關資訊以尋找解決方案。

提示（prompt）詞：

我想以 Python 設計一份具有網路爬蟲功能的視窗程式介面，這支程式還可以將搜尋結果以互動表單的方式供使用者輸入不同參數需求，再以圖表方式呈現，請列出要達成這項任務的的關鍵字，以作為我向 ChatGPT 下達指令的提示詞列表。

ChatGPT 回答畫面：

你這項任務結合了三大功能面向：

1. **網路爬蟲**（資料擷取）
2. **圖形化使用者介面 GUI**（互動操作介面）
3. **資料視覺化**（圖表呈現）

以下是你可以用來向 ChatGPT 下達指令的 **提示詞關鍵字列表**，我依功能類別整理如下：

✵ 一、網路爬蟲功能相關關鍵字

類型	提示詞建議
網頁擷取工具	`requests`、`httpx`、`aiohttp`（非同步）
HTML解析	`BeautifulSoup`、`lxml`、`html.parser`
瀏覽器模擬	`Selenium`、`Playwright`、`headless browser`、`自動化點擊`
反爬技巧處理	`User-Agent`、`sleep delay`、`headers`、`CAPTCHA處理`
資料擷取實例	`爬取新聞標題`、`爬取股價資訊`、`爬取氣象資料`

二、GUI 視窗介面相關關鍵字

類型	提示詞建議
GUI框架選擇	`Tkinter（標準內建）`、`PyQt5`、`PySide6`、`Kivy`、`customtkinter`
表單介面	`輸入欄位`、`下拉選單`、`按鈕觸發`、`事件綁定`
多頁面管理	`Frame切換`、`多頁籃架`、`tab介面`
輸出區域設計	`文字顯示區`、`表格顯示結果`、`資料更新機制`

三、資料視覺化與圖表功能關鍵字

類型	提示詞建議
常用繪圖套件	`matplotlib`、`seaborn`、`plotly（互動式）`
圖表類型	`line chart`、`bar chart`、`pie chart`、`scatter plot`、`heatmap`
互動性圖表	`plotly dash`、`bokeh`、`Tkinter嵌入matplotlib`
資料處理	`pandas`、`DataFrame清理`、`groupby統計`、`csv匯入`

四、整合應用提示詞（範例提示句）

你也可以直接用以下提示語向 ChatGPT 下達任務：

- `用 Python 設計一個 Tkinter 視窗程式，內建網頁爬蟲功能，並提供表單讓使用者輸入關鍵字，點選按鈕後顯示查詢結果。`
- `請幫我設計一個 PyQt5 GUI 程式，能抓取某網站的股價資料，並用 matplotlib 繪製折線圖展示股價變化。`
- `幫我整合爬蟲 + GUI + 資料視覺化的 Python 程式範例，使用者可輸入查詢條件，結果以互動圖表顯示。`

需要我幫你依這些關鍵字做出一個起始範例程式嗎？你可以告訴我主題（例如：天氣、新聞、股價、匯率…），我可以為你寫一份完整模板。

接著就可以使用生成的關鍵字列表進行相關資源的搜尋。這可以包括在內部知識庫、線上文件、論壇、專案程式碼庫等地方進行搜尋。利用現有的搜尋引擎或內部工具，根據關鍵字進行相關資訊的查找。確保搜尋結果包含有價值且相關的資訊，並進一步分析和評估這些資訊以獲取解決方案。

▶ **提示範例 5-3**

提示（prompt）詞：

用 Python 設計一個 Tkinter 視窗程式，內建網頁爬蟲功能，並提供表單讓使用者輸入關鍵字，點選按鈕後顯示查詢結果。

ChatGPT 回答畫面： （畫面下方省略）

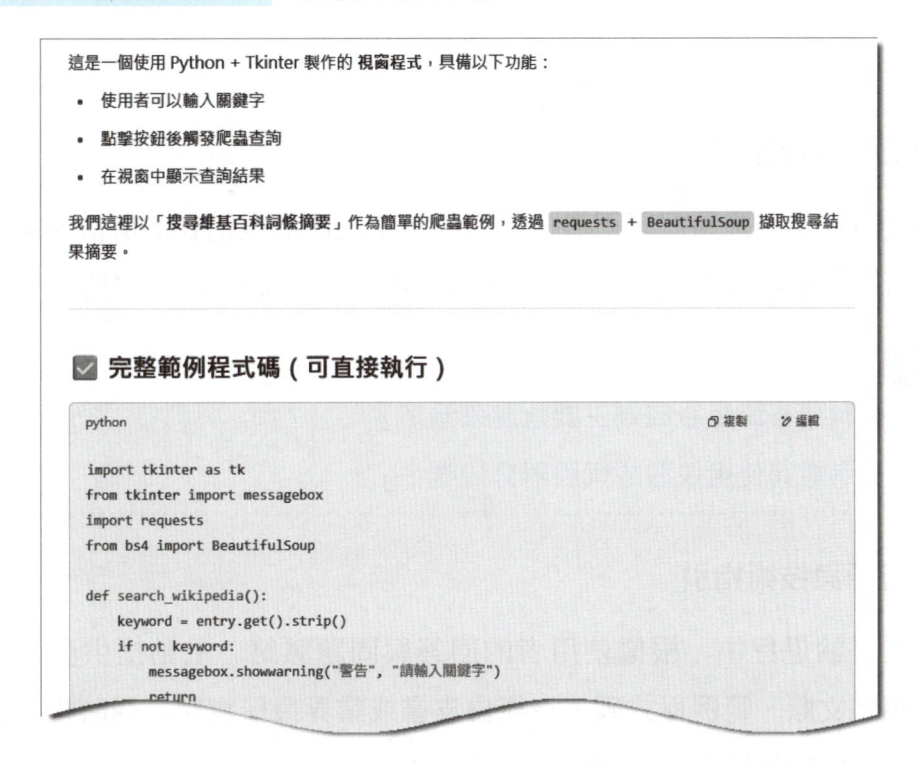

這是一個使用 Python + Tkinter 製作的 視窗程式，具備以下功能：

- 使用者可以輸入關鍵字
- 點擊按鈕後觸發爬蟲查詢
- 在視窗中顯示查詢結果

我們這裡以「搜尋維基百科詞條摘要」作為簡單的爬蟲範例，透過 `requests` + `BeautifulSoup` 擷取搜尋結果摘要。

☑ 完整範例程式碼（可直接執行）

```python
import tkinter as tk
from tkinter import messagebox
import requests
from bs4 import BeautifulSoup

def search_wikipedia():
    keyword = entry.get().strip()
    if not keyword:
        messagebox.showwarning("警告", "請輸入關鍵字")
        return
```

▶ 5-2-2 引導式提示法：對話驅動的邏輯探索

　　引導式提示法強調以提問為核心，透過逐步對話帶領使用者聚焦問題本質、擴展思路與優化解法。這種方法特別適用於程式設計、系統分析與策略推導等複雜決策場景。提示的設計通常從「開放性問題」切入，再逐層導入條件、假設與驗證步驟，最終引導使用者產出符合邏輯與需求的結果。這類提示透過有意識的提問，引導工程師逐步思考問題、拆解細節、分析需求，並激發創造性解決方案。以下是引導式提示法的常見步驟與應用技巧：

1. 提出開放性問題

首先,提出一個具有挑戰性且與情境相關的開放性問題,作為思考的起點。這類問題應鼓勵使用者從不同角度檢視問題,探索多元解法。

> **範例**
> - 「你認為目前這套系統最大的性能瓶頸在哪裡?」
> - 「若要提升使用者體驗,有哪些可優化的流程?」

2. 引導思考與討論

接著,透過後續問題引導使用者思考不同層面與潛在的解決方案。這些問題可聚焦於原因分析、效益評估或選項比較,引導形成完整的思考脈絡。

> **範例**
> - 「資料庫查詢是否成為主要延遲來源?」
> - 「你考慮過使用快取或伺服器分流嗎?」

3. 提供資源與技術指引

在討論過程中,根據使用者的回答與問題脈絡,主動提供參考資源,如:相關文獻、範例程式碼、技術白皮書或業界最佳實踐。同時提出具體行動建議,協助使用者邁向解決方案的實作階段。

> **範例**
> - 「這裡有一篇介紹 Redis 快取最佳實踐的文章,或許對你的系統有幫助。」
> - 「你可以從資料庫索引設計著手,這篇指南介紹了 5 種常見優化策略。」

> **實例解析**
>
> 假設一位軟體工程師正在開發大型電子商務平台，發現當同時線上使用者過多時，網站回應時間顯著變慢。他希望優化系統效能，但不確定該從哪裡著手。此時，可透過引導式提示法引導其深入分析：
>
> 1. **你認爲哪些地方可能導致性能瓶頸？**
>
>   →工程師可能會提到資料庫查詢、伺服器負載、網路頻寬等。
>
> 2. **有什麼可能的優化方案？**
>
>   →回應可能包括快取機制、非同步處理、程式碼重構、硬體擴充等。
>
> 3. **是否有相關的最佳實踐可參考？**
>
>   →工程師可回顧過去經驗或查閱業界案例，獲取靈感並驗證策略可行性。
>
> 透過這一連串問題的對話引導，工程師不但能更深入分析系統結構，也可能激發出新的想法與創新解法。

引導式提示法的核心在於：透過對話引導建立思考邏輯，協助使用者逐步理解問題、拆解結構、發展解決策略。這種方法特別適合應對多變數、多面向、無單一正解的工程問題，並能促進跨部門溝通與技術討論。

當使用引導式提示法時，可按照下面的範例來引導 ChatGPT 思考問題和尋找解決方案：

▶ **應用範例 5-1 ◆ 引導式提示法—以 ChatGPT 實作**

工程師：建立一個可以讓使用者輸入兩個數字的程式，然後計算它們的和並顯示結果。

ChatGPT：好的，我們可以從哪裡開始呢？

工程師：首先，我們需要一個方法讓使用者輸入數字。你能給出一個提示來處理這個步驟嗎？

ChatGPT：當然。你可以使用哪些方法來獲取使用者的輸入？例如，使用 input() 函數或是設計一個視窗介面。

工程師：我想使用 input() 函數。下一步，我需要將使用者輸入的值轉換為數字類型。你能給我一個提示來處理這個步驟嗎？

ChatGPT：當然。你可以使用哪個函數或方法來將輸入的值轉換為數字類型？例如，int() 函數可以將字符串轉換為整數。

工程師：對，我可以使用 int() 函數。現在，我有了兩個數字的值，我需要將它們相加。你能給我一個提示來處理這個步驟嗎？

ChatGPT：當然。你可以使用哪些運算子或函數來執行兩個數字的加法運算？例如，使用＋運算子或是編寫一個加法函數。

工程師：我可以使用＋運算子。最後，我需要將計算結果顯示給使用者。你能給我一個提示來處理這個步驟嗎？

ChatGPT：當然。你可以使用哪個方法來將計算結果顯示給使用者？例如，使用 print() 函數或是更新視窗介面上的文本。

工程師：我可以使用 print() 函數。非常感謝你的幫助！

透過這種引導式提示法，工程師可以在與 ChatGPT 的對話中逐步思考問題並找到解決方案。關鍵是提出明確的問題，並根據 ChatGPT 的回答提供相應的引導和提示，直到達到預期的目標。

引導式提示法強調工程師的主動參與和自主思考，將他們從被動的問題解決者轉變為主動的問題解決者，促使他們以更創造性和有彈性的方式解決難題。

▶ 5-2-3 類比與比喻提示法：用熟悉概念化解未知

類比與比喻提示法的核心，在於將陌生的抽象問題轉化為熟悉的具象場景，讓工程師能夠快速進入理解狀態並觸發創新解法。這種方法最適合運用於跨領域概念學習、複雜結構設計或溝通簡報準備時。例如：將分散式資料儲存系統比喻為圖書館分類與借閱，讓工程師更容易掌握其設計邏輯與使用策略。

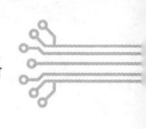

類比和比喻提示法是透過將問題或概念與已知的情境或概念進行類比或比喻，以便工程師理解和解決問題。這種提示方法可以幫助工程師從不同的角度思考問題。

1. 理解問題和概念

深入理解問題的本質和相關概念，確保對問題的要求、目標和約束條件有清晰的理解。同時，確定與問題相關的概念和領域知識，為後續的類比和比喻打下基礎。

2. 尋找相似情境或概念

根據對問題和概念的理解，尋找與之相似或相關的情境或概念。這些情境或概念可以來自於不同的領域，但具有類似的特點或相似的解決方法。尋找那些能夠提供有用洞察力和視角的情境或概念，以進行類比和比喻。

3. 建立類比和比喻關係

將問題或概念與已知的情境或概念進行類比或比喻，確定相似之處，並將其應用到問題的解決上。可以考慮相似的結構、功能、解決方法或行為模式等。透過建立類比和比喻關係，幫助工程師從不同的角度思考問題，找到新的解決思路。

4. 檢驗和評估類比和比喻的有效性

檢驗所建立的類比和比喻關係的有效性和適用性，評估其對於解決問題的幫助程度，以及是否能夠提供有價值的見解和啟發。根據評估的結果，進一步調整和優化類比和比喻的選擇，確保最佳的效果。

以上是使用類比和比喻提示法時的指引。根據具體的問題和上下文，您可以進一步調整和定制這些指引，以確保最佳的類比和比喻效果。

例如一位工程師負責設計一個複雜的分散式系統，其中涉及多個節點之間的同步和通信。工程師正在面臨一個問題，即確保節點之間的通信可靠性和效率。這時，類比和比喻提示法可以幫助他更好地理解和解決這個問題。

工程師可以使用類比和比喻提示法，例如「這個系統的通信方式可以類比為郵局的郵件派送」。透過這個比喻，工程師可以將節點間的通信過程類比為郵局的郵件派送過程，從而得到一些相關的洞察力和啟發。這個比喻可以帶來以下好處：

- **理解通信的可靠性**：就像郵局派送郵件時可能會遇到郵件丟失或延遲的問題一樣，工程師可以開始考慮節點之間通信的可能問題，並設計相應的機制來確保通信的可靠性。

- **思考效率和延遲**：類比於郵件派送，工程師可以思考如何提高系統的效率，以減少通信的延遲時間，例如設計更快的路徑或引入非同步通信機制。

- **考慮故障處理**：工程師可以從郵件派送的角度思考如何處理通信中的故障，例如引入冗余機制或提供回報機制以檢測丟失的消息。

透過這個比喻，工程師可以從日常生活中的例子中獲得直觀的理解和啟發，並在設計和解決問題時思考相應的方案和策略。類比和比喻提示法擴展了工程師的思維視野，幫助他們從不同的角度解決複雜的問題。

當使用類比和比喻提示法時，你可以按照下面的範例來引導 ChatGPT 進行類比或比喻：

▶ **應用範例 5-2 ◆ 類比和比喻提示法－以 ChatGPT 實作**

工程師：我需要設計一個資料庫系統，能夠儲存和檢索大量的使用者資訊。你能給我一個類比或比喻的情境來幫助我理解如何設計這個系統嗎？

ChatGPT：當然。你可以將資料庫系統想像成一個圖書館。使用者資訊就像是書籍，而資料庫則是圖書館的收藏和管理系統。你需要設計一個能夠迅速找到特定書籍的分類和索引系統，以便使用者能夠方便地檢索到他們需要的資訊。

工程師：我明白了，這個類比很有幫助。現在我需要思考如何設計有效的索引系統。你能給我一個類比或比喻的情境來幫助我思考這個問題嗎？

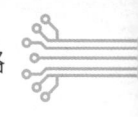

ChatGPT：當然。你可以將索引系統想像成一個字典。字典按照字母順序排列單字，並提供單字和其對應的頁數之間的映射關係。這樣使用者只需要查找單字就能找到對應的頁數，而不需要逐頁檢查。

工程師：很有趣的比喻，我明白了。現在我需要思考如何儲存和檢索大量的使用者資訊。你能給我一個類比或比喻的情境來幫助我思考這個問題嗎？

ChatGPT：當然。你可以將儲存和檢索系統想像成一個文件管理系統。使用者資訊就像是文件，而系統需要提供快速的存取和搜尋功能，就像是在文件櫃中輕鬆找到指定文件。

透過類比和比喻提示法，工程師可以將抽象的問題或概念與具體的情境或概念進行類比或比喻，因此更好地理解和解決問題。這種提示方法可以幫助工程師從不同的角度思考和理解問題，提供新的洞察和解決方案。

▶ 5-2-4 探索式提示法：實驗、驗證與多元視角的養成

探索式提示法鼓勵工程師透過實驗與互動嘗試錯誤的方式來擴展知識與發現潛力解法。此策略強調「資料回饋」與「多假設對比」的迭代歷程，同時結合 ChatGPT 的生成能力，促進問題定義、資料分析、模型測試與假設驗證的一體化學習流程。適用於需要試驗參數、分析趨勢或優化模型的開發任務。

探索式提示法透過提供一些實驗、測試或研究的方法，引導工程師進行實際操作和試驗，以解決問題或驗證想法。這種提示方法可以幫助工程師在實踐中學習和發現，並進一步改進解決方案。透過探索式提示，工程師能夠進行嘗試錯誤和測試，快速驗證想法的可行性，並從中獲取實用的結果和經驗。

在探索式提示法中，工程師被鼓勵進行實際操作、測試或研究，以解決問題或驗證想法。例如一位工程師正在優化一個圖像處理算法，他希望找到最佳的參數設定，以提高算法的處理速度和圖像品質。探索式提示法可以提供一些方法，引導工程師進行實際的性能測試和參數調整。

根據探索式提示法，工程師可以採取以下步驟：

- **定義可測量的指標**：工程師需要確定他們關注的性能指標，例如處理速度或圖像品質的評分指標。
- **提出假設**：工程師可以提出一些假設，例如增加某個參數的值可能會提高處理速度，或者調整另一個參數可能會改善圖像的清晰度。
- **設計實驗**：工程師可以制定實驗計劃，例如設計一組測試用例，每個用例使用不同的參數設定，並記錄相關的性能指標。
- **執行實驗**：工程師根據實驗計劃進行測試，執行演算法並收集性能資料。
- **分析結果**：工程師根據收集的資料分析結果，比較不同參數設定之間的性能表現，並確定最佳的參數組合。

透過這個探索式的過程，工程師可以實際操作和試驗不同的參數設定，並根據收集的資料做出有根據的決策。這種方法能夠幫助工程師了解算法的行為，找到最佳的參數設定，並進一步優化演算法的性能。

當使用探索式提示法時，以下是一個指示引導：

1. 確定目標和假設

首先，確定解決問題或驗證想法的目標。明確定義你想要達到的結果或研究的目的。同時，制定相應的假設或研究問題，以指導探索的方向和方法。確保目標和假設具有明確性和可衡量性，以便進行後續的實驗或測試。

2. 提供相關實驗或測試方法

根據目標和假設，提供相關的實驗或測試方法。這些方法可以包括具體的步驟、工具或技術，用於執行探索的任務或研究的實驗。確保方法的詳細和清晰，以便工程師能夠準確執行並記錄結果。同時，提供相關的背景資訊和理論支援，以幫助工程師理解方法的原理和意義。

3. 引導實際操作和試驗

引導工程師根據提供必要的指引和建議，以確保工程師能夠按照正確的流程執行實驗或測試。鼓勵工程師記錄和分析結果，並對結果進行評估和解

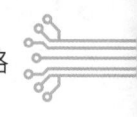

釋。同時，引導工程師思考進一步的改進或延伸，以擴展探索的範圍和結果的可靠性。

4. 分析和評估結果

幫助工程師分析和評估實驗或測試的結果。引導工程師解讀資料、圖表或其他結果展示形式，並從中獲取有用的訊息。同時，引導工程師就結果進行討論，提出合理的結論或建議，並提供可能的改進方向。

你可以按照下面的範例來引導 ChatGPT 進行實際操作、試驗或驗證：

▶ **應用範例 5-3** ◆ **探索式提示法─以 ChatGPT 實作**

工程師：我想要優化我們的網站的載入速度，你能給我一些探索的方法，讓我能夠試驗不同的策略嗎？

ChatGPT：當然。你可以開始試驗使用瀏覽器快取來儲存靜態資源，例如圖片、CSS 和 JavaScript 文件，以減少每次載入時的網路請求。另外，你也可以壓縮圖片、合併和壓縮 CSS 和 JavaScript 文件，以減少網頁的大小和載入時間。此外，試驗使用 CDN（內容傳遞網路）來加速資源的傳遞速度，並評估使用瀏覽器快取策略，如 HTTP 快取和 ETag，來減少伺服器的負載。

工程師：很有建設性的建議。現在我想要改進我們的機器學習模型的準確度，你有什麼探索的方法，可以幫助我驗證想法或找到更好的模型嗎？

ChatGPT：一個方法是使用交叉驗證來評估模型的性能。你可以將資料集分為訓練集和驗證集，然後使用不同的模型和參數設定進行訓練和驗證。這樣可以評估不同模型的準確度並選擇最佳的模型。另外，你也可以嘗試使用不同的特徵工程方法，調整模型的超參數，或者嘗試不同的機器學習演算法來改善準確度。此外，進行模型整合、過擬合和欠擬合的分析，以及使用領域知識進行模型優化都是值得探索的方法。

透過探索式提示法，工程師可以進行實際操作、試驗或驗證，以解決問題、驗證想法或找到更好的解決方案。這種提示方法可以幫助工程師培養實驗和創新的思維，並帶來新的發現和改進。

5-3 精準內容生成策略的 CNDS 原則

「CNDS」是高階提示詞設計中，幫助使用者釐清訊息意圖與輸出要求的重要原則，分別代表 Content（內容類型）、Narrative Style（語氣風格）、Details（細節層次）、Structure（輸出格式）。以下將分成四節逐一說明這四個要素的設計原則與實務應用策略。

▶ 5-3-1　C：Content（明確內容類型）

在設計任何 AI 提示詞的過程中，最先需要明確設定的核心要素，就是「你希望 AI 產出什麼類型的內容」。這聽起來是件顯而易見的事，實際上卻常是使用者最容易忽略的第一個陷阱。許多人下提示時，往往只給了一個模糊的任務概念，卻沒有明確指定「內容形式」，導致 AI 無法抓準輸出重點。

1. 內容類型的角色：從意圖到格式的橋樑

我們與 AI 互動的核心，其實就是在「傳達我們的意圖」。而「內容類型」正是這種意圖的語言表現方式。舉例來說，「說明文」與「懶人包」、「行銷文案」與「課堂筆記」，雖可能處理相同主題，但讀者、用途與結構全然不同。AI 本身沒有辦法像人類一樣自動根據語境判斷這一層差異，因此如果沒有清楚說明它該寫成什麼格式、面向什麼人說話，它極可能「好心做錯事」，提供一堆正確卻不實用的資訊。

2. 常見的內容類型與適用場景

以下整理出常見的幾類內容型態與其對應的使用場景，幫助讀者快速掌握如何為任務指定合適的類型：

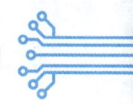

內容類型	適用情境	範例提示詞設計
條列式清單	發想點子、分類比較、建議彙整	請列出五個提升學習動機的方法。
解說文	概念說明、知識教學、背景介紹	請解釋「深度學習」的原理，適合高中生理解的方式。
行銷文案	商品推廣、廣告創意、社群貼文	為這款 AI 學習 APP 寫一段吸引人的介紹文。
教學流程／教案	課堂設計、學習模組、活動安排	請設計一份 90 分鐘的 AI 主題教案，適用於國中一年級。
角色對話	模擬情境、對話練習、語言學習	請模擬老師與學生之間對話，主題為 AI 與日常生活的連結。
新聞稿／新聞式報導	公開資訊發布、教育活動紀錄、政策傳達	請用新聞稿形式撰寫有關「生成式 AI 進入校園」的報導。
專業摘要／政策建議書	專案匯報、高層簡報、政策報告	請為市長撰寫一頁簡報，摘要 AI 教育推廣的現況與未來策略。

這些內容類型本身就帶有結構和語氣的預設，因此一旦指定清楚，AI 的回應精準度與一致性將大幅提升。

3. 模糊與明確內容類型提示的比較

讓我們來看一個例子，對比「模糊提示」與「明確指定內容類型」之間的實際差異。

▶ **提示範例 5-4**

✘ **模糊提示：**

「請說明 AI 在教育中的應用。」

可能結果：

AI 可能會以散文形式隨意敘述幾個例子，缺乏條理或難以直接使用在簡報、教材中。

Chapter 5　精準下達提示詞的實用技巧

提示（prompt）詞：

請撰寫一篇條列式的文章，列出 AI 在教育中最常見的五種應用方式，每點附一段簡短說明，語氣正式且簡潔。

ChatGPT 回答畫面：

> 以下為 AI 在教育中最常見的五種應用方式，條列如下：
>
> **1. 自動化評量與作業批改**
> AI 可快速批改選擇題、簡答題甚至程式碼作業，節省教師時間並提升評量一致性，有助於大規模課程管理。
>
> **2. 個別化學習路徑推薦**
> 透過學習者的學習行為與表現數據，AI 可提供差異化的內容建議與進度安排，協助學生依照自身能力進行學習。
>
> **3. 智能語言學習與翻譯輔助**
> AI 語言模型可用於即時翻譯、口語對話練習與語法糾正，有效強化外語學習體驗，特別適用於線上學習平台。
>
> **4. 學習分析與預警系統**
> 透過學習資料分析，AI 可辨識學習落後學生並及早預警，協助教師進行教學調整與個別輔導介入。
>
> **5. 虛擬教學助理與對話系統**
> AI 可擔任虛擬助教角色，解答學生常見問題、提供資源指引，並支援24小時互動學習，提升學習可及性。
>
> 如需延伸內容，例如應用工具舉例或各類型AI平台比較，也可提供進一步說明。

結果比較：

　　這樣的提示不僅清楚指出內容結構（條列式）、數量（五點）、格式（每點附說明）、語氣（正式簡潔），更能引導 AI 生成具有高度實用性的結果。

---

4. 如何設計「內容類型」的提示詞句？

　　在實作時，建議使用以下三階段語法架構：

- **明示任務目標：**你希望 AI 幫你做什麼？
  「請協助我撰寫……」、「我需要一份……」。

- **指定內容類型**：你希望它產出什麼格式的內容？
  「一篇條列式建議文」、「一份教案設計」、「一段角色對話」。

- **附加條件與範圍（可選）**：控制結果長度、深度、語氣
  「請限制在 300 字內」、「語氣親切，適合國中生閱讀」。

▶ 提示範例 5-5

提示（prompt）詞：

我正在準備教師研習活動，請幫我撰寫一篇條列式的介紹文，主題是「教師為何應開始關注 AI 教學工具的應用」，共列出五點理由，每點簡潔說明，語氣正式專業。

ChatGPT 回答畫面：

以下為教師應開始關注 AI 教學工具應用的五項理由，條列如下，適用於教師研習活動說明使用：

1. **提升教學效率與減輕行政負擔**
AI 工具可協助教師自動批改作業、生成教材與統整學生數據，顯著減少備課與行政處理時間。

2. **促進個別化與差異化教學**
透過 AI 分析學生學習歷程與表現，教師可因應不同學生需求調整教學策略，實現真正的因材施教。

3. **強化學生學習動機與互動性**
結合語音辨識、對話生成與互動式平台，AI 工具可營造更具參與感的學習環境，提升學生學習興趣。

4. **因應教育數位轉型趨勢**
AI 教學應用已成為全球教育發展重點，教師若能及早接觸並掌握相關工具，將有助於因應未來教育變革。

5. **拓展教學創新與專業發展機會**
應用 AI 工具不僅能豐富課堂教學方式，也有助於教師開展教案設計、課程研發與跨域整合的創新實踐。

如需搭配實際案例、工具清單或體驗活動設計，我也可以協助提供進一步素材。

5. 建立「內容類型」的預設習慣

建議讀者在日常與 AI 互動時，養成在提示開頭就明示「希望產出的內容類型」的習慣。這不僅能縮短修正來回時間，也有助於養成更邏輯性的提問習慣，最終能大幅提升整體使用 AI 創作的效率與品質。

5-3-2　N：Narrative Style（語氣風格）

當我們已經確定內容的類型後，接下來的關鍵，是賦予生成內容「表達的個性」，這正是語氣風格（Narrative Style）的任務所在。語氣不只是修辭或風格選擇，它直接決定了 AI 輸出文字的溝通效果，進一步影響讀者的理解度、情感回應與行動意願。

1. 語氣風格的角色與功能

語氣風格，簡單來說就是「這段文字是誰說的、怎麼說的、對誰說的」。同一段內容，若語氣不同，所傳達的意圖與接受感受將截然不同。請比較以下例子：

> **範例 1　正式語氣**
> - 「本課程設計旨在協助學生理解人工智慧的基本原理，並透過實作提升其應用能力。」

> **範例 2　親切語氣**
> - 「在這門課裡，我們會一起動手玩 AI，讓你用最簡單的方式學會最強的科技！」

兩段話都講「教 AI 課」，但前者適合寫報告，後者更適合招生宣傳或課堂開場。這說明了語氣風格對溝通場景的重要性。

2. 常見語氣風格類型與應用情境

語氣風格可依照「目的」與「受眾」來搭配選擇。以下為常見的語氣分類與其使用建議：

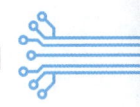

語氣風格類型	風格特徵	適合情境
正式（formal）	中性、用詞嚴謹、無感嘆詞、無第一人稱	論文報告、公文、政策建議、技術說明書
親切（friendly）	口語、簡短句、可使用「你」、「我們」	社群貼文、對話模擬、學生教材
激勵（motivational）	有情感詞彙、鼓舞句式、強烈動詞	招募文案、演講開場、行銷推廣
幽默（humorous）	使用比喻、諧音、誇張語句	影片腳本、短影音腳本、品牌行銷
專業（professional）	用詞準確、邏輯清晰、結構嚴謹、保留語氣距離	商務簡報、產品分析、顧問建議

3. 語氣風格＋角色設定的雙重引導

在提示詞中加入「角色身分」設定，可以讓 AI 更具臨場感與情境感。

> **範例**
> - 「請用一位資深小學教師的語氣，向家長說明為什麼孩子該學 AI。」
> - 「請用一名科技創業者的語氣，解釋 AI 會如何改變教育產業。」

透過角色設定，我們不僅限定語氣風格，也能讓 AI 切換成更符合背景的說話模式，增強內容的代入感與說服力。

4. 語氣風格的設計語法與範例

在撰寫提示詞時，建議使用以下幾種語氣指定方式：

- **直接指定風格：**
  請用「正式／親切／幽默／專業」的語氣撰寫……。

- **指定對象與場景：**
  請用適合「高中老師在研習會上演講」的語氣撰寫……。

- **加上感受要求：**
  語氣要能「讓人安心／讓人振奮／讓人願意行動」。

提示範例 5-6

提示（prompt）詞：

請以親切、充滿鼓勵的語氣，撰寫一段家長會中介紹「AI 學習活動」的開場白，文字需容易理解並讓家長產生信任感。

ChatGPT 回答畫面：

> 各位家長大家好，非常感謝今天撥空參加這次的家長座談會！
>
> 我們知道，現在的孩子正生活在一個快速變動的科技時代，人工智慧（AI）已經悄悄走進我們的生活，也開始成為孩子學習的好幫手。今天，我們要和大家介紹的「AI 學習活動」，不是要讓孩子被機器取代，而是希望透過這些有趣又實用的工具，幫助孩子學會更有效率地學習，培養解決問題的能力，甚至激發他們的創造力。
>
> 請大家放心，我們會依孩子的年齡與學習狀況，設計適合的內容，並在活動中加入適當的引導與保護機制，讓他們在安全、有趣的環境中探索 AI 世界。相信在我們老師與家長的共同陪伴下，孩子們一定能從中學會更多、看得更遠！

5. 語氣設計常見錯誤與優化策略

(1) **錯誤示例一**：未指定語氣，內容失焦

「請幫我寫一篇介紹 AI 教育的短文。」

結果：AI 可能給出中性說明或學術式解說，無法貼近特定受眾。

(2) **錯誤示例二**：語氣與內容類型不協調

「請寫一份政策報告，語氣幽默。」

結果：語氣風格與任務衝突，降低專業性。

(3) **優化策略建議**：明確對齊語氣與任務性質

- 可搭配 C（內容類型）使用，如「以正式語氣撰寫一份建議書」。
- 可搭配 D（細節層次）補充，例如「以激勵語氣簡要說明三個優勢」。

6. 語氣風格的延伸應用：多語氣版本生成

一個進階技巧，是請 AI 一次生成「同一主題的不同語氣版本」，有助於進行溝通策略判斷或文案測試。範例如下：

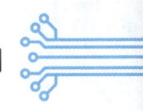

提示範例 5-7

提示（prompt）詞：

請以三種語氣（正式、親切、幽默）撰寫「鼓勵學生接觸 AI」的宣傳語，每則不超過 50 字。

ChatGPT 回答畫面：

> 以下是三種語氣風格的「鼓勵學生接觸 AI」宣傳語，每則不超過 50 字：
>
> ☑ **正式語氣**
> 掌握人工智慧，開啟未來競爭力的關鍵起點，從學習 AI 開始。
>
> 😊 **親切語氣**
> AI 不可怕，它是你的學習小幫手，一起來試試看吧！
>
> 😆 **幽默語氣**
> 還在等 AI 幫你寫功課？不如先學會怎麼教它聽你的！
>
> 如需海報標語、簡報用語或動畫旁白風格，我也可以再延伸提供喔！

這不僅可訓練 AI 進行語氣風格切換，也能提供多樣參考選項給使用者選擇最佳風格。

5-3-3　D：Details（細節層次）

當你已經明確設定了內容類型（Content）與語氣風格（Narrative Style）後，第三個關鍵就是掌控生成內容的「細節層次」。細節設計是精準提示中最有彈性也最關鍵的因素，它決定了 AI 生成結果的資訊密度、具體程度與可實作性。沒有細節要求的提示，就像是交給 AI 一張白紙；而善用細節設計，則能讓提示像藍圖般明確，導向具體、可落地的內容。

1. 細節層次的四大控制面向

在實務應用中，我們可以從以下四個面向設計細節控制的語句：

- **數量控制（quantity）**：設定輸出的項目數、段落數或案例數。
  例如：「請列出三個……」、「請分成五段說明……」

- **範圍控制（scope）**：指定輸出內容涵蓋的主題面向或限制。
  例如：「請聚焦在台灣教育環境……」、「僅限討論高中階段的應用……」

- **深度控制（depth）**：定義輸出的細緻程度、技術層次或解釋長度。
  例如：「用非專業人士也能理解的語言……」、「請深入說明每一點的運作邏輯……」

- **脈絡與依據（context & reference）**：要求引述特定資料、案例、來源或背景時間。
  例如：「請以 2024 年後的新聞報導為基礎……」、「請引用 PISA 教育評比結果作為佐證……」

2. 細節不足的提示會發生什麼事？

讓我們先看一個缺乏細節的提示：

「請幫我寫一篇介紹 AI 應用的文章。」

這樣的提示雖然有明確內容類型（文章），但因為未指定篇幅、主題範圍、讀者對象、應用領域等細節，AI 可能會給出一段籠統、冗長、缺乏焦點的說明，無法直接應用於簡報、教學或業務場景中。若加入細節控制後，可以參考下例的提示詞：

▶ 提示範例 5-8

提示（prompt）詞：

請撰寫一篇約 400 字的短文，介紹 AI 在教育領域的三項應用，包括自動批改作業、學習歷程分析與生成式教材設計，文字須淺顯易懂，適合非科技背景的教師閱讀。

ChatGPT 回答畫面：

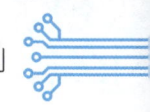

> 在教育現場，人工智慧 (AI) 正悄悄地成為老師的好幫手，幫助我們節省時間、提升教學效率，甚至提供更貼近學生需求的學習支持。以下介紹三項實用的 AI 教學應用，讓非科技背景的老師也能輕鬆了解並運用。
>
> 首先是自動批改作業。透過 AI 系統，我們可以快速批改選擇題，甚至簡答題或程式設計題。有些工具能根據學生的回答給出即時回饋，協助學生即時修正觀念，也大大減輕老師在大量評量工作上的負擔。
>
> 第二項是學習歷程分析。AI 可以分析學生在平時練習、測驗或作業中的表現，幫助老師掌握每位學生的學習進度與理解狀況。透過視覺化的報表，我們能及早發現落後學生或某些概念的學習盲點，進一步調整教學策略。
>
> 最後是生成式教材設計。AI 能協助老師根據不同主題快速產生教學素材，例如習題、講義或練習活動，甚至能依學生程度自動調整內容難度。這讓教案設計變得更有效率，也更貼近學生的需求。
>
> AI 並不是取代老師，而是提供更強大的支援工具。只要我們願意接觸與學習，這些科技將會讓教學工作更加輕鬆且有溫度。現在，就是開始了解 AI 的最佳時機！

這樣的提示包含了內容長度、應用範圍、語氣風格、讀者對象與三個主題點，讓 AI 能針對目標做出更聚焦且精準的回應。

3. 細節控制的層次調整策略

AI 生成的內容是否適用，常常取決於細節是否「剛剛好」。過於粗略會流於空泛，過於繁瑣會導致 AI 輸出過長或卡頓。因此細節設計應該視任務而定，建議採用「由淺入深」的遞進設計法：

- **初步提示**：先廣泛詢問意見、彙整資料。
  「請列出 AI 應用在教育的五種方式。」
- **加細提示**：挑選一點進行深入說明。
  「請針對『學習歷程分析』進行 300 字詳細介紹，包含定義、用途與實例。」
- **結構提示**：要求條列分段或表格輸出。
  「請將上面內容整理成表格，欄位包含：應用項目、具體用途、對學生的好處。」

如此三步驟反覆運用，可以幫助你逐漸建立清楚且可操作的內容輸出流程。

4. 提示詞法設計技巧：加入具體細節控制語句

以下是常用的提示補充語句，可幫助你快速在原始提示中加入細節控制元素：

- **數量限定**：請列出……項／請分成……段／每段控制在……字以內。
- **深度補充**：請提供具體實例／請包含定義與用途說明／請說明其優缺點。
- **讀者對象**：請以……（如高中生／行政主管／家長）為對象撰寫。
- **背景脈絡**：請引用 2023 年以後的案例／以教育部政策為基礎。

▶ **提示範例 5-9**

提示（prompt）詞：

請撰寫一份給國中老師的介紹短文，主題為「生成式 AI 如何應用於教學設計」，字數控制在 300 字內，包含三個具體教學情境，每一點都需舉例並說明好處，語氣須親切且鼓舞。

ChatGPT 回答畫面：

> 生成式 AI 正在改變我們備課與設計教材的方式，對國中老師來說，它是一位值得信賴的教學小幫手！
>
> **1. 自動產生教學講義**
> 輸入課程主題（如「地球內部構造」），AI 就能快速整理出條列式重點與簡易圖解，幫助老師節省備課時間，同時提供學生清楚易懂的學習資源。
>
> **2. 協助設計評量題目**
> 不論是選擇題、問答題或圖表題，只要輸入課文內容或學習目標，AI 就能產生多樣化題型，甚至附上解答與解析，讓出題更快速、更有彈性。
>
> **3. 創造情境式學習活動**
> 舉例來說，在英文課可請 AI 協助設計「在機場辦登機」的角色扮演對話，讓學生練習實用語句，也讓課堂變得更生動有趣。
>
> 善用生成式 AI，不僅能減輕老師負擔，還能為課堂帶來創意與效率。讓我們一起用科技點亮教學的無限可能！

此例中細節控制明確包含：讀者（國中老師）、字數（300 字）、主題數量（三點）、情境描述與效益說明，讓 AI 的輸出更容易直接應用於工作現場。

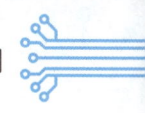

5. 從細節到內容優化的延伸應用

進一步，你可以將「細節控制」結合「提示精煉」，讓 AI 針對已生成內容進行優化。

> **範例**
> - 「請重新撰寫上一段文字，保留三個重點，但語句簡潔一點，並加入一個具吸引力的開場句。」

這種用法能讓你進行細節微調與風格優化的迴圈操作，使得每次提示都能根據需求逐步貼近理想結果。

▶ 5-3-4　S：Structure（輸出格式）

即使你已經明確指定了內容類型、語氣風格與細節層次，若最終生成的內容在結構上混亂、層次不明，仍然可能無法直接使用。這正是輸出格式（Structure）的重要性所在。透過結構設計，我們可以進一步控制 AI 輸出的邏輯性、可讀性與可應用性，使得生成結果不僅正確，更「合用」。

1. 輸出格式的設計目的

在提示設計中，Structure 不只是「版面美觀」，更關係到內容的邏輯順序與功能對齊。例如，若是要產出給主管報告的摘要，便需要明確的段落、標題與結論；而若是教材，則應有步驟引導、範例輔助與標記重點。

良好的結構在資訊傳遞中扮演著關鍵角色。首先，它能夠協助讀者迅速掌握重點，減少在大量資訊中迷失的情況。透過清楚的層次與邏輯安排，讀者不僅能夠更快理解內容，也能對資訊產生更深的印象。

其次，良好的結構有助於降低誤讀或資訊遺漏的風險。當資訊以條理分明的方式呈現時，讀者較不易忽略細節，也能更精準地解讀作者的原意。

最後，良好的結構更能提升資訊的轉用效率。當內容具備良好的架構時，讀者可以直接將其複製並套用於簡報、報告或教材之中，省去重新整理或調整格式的時間，大幅提升工作效率與內容的一致性。

2. 常見的輸出格式類型與搭配範例

不同的任務，會對格式有不同需求。以下是幾種常見輸出結構與其適用情境：

格式類型	特徵	適用場景
條列式清單	每一點獨立敘述、簡短有力	建議列表、優缺點分析、快速概要
段落分節	各段主題清楚、順序有邏輯	說明文、教學文、演講草稿
表格結構	欄位標題清晰、資訊對照性強	比較分析、課程對照、資料彙整
標題層級（H2/H3）	使用二級或三級標題分類子主題	長文結構、線上教學文章、白皮書
步驟序列（1.2.3）	明確流程導引、條理清楚	操作指引、教學流程、任務分解

▶ **提示範例 5-10**

範例比較：

→ 無結構提示：「請說明 AI 在教學現場的好處。」

→ 有結構提示：「請用三段式結構撰寫文章，第一段定義 AI 教學與應用現況，第二段說明對學生學習的影響，第三段提出未來三項建議。每段控制在 150 字以內。」

進階版本（表格輸出）：

「請用表格列出 AI 在教學現場的三大應用方式，欄位包含：應用項目／操作方式／對學生的好處。」

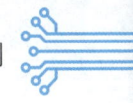

提示（prompt）詞：

請用表格列出 AI 在教學現場的三大應用方式，欄位包含：應用項目／操作方式／對學生的好處。

ChatGPT 回答畫面：

以下是 AI 在教學現場的三大應用方式，以表格形式呈現：

應用項目	操作方式	對學生的好處
自動批改作業	老師將學生作業上傳至 AI 平台，系統自動評分並提供回饋	獲得即時回饋，了解錯誤原因，有助於自主修正
學習歷程分析	透過 AI 分析學生作答數據與學習行為，生成個別學習報告	了解自身學習進展與弱點，提升學習自覺與效率
生成式教材設計	老師輸入主題或學習目標，AI 自動產生講義、練習題或教學活動建議	學習內容更貼近程度與需求，提升理解與學習興趣

3. 如何設計有效的結構性提示詞？

設計提示詞時，若能清楚指出你希望 AI 輸出的結構邏輯，就能避免生成結果過於冗長或不成系統。以下是幾個實用語句範本：

- **指定段落／段數**
  「請分三段說明……」
  「每段控制在……字內，並以小標題開頭」

- **指定格式／架構類型**
  「請使用條列方式列出……」
  「請用表格形式整理以下內容」

- **指定標題層級**
  「請使用標題格式（H2）將下列主題條列，並搭配簡短段落說明」

- **指定結尾或補充區段**
  「最後請補充一段結語，概括三點重點並呼籲行動」

提示範例 5-11

提示（prompt）詞：

請撰寫一篇介紹 AI 教育現況的文章，結構分為四段：(1) 開場引言；(2) 目前應用趨勢；(3) 實際案例介紹；(4) 總結與建議。每段附上小標題，語氣正式且段落分明。

ChatGPT 回答畫面：

一、開場引言：教育與科技融合的新契機

隨著人工智慧（AI）技術快速發展，教育領域也正經歷一場深刻的轉變。AI 不再僅是工程或研究領域的專業術語，而是逐漸走入日常教學現場，成為教師備課、學生學習與課程設計的重要輔助工具。面對未來教育的多元需求，如何善用 AI 強化教學品質與效率，已成為當代教育工作者的重要課題。

二、目前應用趨勢：由輔助走向共創

目前 AI 在教育上的應用可分為三大趨勢：自動化教學支援（如自動批改、資料分析）、個別化學習引導（如智慧教練、適性學習平台）、以及生成式內容設計（如教案、練習題與教材自動生成）。這些工具不僅減輕教師行政負擔，更促進因材施教的落實，讓教與學的過程更加靈活與多元。

三、實際案例介紹：從備課到教學評量

在台灣部分中學已導入 AI 教學工具，例如利用 ChatGPT 協助國文科教師設計作文題目與範文，或在自然科中以 AI 平台自動產出實驗講義與動畫說明；另外，也有教師透過學習歷程分析平台，定期掌握學生的學習盲點並即時提供補救教學。這些實例顯示，AI 並非取代教師，而是強化教學策略的利器。

四、總結與建議：積極嘗試、循序導入

AI 在教育上的應用仍在持續進化中，教師不需擔心完全掌握技術，而應以開放態度主動嘗試。建議從日常教學的小處著手，如使用生成式 AI 撰寫講義、設計練習活動，或觀察學生與 AI 互動學習的成效。透過不斷嘗試與調整，教師將能逐步建立出屬於自己與學生的智慧教學模式，共同迎向教育的嶄新未來。

---

4. 結構與其他三要素的整合建議

「輸出格式」不應孤立存在，它應該與其他三項（C ／ N ／ D）元素整合設計。

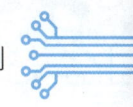

> **範例**
> - C＋S：「請用條列式列出五項教學應用」→ 內容類型與格式雙鎖定。
> - N＋S：「請用親切語氣，分三段撰寫……」→ 風格與邏輯架構對齊。
> - D＋S：「請以表格列出 AI 工具的名稱、用途與優缺點」→ 細節與格式的同步輸出。

這種整合設計思維，將大幅提升提示詞的準確度與回應效率。

5. 輸出結構的優化迴圈：讓 AI 幫你整理 AI 的輸出

如果你已經讓 AI 生成一大段內容，但結構不佳、資訊分散，可以進行「第二輪提示」，請 AI 協助你重新整理。

> **範例**
> - 「請將上段文字重新整理為條列式格式」
> - 「請將三項建議分別標上標題，並簡化每段不超過 100 字」
> - 「請以表格方式重新編排以上內容，方便我直接插入簡報」

這樣的應用不但能節省人工整理時間，也讓提示設計與內容修飾形成迴圈式優化流程。

總之，CNDS 原則作為高階提示設計的四大核心指引，其關鍵在於能系統化思考「你要 AI 幫你做什麼」，並逐步拆解成：生成什麼內容（C）、用什麼語氣（N）、包含多少細節（D）、如何輸出格式（S）。每一項都影響生成結果的品質與可用性。

最終，我們不只是在「丟一句話讓 AI 幫忙」，而是在用策略規劃的方式「主導 AI 參與創作」，讓它真正成為一位語言共創的專業助手。

5-4 不藏私提示詞應用技巧

許多進階使用者在實務操作中發展出獨門提示技巧，例如利用多輪對話優化產出、結合關鍵字與情境引導，甚至借助過往對話紀錄調整指令。本節將公開這些不藏私的實戰經驗，協助讀者在既有基礎上快速升級，突破 AI 回應的侷限。

1. 明確說明輸出格式，提升可控性

在提示中直接指定輸出格式（如表格、條列、段落、樹狀結構），可有效提升回應的清晰度與可讀性。

> **範例**
> - 「請用三欄表格呈現，欄位為：大陸用語、英文詞源、台灣用語。」

此法特別適用於語言學習、術語對照與資料歸納。

2. 善用標點與符號，結構化提示內容

使用**加粗符號**、項目符號、數字編號等方式，有助 AI 理解提示結構與邏輯分層，特別適合用於呈現比較、分析或流程步驟的回答。

3. 設定字數限制，聚焦重點回應

加入字數限制（如「不超過 50 字描述主題」），有助模型聚焦要點，適合廣告標語、社群貼文或語言教學中使用。亦可延伸至「生成短文後出題」等教學應用。

4. 使用「不重複題目」指令，避免冗詞重覆

若提示中加入「請直接回答，不要重複問題」，可提高回答效率，特別適用於批次處理、問答系統等場景。亦可使用「簡答」、「直接列出」等簡化語句強化節奏。

5. 結合引號使用，釐清語意焦點

在提出定義或概念比對問題時，使用引號標註關鍵詞，有助 ChatGPT 精準識別主題焦點。

> **範例**
> - 「請解釋『生成式 AI』與『預測式 AI』的差異。」

6. 提供範例作為回應模版

可加入提示詞：「請參照以下格式回答」，搭配簡短範例。這能讓模型模仿語氣、邏輯與段落結構，提升回應一致性，特別適用於簡報撰寫、自傳、報告摘要等情境。

7. 分析中英文提示效果差異

英文提示因語料訓練較多，在邏輯清晰度與專業領域上表現較佳；中文提示溝通直觀但有時語意偏差較大。建議交叉測試雙語提示，有助取得多元觀點。

8. 拆解複雜任務，進行分段提問

面對大型或多層任務，建議將問題拆解為「主題→背景→問題→建議」等步驟，依序請求模型回應，有助降低混淆並提升回答品質。

9. 利用延伸詢問，深化理解層次

若初步回應過於簡略，可加入追問語句，如：「請說明更多細節」、「你能從另一角度補充嗎？」等，用於教學、分析、討論場景極為有效。

10. 自訂快捷字元，提升多輪互動效率

可為常見語句設置簡碼（如：「e」代表「請延伸說明」），於後續對話中直接輸入簡碼，即可自動帶入先前內容，大幅減少輸入負擔，適合長期對話與重複任務。

11. 多語提示與文化語境掌握

語言與文化息息相關。例如:「禮」在中文中指禮節規範,而英文「gift」多指禮物。

提示中可指定語言或文化角度:「請用德文回答」或「請以日本人的觀點回覆」。

12. 讓 AI 自我反思與補充說明

可使用提示:「這個回答是否有不足之處?」、「請檢查你的說法是否完整」,引導模型自我評估回應品質,補足盲點。此方法有助教學、決策與研究品質檢查。

13. 提示設計常見錯誤對照與修正建議

即便掌握多項技巧,使用者在實務中仍常出現語意模糊、層次鬆散或邏輯不清等提示問題。建議建立「錯誤範例 × 修正版」對照清單,幫助快速校正錯誤思維,提升提示設計力。

▶ **提示範例 5-12**

✗ **錯誤範例**:「請幫我寫一篇文章。」

→ **問題**:過於模糊,無明確主題、長度與語氣設定。

☑ **修正建議**:「請撰寫一篇 300 字,面向高中生的說明文,主題為『氣候變遷對生活的影響』,使用活潑語氣並包含三個實例。」

提示(prompt)詞:

撰寫一篇 300 字,面向高中生的説明文,主題為「氣候變遷對生活的影響」,使用活潑語氣並包含三個實例。

ChatGPT 回答畫面：

你有沒有發現，天氣越來越難以捉摸？一下酷熱難耐、一下暴雨成災，這些其實都和**氣候變遷**有關！氣候變遷不再只是課本裡的名詞，它已經深深影響我們的日常生活。

舉例來說，**極端高溫讓夏天越來越熱**，不但影響我們的戶外活動，甚至讓某些學校要調整上課時間，避免中暑。第二，**農作物生長受到影響**，像是水稻、茶葉等對氣候很敏感的作物產量下降，連我們平常吃的東西價格也可能變貴！第三，**暴雨與颱風頻率增加**，造成淹水與交通中斷，不只影響通學，甚至讓居家安全也成了問題。

這些例子告訴我們，氣候變遷其實離我們很近。了解它、關心它，是我們這一代的重要課題。或許我們無法立刻改變全球氣候，但可以從節能減碳、減少塑膠使用做起，為環境盡一份心力。畢竟，這個地球，是我們共同的家。

▶ **提示範例 5-13**

　　✘ **錯誤範例**：「請介紹三國人物。」

　　　→ **問題**：範圍太廣，無法確定角色、角度與篇幅。

　　☑ **修正建議**：「請用歷史評論家的角度，條列介紹劉備、諸葛亮與曹操的個人特質與領導風格，限制每位 150 字內。」

　提示（prompt）詞：

請用歷史評論家的角度，條列介紹劉備、諸葛亮與曹操的個人特質與領導風格，限制每位 150 字內。

Chapter 5 精準下達提示詞的實用技巧

ChatGPT 回答畫面：

以下以歷史評論家的角度，條列介紹劉備、諸葛亮與曹操三位人物的個人特質與領導風格：

劉備

劉備以仁義著稱，善於以德服人，擅長凝聚人心。雖出身寒微，卻能廣納英才，深得百姓與將領擁戴。他的領導風格重情重義，極具感召力，但在權謀與軍略上略顯不足，需倚賴智臣輔佐。

諸葛亮

諸葛亮智謀過人、治軍嚴謹，忠誠穩重，深受後世敬仰。他重視法紀與效率，推行制度化治理。領導風格偏向理性與高標準自律，雖具遠見卓識，但過度勞心也限制了戰略上的靈活性。

曹操

曹操兼具政治家與軍事家的才幹，性格果斷，善於用人且胸懷大略。他重實用而不拘形式，擅長策略與權謀，能在亂世中建立穩固政權。其領導風格強勢務實，效率導向，卻也因此遭致爭議。

提示範例 5-14

✗ 錯誤範例：「你覺得呢？」

→ 問題：缺乏上下文或明確問題焦點，導致模型無法判斷任務。

☑ 修正建議：「根據前面提到的電動車政策改革方向，你認為其對環保政策推動有何實質幫助？請提出兩點理由並說明原因。」

提示（prompt）詞：

請控制在 150 字內，簡述台灣的電腦車政策改革方向。

ChatGPT 回答畫面：

台灣電腦車（智慧車、電動車）政策改革方向聚焦：推動V2X與AI智慧交通，建構數位分身模擬平台，優先調整貨物稅補助電動車發展，同時扶植車用電子及MIH開放平台，加強產業國際供應鏈整合。

提示（prompt）詞：

根據前面提到的電動車政策改革方向，你認為其對環保政策推動有何實質幫助？請提出兩點理由並說明原因。

ChatGPT 回答畫面：

根據台灣電動車政策改革方向，對環保政策推動有以下兩點實質幫助：

1. **減少碳排放**：透過電動車替代傳統燃油車，可有效降低交通部門的二氧化碳排放。尤其在政府推動綠能發電的背景下，電動車充電來源愈加潔淨，整體碳足跡將隨之下降，有助達成淨零排放目標。

2. **促進智慧交通減少空污**：藉由V2X（車聯網）與AI技術整合交通流量，不僅提升行車效率，也能減少怠速與塞車所造成的污染物排放（如PM2.5與NOx），進一步改善都市空氣品質。

透過明確主題、角色、格式、限制條件與語氣設定的五項修正原則，使用者能有效避免模糊性提示，進而提升模型輸出的品質與精準度。

5-5 提示詞交易平台簡介

為滿足廣大使用者對高品質提示詞的需求，各式提示詞交易平台紛紛興起，提供範本交易、社群交流與評價機制等多元功能。這些平台讓開發者、設計師、教育者等專業族群能夠分享與獲取實用的 Prompt 範例，進一步加速 AI 工具的應用推廣與實務落地。

▶ 5-5-1 提示詞交易平臺的核心功能

在使用生成式 AI 工具的過程中，優質的提示詞能顯著提升輸出成果的精準度與創意表現。為了更有效率地取得這些高品質的語言指令，許多開發者與內容創作者開始依賴提示詞交易平臺，快速尋找、購買或分享實用範本。

現代提示詞交易平臺普遍具備以下幾項核心功能：

- **多語言、多平台支援**：可對應 ChatGPT、Midjourney、DALL·E、Stable Diffusion 等不同類型的 AI 模型，並支援英文、中文等多語環境。

- **關鍵字與主題分類搜尋機制**：提供主題分類、應用情境篩選（如「商業簡報」、「圖像生成」、「教育應用」）與熱門關鍵字搜尋，協助快速定位所需提示。

- **使用者評價與回饋系統**：透過星等評分、使用者留言與收藏數，提供提示詞的參考品質指標。

- **支援自建與販售提示詞（Prompt-as-a-Product）**：使用者可上架個人提示範本，販售給其他創作者，開展提示詞經濟模式。

- **提示詞預覽與互動模擬功能**：部分平台支援「即時預覽」或「互動展示」模式，讓使用者可先行測試提示詞效果，確認是否符合需求。

這些功能的整合，不僅使提示詞資源更易取得，也推動了生成式 AI 應用生態系的快速擴展。接下來的章節將進一步介紹幾個具有代表性的提示詞交易平臺。

5-5-2 全球熱門提示詞交易平臺精選

本單元將精選數個具有代表性的國際提示詞平台，無論您是首次接觸提示詞市場，或是希望深入強化生成內容的品質與效率，都能從這些平台中找到值得參考與實用的資源。

1. PromptHero

PromptHero 是一個以圖像生成為主的提示詞平台，特別針對 Midjourney、Stable Diffusion 等 AI 圖像工具，提供上萬個可視化提示詞範本。

這個平台具備完善的篩選功能，包括搜尋類型、角色風格、鏡頭語法等分類選項，方便使用者依照需求快速找到合適的提示詞。對於圖像創作者而言，PromptHero 是一座兼具靈感激發與實作應用的優質資源寶庫。

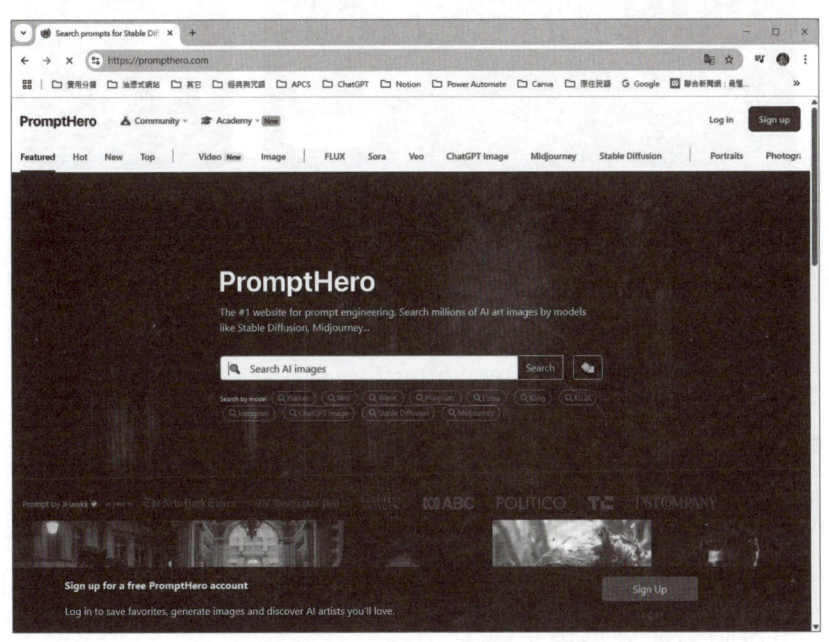

▲ 平台網址：https://prompthero.com

2. Krea.ai

Krea.ai 提供即時視覺化提示詞模擬服務，使用者輸入語句後即可預覽對應的生成圖像。平台支援多種主題類型，包括 AI Art、產品設計、動畫風格等，適用範圍廣泛。

此外，Krea.ai 具備完整的社群互動功能，使用者可關注創作者、收藏提示詞範本，並建立個人專屬的提示資料庫，是視覺創作者與設計師實現靈感實作的實用平台。

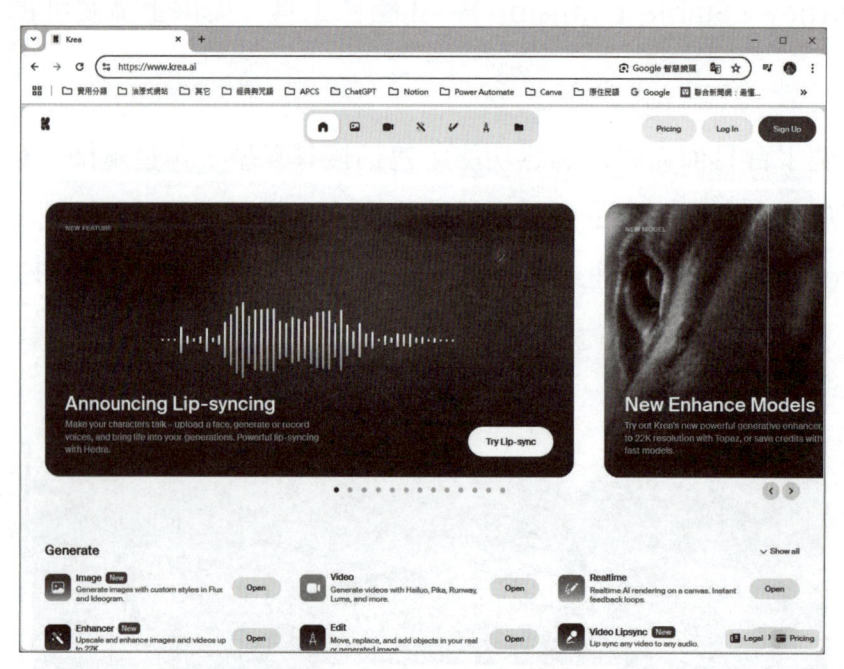

🔺 平台網址：https://www.krea.ai/

3. FlowGPT

FlowGPT 主打 ChatGPT 專用的提示詞交流與交易平台，使用者可直接點擊一鍵啟動提示詞測試，快速體驗生成效果。平台也支援使用者建立個人專頁，用以販售或分享提示範本。

FlowGPT 每日更新「熱門」與「推薦」提示詞，並設有排行榜與使用者標籤分類，方便探索與比較不同創作者的風格與應用情境，是學習與交流提示工程的熱門平台之一。

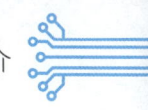

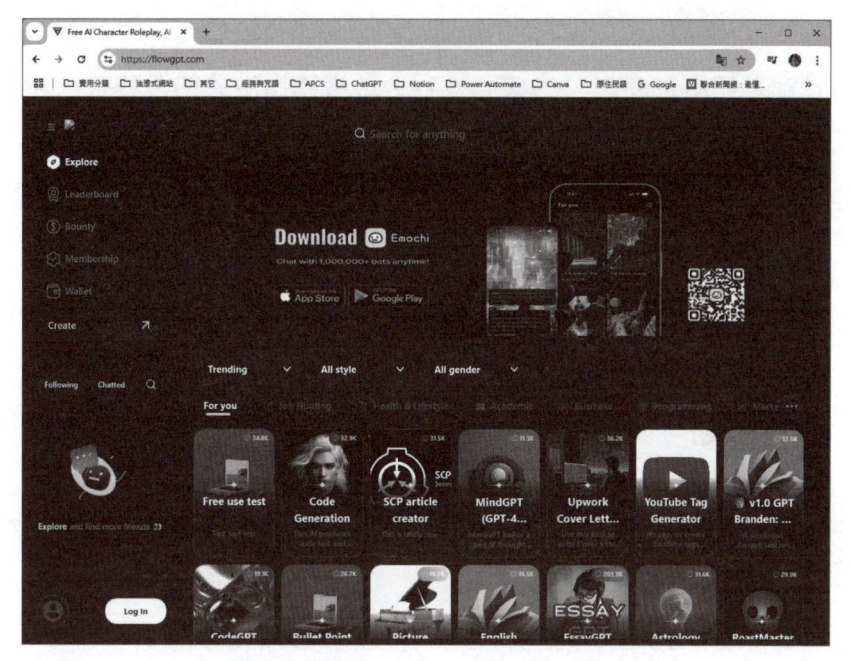

▲ 平台網址：https://flowgpt.com

▶ 5-5-3　如何選擇適合的交易平臺與提示詞

在選擇提示詞交易平臺時，建議根據自身的應用類型（如文字生成、圖像創作、程式設計）、預算狀況（免費試用或付費訂閱）、範本數量與更新頻率、平台支援的 AI 模型以及社群活躍度等面向進行評估。

初期建議以免費瀏覽、收藏與試用功能為主，當發現適合自身需求的提示範例後，再逐步考慮是否升級為訂閱或進行單次購買。

此外，也鼓勵具有實務經驗的使用者主動參與提示詞上架與分享。這不僅能獲得社群回饋與曝光機會，更有助於將自身的技巧轉化為具價值的數位產品，培養個人品牌與提示工程影響力。

總結而言，提示詞交易平臺的出現大幅降低了生成式 AI 的使用門檻，讓每一位創作者都能更輕鬆地獲得靈感與實作策略。透過這些資源，不僅能提升輸出成果的品質與效率，也能培養自己對提示設計的敏銳度與技術力。

對於每位提示工程師與 AI 實務使用者來說，這都是一條值得探索與持續精進的學習方向。

CH5 重點回顧

1. 提示詞設計是使用生成式 AI 的核心技巧，影響輸出結果的邏輯性、精準度與可操作性。

2. 高效提示詞需包含任務目標、角色語境、輸出格式與語氣設定，才能讓 AI 理解使用者的真實意圖。

3. 在提示中明確指定內容任務能有效降低 AI 理解錯誤，例如明確寫出用途與目標讀者。

4. 加入角色與語氣設定能使 AI 生成更具風格與一致性的內容，避免中性或失焦的輸出。

5. 提示中指定格式（如表格、段落、條列）可幫助 AI 有條理地輸出內容，提升可讀性與轉用性。

6. 提供上下文背景有助 AI 掌握語境脈絡，避免回應失焦或錯誤理解指令。

7. 應避免使用模糊語句如「幫我寫點東西」，改用清楚的格式與語氣引導任務。

8. 提示中加入範例，可幫助 AI 模仿語氣與結構，有效提升內容品質與一致性。

9. 使用引號與標籤強化關鍵詞辨識度，能使模型聚焦主題與重點。

10. 提示過程應搭配多輪修正與追問，逐步提升輸出內容的貼合度與邏輯性。

11. 結合關鍵字與條件限制（如年份、語系）能讓 AI 產出聚焦且具針對性的結果。

12. 善用關鍵字提示法能協助快速擷取重點與搜尋資源，提升解題效率。

13. 引導式提示法可協助使用者邏輯拆解問題，逐步探索解法與最佳化選項。

14. 類比與比喻提示法能轉化抽象概念為具體場景，適用於溝通與學習情境。

15. 探索式提示法強調實驗與資料回饋歷程，適合模型訓練、測試與多假設比較。

16. 高階提示設計可依 CNDS 原則進行：C（內容類型）、N（語氣風格）、D（細節層次）、S（輸出格式）。

17. 內容類型須明確指定，如條列式建議文、角色對話、摘要、教案等，避免模糊任務定義。

18. 語氣風格應依情境指定，如正式、親切、激勵、專業或幽默，並可搭配角色身份進一步設定。

19. 細節層次應從數量、範圍、深度與脈絡四面向進行設計，使回應更具可用性。

20. 輸出格式可指定為表格、條列、分段、H2 標題或步驟序列，提升邏輯清晰度。

21. 常見錯誤提示包括任務不明、語氣未設、結構混亂與細節過少，應透過 CNDS 原則修正。

22. 提示優化策略還包括多語言比較、拆解任務提問、限制字數、加入範本與自定義快捷指令。

23. 進階技巧包含讓 AI 自我檢查、使用引號釐清主詞、要求不重複題幹、用英文提升精準度等。

24. 提示詞設計最終目的是讓使用者主導 AI 產出，實現語言共創與智慧應用的整合。

25. 使用提示詞交易平台（如 PromptHero、FlowGPT）可獲得大量優質範本與實測回饋。

Chapter 5　課後習題

一、選擇題

_____ 1. 在撰寫提示詞時，哪一項設定有助於確保 AI 內容風格一致？
　　(A) 使用條列式格式　　　　　　(B) 限定輸出字數
　　(C) 製作圖片說明　　　　　　　(D) 明確語氣與角色設定

_____ 2. 高效提示詞設計的第一步應該是什麼？
　　(A) 明確設定任務目標　　　　　(B) 輸出段落數量
　　(C) 建立 GPT 應用平台　　　　　(D) 提供語音示例

_____ 3. 以下哪一項屬於高階提示詞的常見錯誤？
　　(A) 使用標點符號　　　　　　　(B) 分段說明任務
　　(C) 加入語氣與格式說明　　　　(D) 任務定義不明

_____ 4. 提示詞加入「請以 200 字內敘述」屬於哪類設計？
　　(A) 輸出風格控制　　　　　　　(B) 語氣風格定義
　　(C) 類比應用轉換　　　　　　　(D) 細節層次管理

_____ 5. 下列哪個範例最能展現「角色設定」的功能？
　　(A) 請簡單介紹 AI 歷史
　　(B) 請以國中老師身分撰寫 AI 教學說明
　　(C) 請列出三個 AI 概念
　　(D) 請畫一張 AI 流程圖

_____ 6. 在提示中加入「請使用繁體中文台灣用語」屬於哪類技巧？
　　(A) 語氣轉換技術　　　　　　　(B) 情境限制與語域控制
　　(C) 結構調整要求　　　　　　　(D) 任務指令範本化

_____ 7. 哪一項不是 CNDS 原則中的要素？
　　(A) Content　　　　　　　　　　(B) Comparison
　　(C) Narrative Style　　　　　　(D) Structure

_____ 8. 關鍵字提示法的目的為何？
　　(A) 生成圖像語法　　　　　　　(B) 製作聲音數據
　　(C) 快速聚焦主題與搜尋資源　　(D) 擴充聊天記憶

_____ 9. 若要提升 ChatGPT 在策略推導時的互動效果，建議採用哪種提示法？
　　(A) 關鍵字提示法　　　　　　　(B) 引導式提示法
　　(C) 類比提示法　　　　　　　　(D) 探索式提示法

_____ 10. 類比與比喻提示法的核心目的為何？
　　　(A) 增強語音辨識　　　　　　(B) 製作圖像腳本
　　　(C) 將抽象問題轉化為具象情境　(D) 簡化段落結構

_____ 11. 在哪一項輸出格式中最適合進行「優缺點比較」？
　　　(A) 段落敘述　　　　　　(B) 標題層級
　　　(C) 步驟引導　　　　　　(D) 表格結構

_____ 12. 以下哪項提示詞設計技巧能提升 ChatGPT 的組織性？
　　　(A) 使用表格或條列格式　(B) 單句指令不重複
　　　(C) 隨機生成多版本　　　(D) 依據感覺寫作

_____ 13. 想請 ChatGPT 模仿語氣風格，最直接的方法是什麼？
　　　(A) 要求改寫　　　　　　(B) 提供語氣範例句
　　　(C) 使用簡單問句　　　　(D) 製作圖像說明

_____ 14. 想要讓 AI 回應更聚焦、條理分明，下列哪種結構提示最有效？
　　　(A) 請用故事方式講解
　　　(B) 請以問答互動呈現
　　　(C) 請以表格列出三點分析與建議
　　　(D) 請快速寫一段

_____ 15. 下列哪一項不屬於探索式提示法的核心步驟？
　　　(A) 提出假設　　　　　　(B) 設計實驗
　　　(C) 執行測試　　　　　　(D) 應用比喻引導

_____ 16. 想讓 ChatGPT 分析「學習平台的比較結果」，最合適的格式為？
　　　(A) 一段文字說明
　　　(B) 表格比較欄位包含功能、價格、適用對象
　　　(C) 語音互動模式
　　　(D) 關鍵字圖像輸出

_____ 17. 在提示中加入「請以三段說明，每段不超過 100 字」是什麼策略？
　　　(A) 結尾控制
　　　(B) 角色指定
　　　(C) 結構與細節同步設定
　　　(D) 隱藏任務

_____ 18. 若希望 AI 回應集中於「2024 年教育政策」，應該怎麼做？
(A) 限定背景時間與條件　　　　(B) 引導 AI 自由探索
(C) 指定語氣為幽默　　　　　　(D) 隨意問答即可

_____ 19. 類比提示法中，圖書館最常被用來比喻什麼？
(A) AI 對話機制　　　　　　　(B) 圖像生成過程
(C) 資料庫與檢索系統　　　　　(D) 多語言模型訓練

_____ 20. FlowGPT、PromptHero 等屬於哪類平台？
(A) 語音轉文字應用　　　　　　(B) 圖像處理共享站
(C) 提示詞交易與範本平台　　　(D) AI 模型訓練系統

二、問答題

1. 請簡述何謂「提示詞」並說明其在 AI 應用中的關鍵性。

2. 如何設計一則具備「任務、角色、語氣」的提示詞？

3. 請舉出三種常見的內容類型與其應用情境。

4. 「語氣風格」在提示詞中扮演何種角色？

5. 提示詞中使用引號的作用為何？

6. 為何要加入「輸出格式」的指定？請舉例說明。

7. 請說明關鍵字提示法的核心概念與優點。

8. 請列出三項引導式提示法的實施步驟。

9. 類比與比喻提示法如何幫助解決複雜問題？

10. 請舉例說明探索式提示法的應用場景。

11. 「細節層次」在提示設計中扮演什麼角色？

12. 請說明 CNDS 原則的四個元素。

13. 提示詞交易平台如 PromptHero 有哪些功能？

14. 如何避免設計出模糊的提示詞？

15. 試寫一則符合 CNDS 原則的提示詞範例。

Chapter 6

提示工程常見狀況與優化

即使掌握了撰寫提示詞的基本技巧，在實際應用過程中仍可能遇到各種挑戰，例如 AI 回應失準、誤解指令、輸出內容偏離預期等問題。

　　本章將聚焦於提示工程中常見的錯誤類型與診斷方法，並深入探討如何透過關鍵詞設計、語境引導、角色扮演等實用策略，系統性優化提示詞結構與內容，進一步提升 AI 回應的精準度、邏輯性與實用性。

6-1　AI 提示工程常見問題與除錯

6-2　優化 AI 提示的技巧―善用關鍵詞

6-3　優化 AI 提示的技巧―智慧引導提問

6-4　優化 AI 提示的技巧―專業人士扮演

6-5　模糊輸入與期望輸出優化工作

6-6　錯誤理解導正的優化工作

Chapter 6 提示工程常見狀況與優化

6-1 AI 提示工程常見問題與除錯

在與 ChatGPT 互動的過程中，若出現「無回應」、「答非所問」、「重複敘述」或「無限提問」等異常現象，問題往往並非來自模型本身的錯誤，而是源於提示詞設計不當，例如過於模糊、結構鬆散、語境不清或任務目標模糊。

本節將分析這些常見問題的根本原因，並提出具體可行的除錯技巧與優化策略，協助使用者快速定位問題、改善輸出品質，全面提升提示工程的操作效率與精準度。

6-1-1 避免模糊輸入與不明確輸出要求

要避免此類錯誤，建議在撰寫提示詞時明確定義任務內容，至少涵蓋以下幾個關鍵要素：

- **主題焦點**：如「永續旅遊」、「企業轉型策略」等。
- **輸出形式**：如「條列式建議」、「故事敘述」、「新聞稿」、「摘要報告」。
- **目標讀者**：如「小學生」、「初創企業創辦人」、「研究生」。
- **語氣風格**：如「輕鬆親切」、「正式專業」、「具說服力」、「說明式」。
- **長度限制（可選）**：如「不超過 100 字」、「請用一段文字說明」。

▶ 提示範例 6-1

提示（prompt）詞：

請以高中地理老師的角度，用簡明口語撰寫一段 150 字的介紹，說明台灣地形的三大類型，並附上兩個生活中可觀察的實例。

ChatGPT 回答畫面：

> 在台灣，我們的地形大致可以分成三大類：山地、丘陵和平原。山地像是中央山脈，地勢高聳，常見於東部；丘陵則多分布在西部與東部交界地帶，地勢起伏較小；而平原主要集中在西部，像是嘉南平原，適合農業發展。生活中，你可能搭火車經過花蓮時會看到兩邊是高山，那就是典型的山地地形；而在台南看到一望無際的稻田，就是平原地形帶來的便利。這些地形不但影響我們的生活方式，也形塑了台灣的自然景觀。

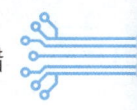

▶ 提示範例 6-2

提示（prompt）詞：

我想產出一篇社群貼文，主題是節能減碳，受眾為 25〜35 歲的上班族，請給我一個條列式三段落框架並附一句結尾 CTA。

ChatGPT 回答畫面：

> 以下是適合針對 25–35 歲上班族設計的「節能減碳」社群貼文三段式框架，風格簡明實用，強調生活感與立即行動的可能性：
>
> ◆ 段落一：現況共鳴
> 你是不是每天早出晚歸、忙著拼工作，卻也開始關心環保議題？別擔心，減碳不一定要大動作，從日常小習慣做起，就能為地球多留一點喘息空間。
>
> ◆ 段落二：生活建議
> 試試這三個節能減碳小技巧：
> 1. 中午不外食，自己帶環保便當盒 + 餐具。
> 2. 下班搭乘大眾運輸或共乘，減少開車次數。
> 3. 辦公室離開座位記得關燈、拔充電器。
>   小改變，也能有大影響。
>
> ◆ 段落三：數據/影響力強化
> 根據研究，每人每天節省一度電，一年就能減少約365公斤碳排放，等於種下近20棵樹！現在開始，就是最好的時機。
>
> ☑ 行動呼籲（CTA）：
> 從今天起，選一個你做得到的綠色習慣，留言告訴我們你要從哪一項開始！🌱👍

▶ 6-1-2　處理模型理解錯誤與誤導性回答

即使提示詞句已相對完整，ChatGPT 仍可能因語境誤判或資料偏誤，產生錯誤、虛構或誤導性回應。這類問題在查詢專有名詞、簡稱、文化專屬詞彙時尤為常見。

例如：使用者輸入「請介紹蘋果」，若未提供上下文，模型可能誤將「蘋果」解釋為水果中的「蘋果」，而非知名的「蘋果電腦公司」（Apple Inc.）。

Chapter 6 提示工程常見狀況與優化

為降低模型誤判語意的風險,建議在提示中加入以下三種修正策略:

1. 補充背景說明

說明關鍵詞的所指與語意範圍,有助模型對專有名詞做出正確判斷。

> **範例**
> - 「Apple 電腦是蘋果電腦公司推出的高效能個人電腦系列,請簡要介紹其個人電腦作業系統。」

2. 限制語境與語言範圍

明確設定語言風格、使用地區與回應範疇,能有效引導模型聚焦正確文化語境。

> **範例**
> - 「請以繁體中文台灣用語回答,並聚焦在科技產業對『蘋果電腦』這家公司的影響與討論。」

3. 要求查證與誤差提示

加入查核機制,要求模型提供資訊來源、指出可能錯誤或不確定之處,可作為使用者的二次驗證依據。

> **範例**
> - 「請列出此段介紹的參考資料來源,並指出該議題中可能出現的認知誤差或爭議。」

這些策略有助於避免 ChatGPT 因語料來源多樣與語義模糊性所導致的誤導性回答,亦能強化使用者的資訊判斷力。

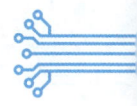

▶ 提示範例 6-3

提示（prompt）詞：

請以台灣科技產業記者角度，用 300 字介紹蘋果電腦公司推出的 iPhone 16 系列的研發歷程。

ChatGPT 回答畫面：

> 蘋果電腦公司於 2024 年推出的 iPhone 16 系列，不僅是產品演進的延續，更是蘋果對AI時代行動裝置定位的一次重大調整。根據產業鏈消息，iPhone 16 系列在研發階段即導入多項突破技術，包括升級至 A18 系列晶片、全線採用 USB-C 接口，以及導入全新 Action Button 操控設計。為因應 AI 應用需求，蘋果特別強化神經網路引擎運算能力，支援生成式 AI 功能與即時語音摘要。Pro 系列則首度採用潛望式長焦鏡頭，實現 5 倍光學變焦，同時支援 Wi-Fi 7，為專業用戶與創作者打造高速傳輸與強大影像處理體驗。值得注意的是，研發過程中蘋果大幅依賴台積電先進製程與日韓供應鏈材料，顯示其高度整合全球製造資源的能力。整體而言，iPhone 16 系列不只是例行更新，而是從核心晶片、AI 運算到影像技術的一次全面升級，預告著未來手機將更聚焦智慧化與人機互動體驗。

▶ 6-1-3　避免過度提問與提升互動穩定性

當提示中一次包含多項任務（如同時要求生成文章、摘要、表格、圖片），或使用過於空泛的開放式問題（例如：「你覺得世界上最重要的事是什麼？」），容易導致 ChatGPT 出現以下問題：

- 回應內容混亂或跳脫主題。
- 任務優先順序錯亂。
- 回應過長、重複，甚至完全無回應。

這是因為模型無法明確判斷使用者的任務邏輯與操作重點，導致生成策略分歧，影響互動穩定性與內容品質。

Chapter 6 提示工程常見狀況與優化

為了提升回應效率與互動品質，建議採取以下三項策略進行提示優化：

1. 將複雜任務分段互動

將多項任務拆解為明確步驟，逐一請求模型完成。

> **範例**
> - 「請先協助我列出這篇文章的大綱，確認後再逐段撰寫。」

2. 明確指令順序與任務分工

在提示中明確說明每一步的執行順序與輸出格式，幫助模型釐清處理邏輯。

> **範例**
> - 「第一步請列出五個重點；第二步針對每點撰寫 50 字說明。」

3. 多輪互動中聚焦單一主題

在多輪對話中累積語境資訊，但每一輪最多處理一個主題，避免中途切換導致語境失焦或訊息遺漏。

> **範例**
> - 「我先提供背景，接下來再請你幫我撰寫介紹段落。」（不要在同一輪同時要求背景分析、摘要撰寫與圖片建議）

透過這些策略，可以有效避免提示過度擁擠所造成的處理錯亂，也能提升 ChatGPT 在多輪互動中的邏輯穩定性與內容聚焦度。

提示範例 6-4

提示（prompt）詞：

請依照以下三個步驟執行任務：一、列出台灣前三大電商平台；二、說明其主要營運模式；三、用表格比較其物流策略差異。

ChatGPT 回答畫面：

以下是依照三個步驟整理的台灣電商平台分析內容：

一、台灣前三大電商平台（依市占率與用戶活躍度綜合評估）

1. 蝦皮購物（Shopee）
2. momo購物網（富邦媒體科技）
3. PChome 24h購物（網路家庭）

二、主要營運模式說明

平台名稱	營運模式簡述
蝦皮購物	採「C2C + B2C」混合模式，平台提供開店工具與補貼吸引個人與商家進駐，主打價格競爭與促銷活動。
momo購物網	以「B2C」模式為主，自營倉儲與大量採購商品，自主管理供應鏈與售後服務，強調品質與效率。
PChome 24h購物	以「B2C」為主，自建物流與倉儲系統，主打台灣本島24小時到貨與高可靠配送服務。

三、物流策略比較表

項目	蝦皮購物	momo購物網	PChome 24h購物
物流策略類型	第三方物流合作（7-11、全家）	自建倉儲＋委外配送	自建物流中心＋自有車隊
配送時效	約1-3日（賣家地區而異）	多數商品24-48小時內送達	主打24小時快速到貨
是否提供免運門檻	常見促銷有免運活動	滿額免運或會員免運	滿490元免運
客製化物流服務	提供超商取貨、貨到付款等選擇	支援宅配、超商、冷藏配送等	支援夜間配送、即時查件功能等

如你需要進一步分析行銷策略或用戶輪廓，也可以繼續告訴我！

為了避免過度提問與提升互動穩定性也可嘗試提示，例如：「我會分階段請你幫忙寫研究計畫書，先幫我寫研究動機（300 字內），完成後我再提供方法設計細節。」

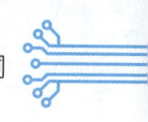

6-2 優化 AI 提示的技巧—善用關鍵詞

關鍵詞是指引 AI 理解任務方向的重要線索，能有效聚焦主題、控制語氣，並指定輸出格式。相較於一般敘述句，關鍵詞具有更強的語意濃縮性與任務導向性，是撰寫高品質提示詞的核心工具。本節將介紹如何選擇與安排關鍵詞，並透過具體實例解析，說明如何利用這些關鍵詞組合，讓 AI 產出更貼近需求、邏輯清晰、風格一致的內容。

▶ 6-2-1 關鍵詞的角色與三種分類法

在提示工程中，關鍵詞是用來引導語言模型生成特定內容的核心元件。與一般自然語言敘述不同，關鍵詞強調語意集中與任務導向，讓 ChatGPT 能從大量語料中鎖定對應語境與產出邏輯。有效的關鍵詞設計可分為三大類型：

1. **主題詞（topic keywords）**：指明任務或主題核心，如：永續發展、AI 藝術、金融投資。

2. **風格詞（style keywords）**：決定語氣與產出風格，如：學術、懶人包、詼諧、條列式。

3. **格式詞（format keywords）**：規定輸出形式，如：摘要、報告、清單、表格、流程圖。

舉例來說：

▶ **提示範例 6-5**

> **提示（prompt）詞：**
>
> 請以條列式清單方式，列出三個與數位轉型相關的策略，內容風格為專業顧問的語氣，並聚焦中小企業場景。

ChatGPT 回答畫面：

以下為中小企業在推動數位轉型時，可採行的三項關鍵策略，採顧問式語氣，著重實務應用與執行重點：

- **策略一：聚焦核心流程數位化，提升營運效率**
  建議先從會計、人資、庫存管理等關鍵流程導入ERP或雲端工具，減少人工錯誤與重複作業，並提高資料即時性，作為日後進一步分析與決策的基礎。

- **策略二：建立數位顧客接觸點，優化行銷與服務體驗**
  中小企業可透過社群平台、LINE官方帳號或簡易電商平台，強化顧客互動與服務回應速度，同時導入CRM工具，累積並分析顧客資料，實施個人化行銷。

- **策略三：導入數據驅動文化，強化決策品質**
  建議從可行的小數據入手，例如銷售趨勢、顧客回饋、網站流量等，透過BI工具或Google Analytics等免費資源進行視覺化分析，協助經營者以數據為依據制定策略。

如需依產業別（如製造、零售、服務）進一步拆解應用策略，也歡迎告知，我可提供對應建議。

這組提示中，「數位轉型」為主題詞、「專業顧問」為風格詞、「條列式清單」為格式詞。

▶ 6-2-2 組合與重構：從字詞到語意場景的轉譯

成功的提示設計，往往來自於關鍵詞的有策略性的重新組合。使用者可先列出任務相關的初步詞彙，再根據任務場景、語氣需求與資訊層次進行語意重構，將「關鍵詞清單」轉譯為具上下文與目的性的完整提示詞。

例如在開發網頁動畫功能時，關鍵詞可能包含「滾動事件」、「淡入效果」、「CSS 動畫」、「JavaScript 偵測」。

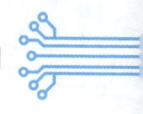

進一步可改寫提示為：

▶ 提示範例 6-6

提示（prompt）詞：

請提供一段 JavaScript 程式碼，當使用者滾動至特定區塊時，自動觸發 CSS 淡入動畫，適用於網頁前端設計。

ChatGPT 回答畫面：

以下是一段實用的 JavaScript 程式碼，搭配 CSS 淡入效果，當使用者滾動到特定區塊時自動觸發動畫。此範例常用於前端網頁設計中強化使用者體驗。

☑ **HTML 範例區塊**

```html
<div class="fade-in-section">這是一段將會淡入的內容</div>
```

☑ **CSS：淡入動畫效果**

```css
.fade-in-section {
  opacity: 0;
  transform: translateY(20px);
  transition: opacity 0.6s ease-out, transform 0.6s ease-out;
}

.fade-in-section.is-visible {
  opacity: 1;
  transform: none;
}
```

Chapter 6 　提示工程常見狀況與優化

☑ **JavaScript：偵測滾動並觸發動畫**

```javascript
document.addEventListener("DOMContentLoaded", function () {
  const faders = document.querySelectorAll(".fade-in-section");

  const appearOnScroll = new IntersectionObserver(
    function (entries, observer) {
      entries.forEach((entry) => {
        if (entry.isIntersecting) {
          entry.target.classList.add("is-visible");
          observer.unobserve(entry.target); // 只執行一次
        }
      });
    },
    {
      threshold: 0.1, // 觸發時區塊至少顯示10%
    }
  );

  faders.forEach((el) => {
    appearOnScroll.observe(el);
  });
});
```

這段程式碼使用 `IntersectionObserver` API，比傳統的 `scroll` 事件效能更好，適合現代前端專案使用。如需同時支援多個動畫區塊，只需為多個 `.fade-in-section` 元素套用即可。需支援 IE 可改用 `scroll` 搭配座標判斷。若需協助擴展為滑入、縮放等特效，也歡迎提出！

建議操作步驟：

一、列出 5～10 個與主題高度關聯的核心關鍵字。

二、加入使用目的與語氣屬性（如說明性、引導性、說服性）。

三、重新組句時，依「任務＋操作語氣＋資訊格式」邏輯排序。

這樣的提示詞結合了任務、語氣、格式與關鍵詞語意，能有效引導模型生成結構清晰、風格一致且具實作價值的內容。

另外也可以採用進階技巧，即使用表格方式規劃提示策略。

範例
- 「主題：Python 爬蟲＋輸出圖表＋視窗互動。」

建議提示詞列表：Python、爬蟲、Tkinter、Matplotlib、互動表單、搜尋結果圖示化。

▶ 6-2-3　排錯與優化：當關鍵詞失靈時怎麼辦？

並非所有關鍵詞的組合都能立即產出理想結果。當 ChatGPT 出現以下情況時，往往代表關鍵詞未有效發揮作用，需要進一步優化或除錯：

- 回應內容偏離主題。
- 語氣風格不符預期。
- 結構鬆散或格式錯誤。
- 資訊過多或重複贅詞。

這些問題可能來自關鍵詞過於模糊、語境不足或語序安排不當。此時，使用者可透過下列策略進行調整與優化。底下介紹幾個常見排錯技巧：

1. 請求 AI 自我回饋與調整

善用 ChatGPT 的反思能力，讓它自我檢查並修正輸出內容。

範例
- 「請檢查你剛剛的回應是否過長或偏離主題，並依照條列格式重新整理內容。」

2. 更換同義詞或精確化語彙

若某些關鍵詞未有效引導模型，可嘗試換用語意更清晰或具體的表達方式。

> **範例**
> ✘「介紹 AI 應用」
> ☑「條列 AI 在教育與醫療領域的優缺點，並加上每點 30 字說明」

3. 加入角色語境強化輸出風格

使用「你是誰」類型的角色語句，有助模型建立正確的語氣、立場與輸出邏輯。

> **範例**
> - 「你是一位中小企業顧問，請在 300 字內以專業語氣說明如何制定年度數位行銷策略。」

透過這些排錯技巧，使用者不僅能修正當前輸出，也能從中學習關鍵詞在語境中的運作機制，進一步提升提示設計的敏感度與應變力。

接著就來示範一個實用 ChatGPT 提問範例：

6-2 優化 AI 提示的技巧─善用關鍵詞

▶ 提示範例 6-7

提示（prompt）詞：

請說明 AI 對學生所帶來的利與弊。

ChatGPT 回答畫面：

AI（人工智慧）對學生帶來的利與弊如下，從學習效率、教育公平與思考能力等層面進行分析：

☑ AI 對學生的「利」：

1. **個人化學習路徑**
   AI 能根據學生的學習速度與理解力，自動推薦教材與練習題，提升學習成效。

2. **即時回饋與輔導**
   使用 AI 輔助的學習平台可即時批改作業、解釋錯誤，有效彌補教師資源不足。

3. **跨語言與跨領域學習**
   利用翻譯與語音識別等 AI 工具，學生可接觸不同語言、文化與知識領域，加速全球化學習。

4. **增強創造力與表達力**
   AI 可輔助學生生成圖片、寫作靈感、簡報素材，幫助他們更自信地進行創作與表達。

⚠ AI 對學生的「弊」：

1. **過度依賴，影響思考力**
   若學生習慣直接問 AI 解答，可能忽略了自己動腦思考與解決問題的過程，降低批判能力。

2. **學習動機與責任感下降**
   長期依賴 AI 輔助，容易讓學生產生「學習是交給 AI 的事」的心態，缺乏主動性。

3. **知識真假難辨**
   若未經過指導，學生可能誤信 AI 回答的錯誤資訊，造成認知偏差或錯誤學習。

4. **隱私與倫理風險**
   AI 工具可能蒐集學生個資，若使用不當，可能引發資料外洩或被操控的問題。

總結來說，AI 是強大的教育工具，關鍵在於「如何使用」。若能善用其優勢並適當規範使用方式，學生將能受益良多；反之，則可能造成學習品質與能力的退化。教師與家長應扮演指導與監督的角色，協助學生正確運用 AI。

Chapter 6 提示工程常見狀況與優化

▶ 提示範例 6-8

提示（prompt）詞：

我希望生成的是簡報用的內容，不是論文，請以重點列出即可，請調整你的語氣與內容格式。

ChatGPT 回答畫面：

了解，以下是適合用於簡報投影片的「AI 對學生的利與弊」重點整理，語氣簡明、格式清晰，便於直接使用：

● **AI 對學生的優點（利）**

- ☑ 提供個人化學習內容，依學生程度推薦教材
- ☑ 可獲得即時回饋與解題輔助，提升學習效率
- ☑ 支援多語言翻譯與知識搜尋，擴展學習視野
- ☑ 協助創作簡報、文章與影像，強化表達力

● **AI 對學生的缺點（弊）**

- ⚠ 過度依賴 AI，可能降低思考與解決問題能力
- ⚠ 學習動機下滑，容易偷懶、抄答案
- ⚠ 資訊來源真假難辨，增加誤學風險
- ⚠ 個資與隱私疑慮，使用時須謹慎授權

如需搭配視覺化簡報模板或想加入案例示意，我也可以協助設計下一頁內容。

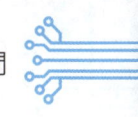

6-3 優化 AI 提示的技巧—智慧引導提問

在與 AI 互動過程中，過於簡單或模糊的提問常會導致模型誤解任務，產出偏離主題或過於籠統的回應。相對地，若能善用「智慧提問」策略，則可有效提升互動效率與內容品質。

本節將介紹如何運用層次分明、情境明確、目的導向的提問方式，引導 AI 聚焦任務核心，並透過逐步拆解與引導提問，達到更具邏輯性與可操作性的輸出結果。

▶ 6-3-1 分層提問法：從概略到具體逐步收斂

分層提問法是智慧引導提問中最基礎且有效的方式之一。透過從「大問題」出發，逐步拆解為「子問題」，不僅有助於 AI 聚焦主題，亦能使回應邏輯更清晰、內容更具結構層次。

例如想設計一套課程內容時，不應直接提問「幫我寫一套課程」，而應依以下步驟拆解：

Step 1　界定對象
- 「這門課的目標學習者是誰？」
    （例：國小學生、新進工程師、退休銀髮族）
    →有助於 AI 根據年齡、背景與程度決定教學語言與內容難度。

Step 2　明確學習目標
- 「這門課希望達成什麼核心目標？」
    （例：建立程式邏輯、了解 ESG 概念、完成簡報設計）
    →協助明確課程架構與模組劃分方向。

Step 3　確認輸出形式與附加資源
- 「是否需要搭配講義、投影片或評量題？」
    （例：產出 PPT、教案講義、練習題、學習單）
    →指定具體輸出物，有助於 AI 分配產出內容的比例與格式。

Chapter 6 提示工程常見狀況與優化

▶ 提示範例 6-9

提示（prompt）詞：

請以國中生為對象，設計一套環保教育課程，包含五堂主題、每堂課需說明目標、核心概念與活動設計，並提供簡易評量建議。我會分步驟請你幫我規劃課程，先從主題設計開始。你可以先提供五個主題選項嗎？

ChatGPT 回答畫面：

當然可以！以下是為國中生設計的五堂環保教育課程的主題建議，主題貼近生活、具啟發性，並考量學生的理解力與參與度：

🏫 國中環保教育課程五大主題建議

1. **垃圾去哪裡了？──了解資源回收與分類的重要性**
   聚焦垃圾的最終去向與正確分類知識。

2. **少一點塑膠，多一點綠──認識塑膠污染與替代方案**
   探討一次性塑膠的環境影響與生活中可行的減塑行動。

3. **地球發燒中──氣候變遷與我們的關係**
   用淺顯例子說明全球暖化的原因與後果。

4. **我是節能小達人──能源使用與節約小技巧**
   學習日常節能的行為與了解再生能源的概念。

5. **永續生活從我做起──設計屬於自己的綠色行動計畫**
   鼓勵學生從自己出發，落實一項可持續的生活行動。

如果這五個主題你滿意，我接下來可以依序為你設計每堂課的「教學目標、核心概念、活動設計與評量方式」，你也可以調整或替換其中任何主題。需要我接著規劃第一堂課嗎？

6-3 優化 AI 提示的技巧—智慧引導提問

▶ **提示範例 6-10**

提示（prompt）詞：

請協助規劃第一堂課。

ChatGPT 回答畫面：

當然可以！以下是針對第一堂課〈垃圾去哪裡了？〉的詳細課程設計，內容包含教學目標、核心概念、活動設計與簡易評量建議，適合國中生使用：

■ 第一堂課主題：垃圾去哪裡了？——了解資源回收與分類的重要性

🎯 教學目標

- 認識台灣的垃圾處理流程（垃圾→焚化場、掩埋場、回收廠）
- 學會正確分類生活中的垃圾（一般、資源回收、有害垃圾等）
- 培養對垃圾減量與分類的責任感

■ 核心概念

- 垃圾並不會「消失」，而是進入不同處理機制
- 回收與分類可以減少污染並提升資源再利用效率
- 每個人都是垃圾源頭管理的一員

✳ 活動設計

1. **暖身引導：垃圾小偵探（10分鐘）**
   播放一段垃圾處理紀錄短片（如環保署動畫），引發學生思考：「我們丟掉的垃圾去哪裡了？」

2. **教學講解 + 圖片展示（15分鐘）**
   利用投影片說明台灣的垃圾分類方式與處理流程，搭配實際分類桶與圖片說明。

3. **互動活動：分類王小比賽（15分鐘）**
   將班級分組，使用圖片卡進行垃圾分類比賽，挑戰哪一組能最快且正確完成分類。

4. **延伸任務：回家觀察任務卡（5分鐘）**
   發下觀察單，請學生記錄家中一天內產生的垃圾種類，下堂課分享。

> **評量建議**
> - 形成性評量：
>   - 觀察學生在分組活動中的表現，是否能正確分類
>   - 提問學生影片與簡報內容重點，確認理解程度
> - 延伸性評量：
>   - 觀察單回家任務完成度與記錄內容完整性
>   - 下堂課可口頭分享，評估學生能否反思家庭垃圾習慣
>
> 若你需要簡報模板、圖片卡素材、或觀察單範本，我也可以一併幫你設計。是否要我繼續規劃第二堂課？

▶ 6-3-2　情境嵌入法：設定任務場景讓模型精準回應

在缺乏明確背景設定的情況下，AI 往往會以中性、通用的方式進行回應，導致內容不夠聚焦，甚至缺乏應用價值。情境嵌入法透過明確指定「任務場景」與「角色身份」，能有效引導模型模擬特定情境下的語氣與邏輯思維，進而產出更具實務性與說服力的回應。這種方法特別適用於以下情境：

- 專業顧問諮詢。
- 客戶應對回覆。
- 教學模擬與培訓設計。
- 角色扮演式問答（如客服模擬、主管建議等）。

範例 1
- 「你是一位人資顧問，請針對新進員工在入職一週內的常見適應困難，提出三項建議，語氣需親切且具有鼓勵性。」

這樣的提示指明了專業角色、人際語氣與任務目標，使回應更具人性關懷與實用參考性。

6-3 優化 AI 提示的技巧—智慧引導提問

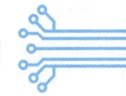

範例 2

- 「請模擬資深行銷經理的口吻，回覆一位客戶詢問『為何新產品價格較高？』，回應內容需兼顧品牌價值說明與同理心。」

此提示結合了行銷專業角色、情緒表達與說服任務，有助生成兼顧立場與語感的高品質回答。

▶ 提示範例 6-11

提示（prompt）詞：

請以高中歷史老師的身分，設計一份關於辛亥革命的短講內容，時間限制為五分鐘。

ChatGPT 回答畫面：

以下是一份以高中歷史老師身分設計的五分鐘短講內容，主題為《辛亥革命》。語氣兼具敘事與分析，適合課堂導入、考前複習或社會科活動簡報使用。

🔑 **辛亥革命五分鐘短講稿**

各位同學，今天我們來談談中國近代史上一場非常關鍵的轉捩點——辛亥革命。

辛亥革命發生在 **1911年（清宣統三年）**，是由孫中山領導的革命黨人推動，成功推翻了中國延續兩千多年的君主專制體制，建立了**亞洲第一個民主共和國——中華民國**。

這場革命的背景包括幾個關鍵因素：

1. 清朝末期政治腐敗、國力衰弱，導致民怨四起。
2. 列強入侵與割地賠款，使中國人民逐漸覺醒。
3. 新式教育與報刊興起，傳播了民主、自由、民族主義等思想。
4. 保路運動失控，成為武昌起義的導火線。

1911年10月10日，**武昌起義爆發**，革命勢力迅速蔓延全國，不久後清帝退位，宣告清朝滅亡。雖然革命後的中華民國政局仍多動盪，但它象徵著**封建帝制的結束與現代國家形式的開始**。

總結來說，辛亥革命雖未完全實現孫中山所提出的「三民主義」理想，但卻在中國歷史上立下重要的里程碑，開啟了追求民主與現代化的道路。

如需搭配簡報、關鍵詞提示卡、或互動提問，我也能協助提供。是否需要延伸為10分鐘課堂教案？

6-3-3 多輪引導法：建立連貫的對話互動脈絡

多輪引導法是透過建立連續且有邏輯關聯的對話，幫助 AI 理解長任務脈絡與漸進式內容變化的一種有效技巧。與其一次性輸入所有問題或任務，不如將互動拆解為數個子步驟，每一輪明確引導模型完成單一任務，逐步建立內容架構與語境記憶。此法特別適用於：

- 企劃草案撰寫。
- 年度報告或論文段落建構。
- 多章節內容產出。
- 具有階段邏輯的對話型應用（如課程設計、策略擬定）。

▶ 應用範例 6-1 ◆ 撰寫公司年度報告

假設使用者欲請 AI 協助撰寫 2024 年度公司報告，可採以下分輪方式提問：

第一輪：提出分析任務

「請分析 2024 年我們公司的銷售數據趨勢。」

第二輪：撰寫前言段落

「根據這個趨勢，請寫一段總結營收表現的段落，將用於年報前言，語氣需專業且簡潔。」

第三輪：補充未來策略展望

「請再補充一段說明 2025 年的營運建議，語氣需具展望性與信心，適合放在前言結尾。」

ChatGPT 提問範例：

以上是第一段，你可以依這邏輯幫我寫第二段嗎？主題是顧客滿意度變化，語氣保持一致。

這類語句讓模型持續參照前一輪語境，並接續生成一致風格與結構的段落，達到內容銜接與邏輯連貫的效果。

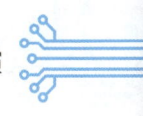

6-4 優化 AI 提示的技巧─專業人士扮演

在提示中明確指定角色,如「請你以資深醫師的身分回答」或「請扮演一位旅遊規劃師」,能顯著提升 ChatGPT 的回應專業度、語氣一致性與語境貼合性。這種角色導向的設計方式,稱為專業人士扮演法(expert role prompting)。

透過指定角色,模型能模擬專業背景知識與表達風格,進而生成更貼近真實應用的內容。此技巧特別適用於:

- 教育教學(模擬教師、導師、學者)。
- 業務與行銷(扮演顧問、經理、業務代表)。
- 寫作創作(角色敘事、視角寫作)。
- 客服與諮詢(醫師、心理師、法務顧問等角色模擬)。

6-4-1 角色扮演提示的設計邏輯與語句架構

角色扮演提示是一種透過明確設定 AI 模型「身分角色」來引導其語氣、內容深度與回應邏輯的提示設計方法。相較於一般任務式提問,角色扮演能強化模型的語境一致性,並讓輸出內容更貼近真實職場或應用情境。有效的角色扮演提示詞通常包含以下三個元素:

1. 角色設定:明確身分與專業背景

> 範例
> - 「你是一位台大醫學系教授。」
> - 「請扮演一位資深 B2B 行銷顧問。」
> - 「你現在是國中自然科老師。」

Chapter 6　提示工程常見狀況與優化

2. **任務目標：說明希望模型完成的工作內容**

   範例
   - 「請針對高中生想了解心臟健康的需求，撰寫一篇 300 字以內的簡短科普。」
   - 「請協助解釋 ESG 的定義並列出兩項企業實踐案例。」
   - 「請模擬客服人員回應一位顧客的投訴信。」

3. **語氣／風格補充（可選）：強化回應風格與適用對象**

   範例
   - 「語氣需具鼓勵性與親和力，適合一般大眾閱讀。」
   - 「請使用簡潔條列方式，語氣專業不失親切。」
   - 「請使用活潑的語言風格，符合青少年口味。」

> **Tips**
>
> **設計提示的技巧建議**
>
> 　　可使用「你是一位……」或「請扮演……」作為開頭句型，立即引導模型代入角色。若情境複雜，可補充任務背景或受眾屬性以強化語意精準度。搭配格式提示（如「請用三段式」、「請用表格列出」）能進一步提升輸出品質。透過這類角色導向的設計方式，不僅可提升 AI 的「語氣模擬能力」，也能讓內容更貼近真實應用場景與溝通風格，是提示工程中不可或缺的高階應用技巧之一。

6-4 優化 AI 提示的技巧—專業人士扮演

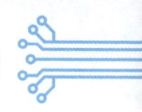

提示範例 6-12

提示（prompt）詞：

你是一位擁有 10 年教學經驗的高中英文老師，請幫我設計一份「文意選填」的閱讀題，難度為 B1 等級，主題與青少年興趣相關。

ChatGPT 回答畫面：

當然可以，以下是一份符合 B1 程度、主題貼近青少年興趣的「文意選填」閱讀題。主題圍繞社群媒體與自我認同，題材生活化，適合作為課堂活動或段考題型。

📝 文意選填閱讀題（B1 等級）

主題：Does Social Media Reflect the Real You?

Social media has become an important part of teenagers' lives. Many young people spend hours every day posting photos, sharing videos, and reading others' updates. But some experts believe that what people post online may not show their **(1)** selves.

Most people only share the best parts of their lives. For example, they post happy moments, exciting trips, or beautiful pictures, but they may **(2)** their sad feelings or problems. This can make others feel bad, especially if they start to **(3)** their lives with what they see online.

Another problem is that people may try to be someone they are not, just to get more **(4)** or followers. This can lead to stress and a feeling of **(5)**, especially for teens who are still trying to figure out who they are.

So, it's important to remember that social media is not always real life. It's okay to enjoy it, but don't let it decide how you see yourself.

📋 選項（A~F）【每題只用一次，有一個多餘選項】

(A) hide
(B) compare
(C) honest
(D) likes
(E) comfortable
(F) fun

195

> ✅ **正解：**
> 1. (C) honest
> 2. (A) hide
> 3. (B) compare
> 4. (D) likes
> 5. (E) comfortable
>
> 如需更多同類題型（如：段落填空、改寫句型、文法應用），我也可以為你設計一套完整練習。需要嗎？

▶ 6-4-2　四大領域的角色扮演實戰範例

角色扮演提示在實務操作中可靈活應用於多種專業領域，不僅能提升回應的專業度與語氣一致性，也讓內容更貼近實際應用需求。以下舉出四個具代表性的應用場景與提示設計實例，協助讀者掌握不同領域的角色提示運用方式：

▶ 提示範例 6-13 ◆ 醫師角色

🎯 **設計重點：**
- 結合雙專業背景（中醫＋醫美）。
- 模型以理性、實證為基礎回應，提升可信度。
- 適用於健康科普、教育說明與醫療建議模擬。

提示（prompt）詞：

請以具有醫美專業背景的中醫師角度，說明三種安全有效的瘦身方式，並說明不建議的民間偏方。

ChatGPT 回答畫面：

以下是以一位具有**醫美專業背景的中醫師**角度，所提供的三種安全、有效的瘦身方式與不建議的民間偏方說明：

☑ 三種安全有效的瘦身方式（結合中醫理論與醫美觀點）

1. **體質辨證調理 + 科學飲食控制**
   中醫講求「辨證論治」，不同體質（如濕熱型、脾虛型、氣鬱型）對應的代謝問題與瘦身策略也不同。透過中藥調理與穴位治療，搭配低醣、高纖、有飽足感的飲食模式，可改善代謝、降低體脂肪堆積。

2. **穴位埋線或針灸，輔助控制食慾與加速代謝**
   穴位埋線與針灸皆為中醫常用的瘦身輔助手段，適當刺激如胃俞、**脾俞**、足三里等穴位，可調節脾胃功能、穩定血糖，減少暴食慾望，並促進脂肪代謝。建議搭配醫師評估與週期性調整。

3. **結合中醫理療與醫美科技（如電波刺激、低能量雷射）**
   對於局部脂肪堆積者，中醫可先調理氣血、改善水腫體質，再由醫美技術進行非侵入式雕塑（如低能量冷凍溶脂或電磁刺激），提升局部塑形效果，同時降低術後不適與反彈風險。

⚠ 不建議的民間偏方

- **單靠喝中藥茶包「快速消脂」**
  許多號稱可「爆汗、利尿、排便」的瘦身茶含有過量瀉劑或利尿成分，雖能短期降重，卻易造成脫水與電解質失衡，甚至傷腎。

- **用蘋果餐、香蕉減肥法等極端單一飲食**
  這類方法會破壞飲食平衡，導致肌肉流失、基礎代謝下降，反而更難維持體態。

- **外敷偏方或刮痧燃脂**
  有些民間偏方強調敷藥或局部刮痧能「化脂瘦身」，缺乏科學依據，且操作不當可能引發皮膚炎或組織損傷。

🔍 專業提醒

瘦身是一場結合**內調（體質）與外塑（習慣與科技）**的過程，建議選擇具備專業中醫與醫美背景的醫師，量身訂做方案，才能瘦得安全又持久。

Chapter 6 提示工程常見狀況與優化

▶ 提示範例 6-14 ◆ 在地專業導遊

🎯 設計重點：

- 導入地區限定角色（在地導遊），提升模型回應的地域性與真實感。
- 結合旅遊情境需求（親子、交通、活動），使內容更貼近使用者實際規劃需求。
- 適合用於行程建議、在地導覽模擬、旅遊平台內容產出等應用情境。

此角色能引導模型補充區域知識與行程規劃常識，強化地方導向的細節輸出。

提示（prompt）詞：

請以花蓮在地導遊的身分，推薦三個適合親子旅遊的私房景點，並提供交通建議與活動規劃。

ChatGPT 回答畫面：

作為一位在地花蓮導遊，我很樂意為您推薦三個適合親子同遊的私房景點，並提供交通建議與活動規劃，讓您與家人共度愉快的時光。

---

1. 地耕味-玩味蕃樂園（新城鄉）

特色亮點：
這是一座結合懷舊主題與親子互動的三層樓展館。一樓為伴手禮區，提供多樣特色展品並可試吃試喝；二樓展示50年代的台灣街景與生活場景，讓孩子了解過去的生活方式；三樓則是創辦人故事館，設有角色扮演區，適合親子共遊。 `MH旅遊部落格`

交通建議：

- **自行開車：** 從花蓮市區出發，沿台9線北上約20分鐘即可抵達。
- **大眾運輸：** 可搭乘台灣好行太魯閣線公車，於「地耕味-玩味蕃樂園」站下車。 `Facebook +1` `MH旅遊部落格 +5`

活動規劃建議：

- 上午參觀展館，體驗懷舊氛圍。
- 中午可在園區內享用簡餐或前往附近餐廳用餐。
- 下午可前往附近的光隆博物館，進一步了解花蓮的自然與人文。

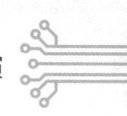

2. 七星柴魚博物館（新城鄉）

特色亮點：

這座博物館前身為柴魚工廠，現轉型為產業博物館。館內展示柴魚製作過程，並提供刨柴魚片與章魚燒DIY體驗，讓孩子在遊玩中學習。 `KKday +1`

交通建議：

- **自行開車：** 從花蓮市區出發，沿台9線北上約15分鐘即可抵達。
- **大眾運輸：** 可搭乘台灣好行太魯閣線公車，於「七星柴魚博物館」站下車。 `Facebook` `MH旅遊部落格 +5`

活動規劃建議：

- 上午參觀博物館，參與DIY活動。
- 中午可在館內餐廳用餐，品嚐新鮮海產。
- 下午可前往附近的七星潭海灘，欣賞海景，讓孩子在沙灘上玩耍。

3. 吉蒸牧場（壽豐鄉）

特色亮點：

這是一座結合農場體驗與教育的親子景點。孩子們可以近距離接觸乳牛、餵食小動物，並參與擠牛奶、製作乳製品等活動，寓教於樂。

交通建議：

- **自行開車：** 從花蓮市區出發，沿台9線南下約30分鐘即可抵達。
- **大眾運輸：** 可搭乘台灣好行縱谷線公車，於「吉蒸牧場」站下車。 `FunTime旅遊比價網`

活動規劃建議：

- 上午參觀牧場，參與動物餵食與乳製品製作體驗。
- 中午可在牧場內享用自製乳品與簡餐。
- 下午可前往附近的鯉魚潭風景區，進行划船或騎腳踏車等活動。

這三個景點各具特色，結合了教育、娛樂與自然體驗，適合親子共遊。建議您根據孩子的年齡與興趣，選擇適合的行程，並提前預約相關體驗活動，以確保旅程順利。祝您與家人有一段美好的花蓮親子之旅！

Chapter 6　提示工程常見狀況與優化

▶ 提示範例 6-15 ◆ 知名部落客

🎯 設計重點：

- 強調部落客特有的主觀視角與情感描寫，使文字更具感染力與個人風格。
- 結合地區限定 + 體驗式寫作，適用於食記、景點介紹、生活風格內容產出。
- 特別適合應用於部落格、自媒體、在地行銷或觀光推廣文字的生成任務。

提示（prompt）詞：

請以美食部落客的語氣，撰寫一篇推薦左營巷弄中最具人氣的三間小吃店，並加入親身體驗與口感描述。

ChatGPT 回答畫面：

作為一名熱愛探索在地美食的部落客，這次我深入高雄左營的巷弄，發掘了三家人氣小吃店，讓我一試成主顧。以下是我的親身體驗與口感描述，推薦給同樣喜愛尋找美食的你：

1. 老巷子重慶特色小吃：酸辣粉的極致享受

隱身在左營巷弄中的「老巷子重慶特色小吃」，由兩位來自四川的姊妹經營，主打道地的酸辣粉。店內裝潢簡約，充滿懷舊氛圍。酸辣粉湯頭酸中帶辣，麻而不嗆，粉條滑順彈牙，搭配花生碎與香菜，層次豐富。每一口都讓人感受到四川的熱情與濃郁風味。 美食好夥伴 +1　TVBS

2. 金口祿小館：鍋貼與捲餅的完美結合

位於左營高鐵附近的「金口祿小館」，是一家傳承20年的老店，專賣鍋貼與捲餅。鍋貼外皮酥脆，內餡多汁，特別是咖哩口味，香氣撲鼻，令人難以抗拒。捲餅則是外酥內嫩，豬肉餡料鮮美，搭配特製醬料，滋味絕佳。每次造訪，總是讓我回味無窮。 塔木德雜誌匯 +5

3. 真口味烤鴨：預訂才吃得到的美味

「真口味烤鴨」位於左營大路，是一家需要提前預訂的烤鴨店。烤鴨外皮酥脆，肉質鮮嫩多汁，搭配特製的酸菜炒骨，酸辣開胃，令人一口接一口。這家店的烤鴨品質穩定，每次都能帶給我滿滿的幸福感。 剃頭店頭家 +1

這三家小吃店各具特色，無論是酸辣粉的麻辣爽口、鍋貼捲餅的酥香美味，還是烤鴨的鮮嫩多汁，都讓人難以忘懷。如果你也熱愛探索在地美食，左營的這些巷弄小吃絕對值得一試！ 塔木德雜誌匯 +2　高雄美食地圖 - 高雄必吃小吃美食

提示範例 6-16 ◆ 新聞主播

設計重點：
- 強調資訊條理、客觀敘述與新聞節奏感。
- 適合產出報導型、摘要型或資訊密集型內容。
- 可應用於新聞模擬、教學教材、媒體語言訓練等場景。

提示（prompt）詞：

請模擬一位體育新聞主播,以正式新聞口吻撰寫一篇報導,主題為 2024 台灣棒球代表隊成績分析。

ChatGPT 回答畫面：

【主播新聞稿 | 2024台灣棒球代表隊成績分析報導】

主播導語：
2024年國際棒球賽事已告一段落,台灣棒球代表隊在各大賽事中表現受到高度關注。本台整理本年度代表隊於世界棒球經典賽（WBC）、U23世界盃及亞錦賽等主要賽事的成績與關鍵表現,為觀眾全面剖析台灣隊的整體實力與未來展望。

【新聞內容】

在2024年世界棒球經典賽（WBC）中,台灣代表隊雖身處死亡之組,仍展現不俗戰力。儘管最終無緣晉級八強,但對上古巴與荷蘭時打線火力全開,單場攻下9分與10分,顯示出年輕選手具備高張力賽事的對抗能力。投手方面則暴露牛棚深度不足與控球不穩的結構性問題。

U23世界盃方面,台灣隊成功打入四強,最終獲得銅牌,展現新生代球員扎實的基礎功與戰術執行力。尤其在與韓國的季軍戰中,以穩健投打壓制對手,贏得國際媒體一致好評。

而在年底舉行的亞洲棒球錦標賽,台灣隊以全本土陣容出戰,最終勇奪亞軍。期間擊敗日本社會人選手組成的代表隊,證明中職選手與國內業餘體系具備抗衡亞洲強權的實力。

整體來看,2024年台灣棒球代表隊在國際賽場上雖有高低起伏,但整體成績穩中求進。年輕選手如林子偉、李灝宇、鄭浩均等表現亮眼,未來可期。後續建議包括強化投手培訓系統、擴大冬訓資源,以及提高與國際隊伍的交流頻率。

主播總結：
2024年,是台灣棒球轉型與成長的關鍵之年。如何銜接世代、厚植基礎,將是未來能否站穩國際舞台的關鍵。本台將持續為您追蹤台灣棒球的發展動態,請鎖定我們的後續報導。

6-4-3 避免角色設計錯誤並提升語境穩定性

雖然角色設定是提升 AI 回應品質的重要策略，但若語句設計過於籠統、角色設定不具體，或缺乏語氣支持條件，仍可能導致模型回應偏離預期。常見錯誤包括：

- **語氣與角色不符**
  例：指定為「醫師身分」回答，卻使用偏生活化、口語化語氣。

- **回應內容過於泛泛，缺乏專業細節**
  模型未能展現特定職業應有的專業用語或深入解釋。

- **忽略角色視角應有的任務內容**
  例：設定為導遊角色，回應中卻未提及交通建議、地點引導或行程規劃。

1. **強化角色背景設定**

    讓模型更能理解角色的專業程度與立場角度。

    > 範例
    > - 「請以具有 10 年教學經驗的教育部資深講師身分，說明國中生學習 AI 素養的關鍵重點。」

2. **補充語氣與格式條件**

    引導模型同時控制語氣與回應形式，使內容風格更貼合任務需求。

    > 範例
    > - 「請使用問答對話格式，語氣需親切且富啟發性，適合用於國中教學簡報中。」

3. **限定任務範圍與受眾細節**

    明確設定篇幅、讀者對象、語言層次等限制，有助模型維持輸出一致性。

6-4 優化 AI 提示的技巧─專業人士扮演

> **範例**
> - 「請以 500 字內說明,語言需符合國中生理解程度。」

　　透過上述策略,角色扮演提示不僅能模擬專業視角,也能維持邏輯連貫與語境準確,進一步提升生成內容的可信度、應用性與風格一致性。

▶ 提示範例 6-17

提示(prompt)詞:

你是一位 ESG 顧問,請幫我撰寫一段 300 字以內,介紹企業永續報告內容的通用架構,語氣正式、專業,適合內部簡報使用。

ChatGPT 回答畫面:

企業永續報告(Sustainability Report)是組織揭露其在環境(Environmental)、社會(Social)與公司治理(Governance)三大面向績效的關鍵文件。通用架構通常包含以下五大部分:

一、**報告前言與公司簡介**:說明報告編製原則(如依據 GRI 準則)、報告範疇、公司使命與願景等。

二、**利害關係人溝通與重大主題辨識**:透過問卷、訪談或工作坊等方式,辨識對企業及利害關係人具高度影響的永續議題。

三、**ESG 三面向績效揭露**:
- 環境面涵蓋能源使用、碳排放、水資源與廢棄物管理等。
- 社會面包括勞動權益、職業安全、社區參與與供應鏈責任。
- 治理面聚焦於公司治理架構、風險管理、道德合規與資訊透明。

四、**永續目標與執行成果**:呈現量化指標、年度進展與未來承諾,有助於追蹤改善成效。

五、**附錄與驗證聲明**:包含GRI索引對應表、第三方查證聲明與相關法規參考。

透過以上架構,企業能系統化地揭露永續績效,提升外部信任並強化內部永續管理。

6-5 模糊輸入與期望輸出優化工作

在實際應用中，使用者常以過於簡略或籠統的方式下達提示，導致 AI 回應偏離需求、內容失焦，甚至無法生成有價值的結果。這類問題多源於輸入語意不清或缺乏指令結構，使得模型無法準確判斷任務意圖與預期輸出樣貌。

本節將帶領讀者學習如何藉由具體範例與改寫技巧，協助使用者將原始模糊輸入，轉化為方向明確、可執行、可預期的高品質提示詞句。

▶ 6-5-1 了解模糊輸入的表現形式與澄清策略

模糊輸入是造成 AI 回應偏離預期、內容空泛或邏輯薄弱的常見原因。這類提示通常缺乏上下文、目標導向不明，或使用過於抽象與廣泛的關鍵詞，導致 ChatGPT 難以掌握使用者真正的需求。這裡列出幾個常見模糊提問範例：

- 「我想知道關於狗的東西」。
- 「幫我寫一點內容」。
- 「給我一個好建議」。

這些語句未具體描述任務重點、應用對象或輸出形式，AI 難以判斷語境，進而無法提供實質、有價值的回應。底下是幾個優化策略與具體做法：

1. **主動補問法：補足語意缺口**

    引導使用者補充明確資訊，如主題範圍、目標對象與使用目的。

    範例
    - 「請問您是為了飼養還是學術研究想了解狗？」
    - 「這個建議是要應用在職場、個人生活，還是教學用途？」

2. 提供選項範圍：幫助聚焦主題

列出具體面向，引導使用者聚焦需求領域。

> **範例**
> - 「您對狗的哪些面向感興趣？
>   (A) 健康照護
>   (B) 行為訓練
>   (C) 品種挑選
>   (D) 飼養設備建議」

3. 改寫範例語句：提升語意密度

將原始模糊句重新表達，加入用途、條件與格式要求，讓 AI 更精準執行。

> **範例**
> ✗ 「我想知道關於狗的東西。」
> ☑ 「我想養狗，請推薦三種適合公寓飼養且性格溫和的小型犬，並附上簡單飼養建議。」

透過以上策略，使用者能從模糊輸入中逐步釐清核心問題，進而打造出目標明確、語意清楚、格式具體的提示詞句，有效提升 ChatGPT 的回應品質與任務對齊度。

▶ 6-5-2 使用格式語彙與輸出要求改善內容品質

即使提示主題清楚明確，若未指定輸出格式或長度需求，AI 回應仍可能出現過長、過短、風格不符、資訊雜亂等問題，進而影響使用效率與閱讀體驗。透過在提示中加入「格式語彙」與「輸出條件」，可有效協助模型控制段落結構、文字風格與資訊密度，提升回應的可讀性、轉用性與目的契合度。常見格式控制語句如下：

語句類型	用途	範例
1.「請以表格列出……」	資訊分類、比較、摘要	適用於優劣分析、產品比較、資料對照
2.「請用條列方式回答，限制在五點內」	重點整理、簡報準備	適合教學重點、簡介、常見問題彙整
3.「限制在 100 字內，用口語化方式描述」	簡短說明、社群貼文、對話內容	適合用於 Instagram、LINE、FAQ 等情境

> **範例**
>
> ✘ 原提示「請介紹 Python」，其結果可能過長、語氣學術、初學者難以吸收。
>
> ☑ 優化後提示（具體格式＋語氣）：
> 「請用條列式列出三個 Python 適合初學者的原因，語氣親切簡單，總字數不超過 150 字。」

▶ 6-5-3 提供語境與示例，提升模型理解與回應一致性

ChatGPT 的回應品質高度依賴使用者所提供的語境資訊與任務背景。當提示詞缺乏明確的上下文時，模型往往只能依靠常見語料猜測使用目的，容易導致風格不符、資訊錯置或結構鬆散的結果。透過補充「角色設定」、「任務用途」、「語氣與語言」等條件說明，可有效幫助 AI 釐清語意、調整風格，進而生成更具一致性與應用性的內容。

類型	補充範例	說明
1. 角色設定	「我是一位補教老師，要幫高三學生複習公民與社會科目。」	有助模型選用合適語彙層次與知識深度。
2. 任務用途	「這段文字要用在 2 分鐘影片旁白。」	協助控制語速節奏與句型簡潔度。
3. 語氣與語言	「請用繁體中文台灣用語，語氣親切但具備邏輯深度。」	引導語氣風格與地域文化一致性。

提示範例 6-18 ◆ 改寫實作

✘ 原始輸入（模糊）：

「請給我行銷建議。」

　　這種提示詞會讓模型可能給出過於一般性的行銷策略，不具針對性。我們可以將上面的提示詞優化改寫：

提示（prompt）詞：

假設你是食品品牌行銷企劃，針對 25～35 歲健康意識消費族群，請設計三個 Instagram 行銷主題，語氣需具生活感。

ChatGPT 回答畫面：

當然可以，以下是針對25–35 歲健康意識消費族群所設計的三個 Instagram 行銷主題，語氣具生活感、視覺易於操作，適合提升品牌共鳴與互動率：

🌿 主題一｜#一日健康食光

概念：用一整天的飲食提案，示範「吃得健康也能吃得好看」。
內容方向：

- 早餐主打「高纖即食麥片＋堅果飲」
- 午餐搭配「無添加低油便當盒推薦」
- 下午茶分享「無糖點心 or 高蛋白零食」
  互動CTA：
  👉留言分享你的一日健康飲食，我們會抽出3位送上品牌好食盒！

🍱 主題二｜#三分鐘輕食挑戰

概念：忙碌上班族也能快速搞定健康輕食！
內容方向：

- 拍攝3分鐘食譜 Reels（使用品牌產品＋超市食材）
- 強調無需料理基礎即可上手
- 附上卡路里與營養標示
  互動CTA：
  👉Tag我們並分享你的3分鐘輕食，入選還有機會成為品牌料理合夥人！

> 💬 **主題三｜#吃進日常的安心感**
>
> 概念：強調成分簡單、來源透明，讓消費者吃得安心。
>
> 內容方向：
> - 用 IG carousel 呈現「這些成分你看得懂嗎？」
> - 比較市售加工品 vs. 我們的乾淨標示
> - 加上開箱短片介紹產品來源與理念
>
> 互動CTA：
> 👉 有沒有一個成分你曾經查過意思？留言分享，品牌小編回覆你！

如需搭配 hashtag 策略、KOL 合作建議，或 IG 貼文版型模板，我也可以幫你一起規劃！

這裡也一併示範另外兩個補充提示指令：

- 「這是我要給你的使用場景與目的，你可以根據它調整建議內容嗎？」
- 「請依我下面提供的格式範例模仿寫法，但主題換成『內容創作者工具推薦』。」

▶ 6-5-4 常見模糊提示類型與建議改寫句型對照表

本節整理數種「常見的模糊提示類型」，並針對每一類型提供「具體改寫建議與句型範例」，協助使用者快速辨識並優化提示詞的表達方式。透過這些對照表，不僅能提升 AI 理解度，也有助於養成更清晰、有邏輯的提示撰寫習慣，讓 AI 真正成為高效的創作與思考助力。

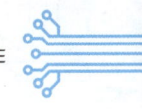

模糊提示詞句	建議改寫句型
我想知道關於狗的資訊。	請列出三種適合公寓飼養的小型犬,並簡述其個性與照顧重點。
幫我寫文章。	請撰寫一篇 300 字以內的懶人包文章,主題為「生成式 AI 如何改變行銷產業」,語氣輕鬆具說服力。
給我一些建議。	請提供三個提升學習效率的具體策略,適合準備大學考試的學生。
請介紹 Python。	請用條列方式列出三個 Python 對初學者友善的原因,每點不超過 50 字。
幫我做行銷企劃。	假設你是品牌行銷顧問,請針對新推出的健康能量飲品,為 25～35 歲上班族族群設計三個社群內容主題。
請幫我寫一封信。	請撰寫一封致高中老師的感謝信,內容需表達學生畢業前的真誠感謝,語氣溫暖、字數不超過 200 字。
幫我規劃課程。	請以高中歷史教師身份,設計一份辛亥革命為主題的 50 分鐘教學簡案,包含導入活動、重點內容與簡單練習。
寫個簡報。	請用條列式列出五項 AI 在金融產業的應用,作為簡報內容草稿使用,每點附一句解釋。
幫我設計一個問題。	請為國中社會科設計一道單選題,主題為地方自治,並提供四個選項與答案解析。
我要一些靈感。	請提供五個適合 Instagram 的短影片主題,聚焦健康飲食,每個主題附一句吸睛標語。

6-6 錯誤理解導正的優化工作

即使提示詞設計已具備基本清晰度，AI 在實際應用中仍可能因語意誤讀、上下文誤判或模糊資訊解釋，產生不正確或偏離目標的回答。這種「錯誤理解現象」是提示工程中的常見挑戰，若能及時偵測並修正，將大幅提升對話品質與任務完成度。在這種情況下，提示工程師或使用者應主動調整提示策略，透過：

- 誤解辨識（釐清 AI 的誤讀邏輯）。
- 語句重構與明確化（優化原始指令）。
- 補充上下文資訊（建立語境記憶）。

進而引導 AI 修正推論路徑，回到正確任務方向。

▶ 6-6-1 常見誤解情境與訊號辨識

AI 對使用者輸入的理解出錯，常見於語意模糊、上下文不清、詞義多重或缺乏背景知識的情境。模型可能誤解主題、誤判語氣，或產生虛構事實。這些錯誤可從以下訊號辨識：

- 回答主題錯置：問題在談「蘋果電腦公司」，但模型解釋為「高營養價值的蘋果」。
- 回答過於籠統或模糊：回應無針對性或僅重複問題陳述。
- 出現虛構細節或與現實不符的資訊。
- 風格不符，例如要求正式報告卻回應成聊天語氣。

提示工程師在偵測這些狀況時，應立刻追問或重構提示詞，讓模型重新理解語境並產出正確內容。

ChatGPT 指令示範：「你剛剛的回應與我的問題似乎無關，是否可請你釐清你的理解依據？」

6-6-2 利用回饋與重述引導模型回到正軌

回饋重述法（feedback paraphrasing）是一種常用於修正 AI 回應方向偏差的策略。透過明確指出錯誤理解處，並重新敘述正確需求，可有效引導 ChatGPT 自我調整語境與邏輯推論。這類技巧尤其適用於模型「部分理解但走偏方向」的情況。以下是利用回饋與重述引導模型回到正軌三步驟操作流程：

Step 1　回顧錯誤點
明確指出 AI 回應中偏離問題焦點的地方，例如主題誤解或風格不符。

Step 2　重述正確需求
重新描述原始意圖，並明確標註「請重新依此為基準回答」。

Step 3　補充關鍵資訊
若有必要，補上主題定義、使用語境、限制條件或關鍵字。

範例
- ✘ 錯誤提示：「請簡介蘋果」→ 回答偏向一種高營養價值的蘋果的解釋。
- ☑ 導正策略：「我指的是世界知名蘋果電腦公司（Apple Inc.），不是指水果中高營養價值的蘋果，請依此重新說明這家公司的特點。」

另外這裡再提供一個進階修正技巧建議，各位可以透過反問式語句促進 AI 自我檢查邏輯：

「你理解的是不是『高營養價值的蘋果』？其實我指的是『世界知名蘋果電腦公司』，請確認並重新回答。」

這種提示結構能有效促使模型停下原有推論路徑，重新建構語意基礎，提升回應準確性與上下文連貫度。

總之，回饋重述法的核心價值在於建立「AI 與人類共同修正語境」的互動節奏，使提示工程不只是單向輸入，而是動態協作的理解調校過程。

6-6-3 拆解問題與逐步精緻化提示策略

增量修正法（incremental refinement）是處理 AI 完全誤解任務或面對初始提示過於籠統時的有效策略。其核心概念在於：將複雜問題拆解為可控的小步驟，逐輪互動中逐漸累積語境、澄清目標，並精緻化生成結果。這種方法不僅有助於穩定模型邏輯，也能有效防止 ChatGPT 在單輪內「一次生成過多、過雜」內容而導致失焦。

步驟	指令設計	說明
1. 鎖定子目標	「我想先談產品特色，不要提價格與行銷策略。」	排除干擾資訊，限定任務範圍。
2. 指定語氣風格	「請用新聞報導的正式語氣描述。」	提高內容語用一致性與轉用性。
3. 設定輸出格式	「請用條列方式整理三個主要特點，每點不超過 50 字。」	控制資訊密度與可讀性。

▶ 應用範例 6-2

假設你想請 ChatGPT 協助撰寫產品簡介，但模型初次回應混雜行銷語、價格描述與缺乏邏輯結構，可改用以下引導式提示序列：

1. 「我需要撰寫產品介紹，我們先聚焦在功能特色，之後再談價格與市場策略，好嗎？」
2. 「請用新聞式語氣、保持中性與專業，避免使用廣告語。」
3. 「請依據這個方向，用條列方式列出三項特點，每點不超過 50 字。」
4. 「完成後我會提供下一步資料，請暫時不要延伸其他段落。」

這種「逐步拆解」、「限定回應格式與範圍」的方式，可讓 AI 漸進式地釐清語境、同步上下文記憶，並大幅降低誤解與冗贅發生率。

CH6 重點回顧

1. 提示工程常見問題包含輸入模糊、指令不明、語境不清與任務過載，會導致 AI 回應失焦或無效。
2. 輸入提示時若缺乏主題、格式、語氣與受眾設定，AI 會傾向產出籠統或無用內容。
3. 透過明確的角色、語氣、段落格式與任務拆解，能提升 AI 理解與執行的準確度。
4. 模型理解錯誤多半來自背景知識不足，可透過補充專有名詞定義與語境設定進行修正。
5. 過度提問或複合任務會造成回應混亂，應以分段指令與多輪互動方式進行操作。
6. 關鍵詞是高效提示的核心，應包括主題詞、風格詞與格式詞，幫助 AI 聚焦任務方向。
7. 將關鍵詞重新組合可創造更精準的語意場景，例如從「數位轉型」延伸至「中小企業顧問條列式策略」。
8. 當回應偏離預期時，可使用角色明示、自我檢查指令與語氣調整協助修正。
9. 分層提問能由概略問題逐步收斂至具體內容，強化 AI 回應的邏輯性與內容深度。
10. 情境嵌入法可透過指定任務與身份（如「資深人資顧問」）讓模型更貼近實際語境回應。
11. 多輪引導法可建立任務連貫性，適合用於複雜企劃與結構性文本生成。
12. 角色扮演提示能提升模型的語境一致性與表達專業度，適合教育、行銷與諮詢場景。
13. 常見角色如醫師、部落客、新聞主播、導遊等，可依任務需求設計語氣與內容深度。
14. 為提升角色準確性，需搭配明確背景設定、語氣指令與輸出範圍限制。
15. 模糊輸入的常見表現有語意不清、範圍太廣、用詞籠統等，應透過補問與範例重構指令。
16. 可搭配條列、表格、字數限制等輸出格式語彙，提升回答的組織性與可用性。
17. 語境補充如「這是給高中生用的簡報稿」有助模型調整回應內容與風格。
18. 建議建立常見模糊提示與改寫對照表，加速提示撰寫的效率與邏輯清晰度。
19. 當模型理解錯誤時，可透過回饋重述法與增量修正法，逐步引導模型重新對焦任務。
20. 拆解任務為子目標可避免混淆與重複，提升多輪互動品質與回應連貫性。
21. 善用提示詞如「請重新以此為基準回答」或「這是我希望你模仿的格式」可有效導正模型。
22. 本章整合除錯技巧、語境優化、關鍵詞設計與角色扮演策略，有助於從「會問」進化為「問得精準」。

Chapter 6 課後習題

一、選擇題

_____ 1. 以下哪一項是導致 ChatGPT 回應內容偏離預期的常見原因？
(A) 提示詞結構不清或語境模糊　　(B) 網路速度太快
(C) 模型演算法中斷　　　　　　　(D) 使用者重複登入

_____ 2. 如果模型將「蘋果」誤解為高營養價值的水果，應如何改善？
(A) 更換語言模型
(B) 在提示中加入背景說明與語境限制
(C) 縮短問題長度
(D) 換用圖像輸入

_____ 3. 將複雜任務切分為小步驟執行，這是什麼策略？
(A) 視覺提示　　　　　　(B) 重組語句法
(C) 多輪引導法　　　　　(D) 語音轉譯

_____ 4. 關鍵詞提示的三大類型不包括以下哪一項？
(A) 情緒詞　　　　　　　(B) 主題詞
(C) 風格詞　　　　　　　(D) 格式詞

_____ 5. 關鍵詞「條列式清單」屬於哪一類？
(A) 格式詞　　　　　　　(B) 語氣詞
(C) 主題詞　　　　　　　(D) 資料詞

_____ 6. 「你是一位高中歷史老師」屬於哪種提示技術？
(A) 角色扮演提示　　　　(B) 邏輯式提示
(C) 目標導向提示　　　　(D) 語境切換提示

_____ 7. 「我想知道狗的資訊」這類問題的主要問題是？
(A) 模型權限不足　　　　(B) 模型版本不對
(C) 輸入語句過於模糊　　(D) 使用者設備錯誤

_____ 8. ChatGPT 提示詞中的「你是資深醫師，請……」有什麼效果？
(A) 強化語氣與角色一致性　(B) 建立醫學資料庫
(C) 減少字數限制　　　　　(D) 增加對話時間

_____ 9. 模型產生「跳題、無回應」的常見原因是？
(A) 資料來源過多
(B) 字數設定過高
(C) 模型版本錯誤
(D) 提示中包含多項任務或開放式提問

_____ 10. 分層提問法的第一步應該是什麼？
(A) 輸出內容格式設定　　　　　(B) 確認任務對象或使用背景
(C) 語氣定義　　　　　　　　　(D) 模型訓練條件檢查

_____ 11. 若要讓 AI 回應具有鼓勵性且適合新進員工，應採用哪種方法？
(A) 使用多輪引導
(B) 提供範本格式
(C) 使用學術語言
(D) 情境嵌入法並設定人資顧問角色

_____ 12. 下列哪一項最有助於讓 ChatGPT 修正語意偏差？
(A) 使用縮寫詞彙　　　　　　　(B) 提示詞中加入 Emoji
(C) 使用回饋重述法並補充語境　(D) 刪除所有格式要求

_____ 13. 若 ChatGPT 回應內容風格過於空泛，可能的解法是？
(A) 強化角色語氣與受眾設定　　(B) 加入圖片輸入
(C) 增加輸出字數　　　　　　　(D) 切換至 GPT-3.5 模式

_____ 14. 為了讓模型回答更聚焦，最好的方式是？
(A) 用情緒詞引導　　　　　　　(B) 限定主題、對象與輸出格式
(C) 模糊描述加強互動性　　　　(D) 降低內容要求

_____ 15. 若 ChatGPT 回應主題正確但結構鬆散，該如何改善？
(A) 降低語氣強度
(B) 增加結構性提示，如段落分配與條列方式
(C) 使用口語互動
(D) 模型語言設定切換為英文

_____ 16. 當提示詞中出現模糊用詞時，下列何者為有效導正方式？
(A) 增加互動回合數　　　　　　(B) 多輪提問中自動收斂
(C) 重設模型輸出格式　　　　　(D) 提供具體改寫句型與使用範例

_____ 17. 「你理解的是不是……」這類語句屬於？
(A) 結構化提問　　　　　　　　(B) 回饋確認與導正策略
(C) 關鍵字抽取提示　　　　　　(D) 多語言翻譯指令

_____ 18. 「請限制每點不超過 50 字，以條列方式輸出」是哪一種設計技巧？
(A) 情境限制語　　　　　　　　(B) 關鍵詞拆解法
(C) 輸出格式語彙控制　　　　　(D) 視覺語音整合技術

_____ 19. 如果提示過於籠統或範圍太廣，應採用下列何種方法？
　　　　(A) 增加回應自由度
　　　　(B) 用圖示輔助說明
　　　　(C) 將提示任務拆解為子目標並逐步引導
　　　　(D) 降低回應層級

_____ 20. 若要讓 AI 模型具備角色一致性與風格深度，最佳提示詞句應包含？
　　　　(A) 使用者身分描述與任務格式
　　　　(B) 角色設定、任務內容與語氣補述
　　　　(C) 背景資料與圖片描述
　　　　(D) 資料來源與學術參考

二、問答題

1. 請列出三種 ChatGPT 回應失準的常見成因。

2. 若模型誤解提問主題，應如何修正？

3. 「多輪引導法」有何優勢？請舉一例。

4. 如何設計有效的角色扮演提示？請列出三項要素。

5. 什麼是情境嵌入法？請簡述其應用價值。

6. 提示詞中加入哪些內容可以提升 AI 輸出結構？

7. 分層提問法的設計步驟為何？

8. 舉例說明「模糊提示」如何改寫為具體清楚的提示詞。

9. 為何關鍵詞是提示詞設計的核心？

10. 請列舉三種「格式語彙」並說明其作用。

11. 如何利用回饋重述法引導模型修正錯誤？

12. 哪些訊號代表模型可能理解錯誤？

13. 如何提升 ChatGPT 在複雜任務中的表現？

14. 角色扮演提示應避免哪些錯誤？

15. 模糊提示詞常見類型有哪些？如何對應改寫？

Chapter 7

複雜問題的高級提示技巧

生成式 AI 在處理單輪提問時已相當成熟，但在真實應用場景中，多數任務都需要經過多輪互動才能完成，例如寫作協作、策略討論、專案規劃或語言教學。若能善用多輪對話的提示設計技巧，不僅能讓 AI 保持角色一致性，也能建立對話的「上下文記憶」，形成更自然流暢的互動體驗。

本節將介紹幾項設計核心：如何追蹤對話狀態、維持語境一致，以及有效拆解任務與控制對話節奏。這些技巧將幫助讀者建構出具邏輯性與沉浸感的長鏈式對話流程，真正發揮 AI 助理的潛力。

7-1　多輪對話的提示設計

7-2　處理歧義和上下文的技巧

7-3　精確策略和規則的組合運用

7-4　運用 EXPLORE 提示法的策略框架

7-5　引入外部知識和資源的提示設計

Chapter 7　複雜問題的高級提示技巧

7-1　多輪對話的提示設計

在處理複雜問題時，單一輪指令往往無法涵蓋所有面向，因此需透過多輪互動方式逐步引導 AI 完成任務。

▶ 7-1-1　對話狀態追蹤：讓回應有記憶與進度感

多輪對話的關鍵在於「狀態持續性」，也就是讓每一輪提問與回答能承接前文脈絡。這需要設計提示時明確記錄對話目標與歷程，並且讓 AI 清楚知道目前對話的位置與下一步的行動。一種實作方式是使用列表、字典或摘要方式儲存對話狀態，逐輪更新。例如：

▶ 提示範例 7-1

- 第一輪提示

  提示（prompt）詞：

  請列出 10 個全民英檢初級程度的單字，包含英文、詞性與中文意思。

  ChatGPT 回答畫面：

  以下是 10 個適合全民英檢初級（GEPT 初級）程度的單字，包含英文、詞性與中文意思：

英文單字	詞性	中文意思
apple	noun	蘋果
happy	adj.	快樂的
run	verb	跑步
book	noun	書
big	adj.	大的
drink	verb	喝
cat	noun	貓

open	verb	打開
cold	adj.	冷的
school	noun	學校

若你需要這些單字造句或轉換成練習題，也可以再告訴我！

- **第二輪提示**

  提示（prompt）詞：

  請提供另外 10 個不重複的單字。

  ChatGPT 回答畫面：

  以下是另外 10 個不重複的全民英檢初級程度單字，包含英文、詞性與中文意思：

英文單字	詞性	中文意思
pencil	noun	鉛筆
short	adj.	短的；矮的
sing	verb	唱歌
chair	noun	椅子
red	adj.	紅色的
eat	verb	吃
bird	noun	鳥
close	verb	關閉
hot	adj.	熱的
teacher	noun	老師

  若你還需要更多單字、分類表或延伸學習資源（如練習句子、圖片、測驗），也可以告訴我！

- 第三輪提示

  提示（prompt）詞：

  再提供 10 個不重複的新單字。

  ChatGPT 回答畫面：

  以下是再提供的 10 個不重複的全民英檢初級程度單字，包含英文、詞性與中文意思：

英文單字	詞性	中文意思
table	noun	桌子
tall	adj.	高的
swim	verb	游泳
mother	noun	母親
green	adj.	綠色的
write	verb	寫
dog	noun	狗
door	noun	門
smile	verb	微笑
car	noun	汽車

  若你有特定主題（如食物、家庭、學校用品）或想轉換成小測驗、配對練習，我也可以幫忙設計！

這類逐步請求的設計方式，若系統具備記憶（如 GPT-4 Plus），能自動避免重複，確保進度邏輯清楚。

若模型無內建記憶，則建議在每輪提示中附帶前文摘要或歷史紀錄。例如：

提示範例 7-2

提示（prompt）詞：

請記住上面你給過的單字，接下來提供全新、不重複的 10 個單字。

ChatGPT 回答畫面：

好的，我已記住前面提供過的 30 個單字，以下是全新且不重複的另外 10 個全民英檢初級程度單字，包含英文、詞性與中文意思：

英文單字	詞性	中文意思
father	noun	父親
yellow	adj.	黃色的
dance	verb	跳舞
window	noun	窗戶
fish	noun	魚
cook	verb	烹飪
baby	noun	嬰兒
black	adj.	黑色的
jump	verb	跳
nurse	noun	護士

如需繼續新增，或想搭配圖片、句子、語音、或做成單字卡片練習，隨時告訴我！

7-1-2 上下文與語境維持：讓 AI 穩定演出角色

另一項設計重點為語境穩定性。使用者在多輪對話中可能希望 AI 保持特定身份（如醫師、老師、顧問），若角色切換不穩，容易造成語氣不一致或回應風格偏離。應對策略包括：

1. **開頭設定角色明確：**「你現在是一位中醫師」。
2. **於每輪補強語境提示：**「請以中醫專業角度繼續回答以下問題」。
3. **加入語言格式限制：**「請使用繁體中文、口吻需具專業與親和力」。

▶ 應用範例 7-1

第一輪：「你現在是一位中醫師。」
第二輪：「請以繁體中文回答接下來所有問題。」
第三輪：「若持續腹瀉數日，請問可能病因為何？」
第四輪：「請建議兩種常見處方藥方，並簡述藥性。」

提示建議：「請根據我們目前的角色設定與語境，延續前文邏輯回答。」

7-1-3 任務拆解與對話節奏控制技巧

在使用 ChatGPT 處理複雜任務時，若一次性提出全部需求，常會導致模型回應失焦、資訊凌亂或內容品質不穩定。為了提升對話精準度與產出可控性，將大型任務拆解為可管理的子任務並掌握互動節奏，是高效提示設計不可或缺的技巧。

實務上，多輪對話設計應遵循「整體→分項→深化」的提示流程：

- **整體框架建構：** 先請模型列出主題大綱或執行項目全貌。
- **逐項處理子任務：** 每輪聚焦一個段落或問題點，避免任務堆疊。
- **進行深化與優化：** 針對單一回應進行追問、潤飾或細節補充。

提示範例 7-3

設計一份主題為「生成式 AI 對教育的影響」的課程簡報：

- **第一輪提示**

  提示（prompt）詞：

  設計一份主題為「生成式 AI 對教育的影響」的課程簡報，請列出這份簡報的五個主題大綱。

  ChatGPT 回答畫面：

  ■ 簡報主題：生成式 AI 對教育的影響

  1. 生成式 AI 是什麼？
     - 定義與核心技術（如 GPT、DALL-E、Sora 等）
     - 常見應用：文字生成、圖像創作、影片剪輯、語音對話
     - 和傳統 AI 的差異

  2. AI 如何改變教師角色與教學流程
     - AI 協助備課、設計教材與評量
     - 教師從知識傳授者轉變為學習引導者
     - 範例：AI 自動生成測驗題、教案建議工具

  3. 對學生學習的正面影響
     - 自主學習與差異化學習的可能性
     - 語言學習、寫作輔助與即時反饋
     - 增強創造力與跨學科整合能力

  4. 可能帶來的挑戰與風險
     - 抄襲與學術誠信問題
     - 批判思考與原創力的弱化風險
     - 資訊正確性與偏誤問題

  5. 教育現場的實踐策略與未來展望
     - 如何在課堂上有效導入 AI 工具
     - 教師與學生的 AI 素養教育
     - 教育公平性與數位落差的反思

Chapter 7 複雜問題的高級提示技巧

- **第二輪提示**

   提示（prompt）詞：

   請展開第二點內容，提供三個重點與一個教學案例。

   ChatGPT 回答畫面：

   以下是簡報第二點「AI 如何改變教師角色與教學流程」的展開內容，包含三個重點與一個實際教學案例：

   ### 2 AI 如何改變教師角色與教學流程

   ◆ **重點一：AI 成為教學助理，提升備課效率**

   生成式 AI 可協助教師快速產出教材內容，如課程大綱、投影片草稿、測驗題目與教學練習。例如，教師可輸入教學主題及學習目標，AI 即可提供符合程度的教案建議，節省大量備課時間。

   ◆ **重點二：個別化教學支援，滿足不同學習者需求**

   AI 可依據學生程度與學習風格，生成不同版本的教材或練習題，幫助教師實現差異化教學。例如，在語文課中，AI 可針對學習者程度生成簡易版與進階版閱讀材料。

   ◆ **重點三：教師角色轉變為學習引導與評鑑設計者**

   在 AI 協助完成重複性任務後，教師能將更多心力投入在學生互動、批判思考訓練與跨領域整合上。教師不再只是知識提供者，而是學習活動的策劃者與反思促進者。

   🎯 **教學案例：ChatGPT 輔助國中英文寫作課**

   背景：某位國中教師在教授英文寫作課時，學生常卡在構思與詞彙表達階段，進度緩慢且挫折感重。

   應用方式：教師引導學生使用 ChatGPT 提供寫作起始句、同義詞建議與段落草稿。學生根據 AI 提供的內容加以修改與補充，最後再進行口頭分享與同儕互評。

   成果與反饋：

   - 學生參與度提升，願意嘗試用英文表達
   - 教師能更快了解學生的寫作困難點
   - 同儕討論與 AI 回饋形成雙重學習支持

   若你需要把這些內容製成簡報文字、圖片排版或教案文件，我可以幫你整理成完整教材版本。是否要進一步製作？

- 第三輪提示

提示（prompt）詞：

請依據上述內容產出一頁簡報設計稿，限條列五點以內，口吻需具教育性與實用性。

ChatGPT 回答畫面：

以下是根據上述內容設計的一頁簡報稿，風格教育性強、重點實用、條列清晰，適合用於教師工作坊或教學簡報：

📌 **AI 如何改變教師角色與教學流程**

1. 快速備課與教案生成
   利用 AI 工具快速產出教學大綱、投影片草稿與測驗題，節省準備時間。

2. 差異化教學與個別輔導
   依學生程度自動調整教材難度，實現真正的因材施教。

3. 從講授者轉變為學習設計者
   教師聚焦於引導思考、設計學習活動與批判性討論。

4. 教學與評量整合強化
   AI 可協助產出多元評量方式，如形成性測驗、自動回饋練習等。

5. 教學案例：英文寫作課
   學生用 ChatGPT 生成段落草稿再進行修改與同儕互評，提升表達與參與度。

如需我協助將這份內容排版成 PowerPoint 或 Canva 簡報，也可以告訴我你偏好的樣式與用途喔！

這類方式可分散模型負荷、逐步聚焦並維持語義邏輯的清晰性。

7-2 處理歧義和上下文的技巧

在與生成式 AI 互動的過程中，使用者最常遇到的挑戰之一，便是 AI「聽懂了，但又好像沒聽懂」。這種情況往往源自語意歧義、語境不清或前後文邏輯斷裂所造成的誤解。為了讓 AI 回應更精準、互動更自然，使用者必須學會如何在提示中清除模糊訊息、建立連貫語境，並透過策略性提示設計強化語意導向。

本節將帶領讀者從三個層面掌握處理歧義與上下文的核心技巧：如何「澄清歧義」、如何「建立語境」，以及如何「在提示中補強邏輯與語義導向」。這些方法不僅有助於減少 AI 誤解，更能強化對話的精準度與目標一致性。

▶ 7-2-1　澄清歧義：引導語意精準定位

歧義通常發生於詞語多重含義、對象不明或語句簡略。若不主動澄清，AI 可能將使用者輸入誤解為錯誤情境或產出偏離主題的回答。使用者應善用補述、範例、限定詞與回饋式提問來排除歧義。

範例 1

- ❌「我需要一本蘋果書。」
  → AI 無法分辨是 Apple 公司還是蘋果水果。
- ☑ 優化語句：「我需要一本介紹蘋果水果種植的書籍。」或「我想找一本關於 Apple 公司發展史的書。」

範例 2

- ❌「我想知道氣候。」
  → AI 需進一步確認：您指的是哪個地區或哪一種氣候類型？
- ☑ 優化語句：「我想知道北京的氣候特徵。」或「請介紹副熱帶季風氣候的特色。」

7-2-2 建立語境：讓對話具備一致邏輯與背景

AI 模型在回答問題時，需依賴上下文資訊來判斷語意。若對話跳躍、語句缺乏背景，將導致 AI 回答偏離邏輯或錯誤解讀意圖。因此，在提示中加入角色設定、前提條件、任務目標與對話歷程摘要，將有助於維持上下文穩定性。

1. 提示優化策略
(1) **明確建立上下文關係**：「我剛剛請你分析 A 公司財報，接下來請比較 B 公司。」
(2) **語氣一致設定**：「請用與前面相同的風格與字數結構完成下段內容。」
(3) **角色連貫提示**：「你是一位行銷顧問，請延續上一輪提供的社群建議策略。」

2. 範例對話流程
使用者：「請推薦台北好吃的義大利餐廳。」
→ ChatGPT 回答後，使用者追問：「那如果是在鼓山區呢？」
→ AI 需結合前述脈絡，自動將「鼓山區」接續至「義大利餐廳」作答。

7-2-3 提示設計中的邏輯補強與語義引導技巧

為讓 AI 精準判斷語意與任務方向，提示中可加入明確的邏輯提示詞與標註結構。這些包括：明確列舉主題、提示詞標籤、分類索引、角色標示與用途聲明。

1. 提示優化方式
(1) **使用標籤語言**：「主題：城市治理｜問題：人口過度集中」。
(2) **語意分段**：「第一段：歷史背景、第二段：問題現況、第三段：政策建議。」
(3) **指定語境**：「這段內容要用於社群貼文，請以口語化方式簡潔呈現。」

2. 應用案例
模糊輸入：「幫我設計課程。」

優化為：「請設計一套國小五年級自然科學課程，主題為水循環，包含五堂課綱要與一項學習活動範例，語氣需活潑簡潔。」

7-3 精確策略和規則的組合運用

在進行多輪對話或複雜任務時，光靠自然語言溝通往往不夠。為了讓 AI 產出更穩定、邏輯一致且符合任務需求的內容，使用者需進一步學會如何將「策略思維」與「格式規則」結合進提示詞設計中。這樣的提示設計不再僅是請求資訊，而是一種有結構的指令系統，能有效引導 AI 進行條件判斷、格式統一與任務優化。

本節將介紹三個層面的高階設計技巧：如何根據任務設計明確策略、如何導入固定規則來強化輸出品質，以及在多目標任務中如何進行條件優先排序與權重調整。這些技術將幫助使用者打造更具控制力的複合式提示，適用於教案設計、報告生成、角色模擬、對話腳本與任務規劃等進階應用。

▶ 7-3-1 設計明確策略：從任務目標推導提示流程

在設計提示時，最重要的一步是明確定義任務目標與使用情境。使用者必須先釐清：輸出的用途是什麼？受眾為誰？要用什麼語氣？需包含哪些關鍵元素？這些資訊構成提示策略的核心依據。

▶ **提示範例 7-4**

目標：
產出適合職場簡報使用的 AI 工具比較表

策略：
1. 明確指定格式（例如表格輸出）。
2. 定義欄位（如名稱、功能、收費模式、適用場景）。
3. 規定風格語氣（如中性客觀、條列式簡潔）。

提示（prompt）詞：

請製作一份 AI 協作工具的比較表，包含工具名稱、主要功能、是否免費、適用場景四欄。請以表格格式輸出，語氣需中性、邏輯清晰。

ChatGPT 回答畫面：

以下是一份常見 AI 協作工具比較表，涵蓋工具名稱、主要功能、是否免費與適用場景，語氣中性、資訊條理清晰，適合用於教育簡報、研習討論或內部導入評估參考：

工具名稱	主要功能	是否免費	適用場景
ChatGPT	對話式生成內容、協助撰寫、翻譯、摘要、創意發想	免費有基本版；付費版功能更完整	教學設計、寫作輔助、課堂互動
Notion AI	筆記自動補全、會議摘要、內容重寫與待辦清單生成	含付費功能；需 Notion 訂閱	團隊筆記、專案追蹤、知識管理
Google Gemini	文字撰寫輔助、摘要資料、搜尋延伸建議	有免費版（與 Google 整合）	資訊搜尋、簡報整理、研究輔助
Microsoft Copilot	整合於 Office 工具中，協助產出 Word、Excel、PPT 等內容	須搭配 Microsoft 365 付費方案	行政簡報、報表製作、資料分析
Slack AI	對話整理、訊息總結、自動產出任務建議	商業版需額外付費	團隊溝通、會議追蹤、任務分工

如需擴充更多工具（如 Canva AI、Zoom AI Companion 等）或轉為簡報頁面格式，也可以再進一步告訴我需求。

▶ 7-3-2 規則導入：強化格式、語意與邏輯一致性

AI 在處理報告、流程、教案等結構性輸出時，若無規則限制，常會出現格式錯亂、段落不平衡、重複或遺漏問題。因此，設計提示時應主動加入語法規則、邏輯順序與結構指令。常見規則類型：

1. **語法規則**：請每一段開頭加粗小標題；每點間空一行。

2. **邏輯規則**：每段依「背景→問題→解決方案」排序。

3. **語意規則**：避免使用口語詞，如「超棒」、「很厲害」，請用正式術語。

4. **條列規則**：每段至多五點、每點不超過 30 字。

Chapter 7 複雜問題的高級提示技巧

▶ **提示範例 7-5**

提示（prompt）詞：

請撰寫 500 字內的 ESG 報告導言，依照以下結構輸出：一、時代背景；二、企業挑戰；三、永續行動；請每段加粗段名，格式一致。

ChatGPT 回答畫面：

以下是一篇 500 字內、依照指定結構撰寫的 ESG 報告導言，適用於企業年報、官網永續專區或對外溝通資料：

一、時代背景
在全球氣候變遷、資源枯竭與社會公義等議題日益受到關注的今日，永續發展已成為企業經營的重要核心。聯合國永續發展目標（SDGs）與淨零排放倡議驅動著政府、產業與消費者重新思考企業的角色與責任。ESG（環境、社會、治理）不僅是一套衡量企業非財務績效的指標，更是企業與世界接軌、創造長遠價值的關鍵策略。

二、企業挑戰
面對日益嚴峻的環境法規、利害關係人期待提升，以及投資市場對永續績效的重視，本公司深知傳統營運模式已難以因應新時代的挑戰。從碳排查詢、供應鏈透明到員工多元與包容政策，企業所面對的責任更加全面而複雜。此外，科技快速變革與資訊公開的壓力，也促使企業需加速轉型並強化內部治理機制。

三、永續行動
本公司秉持「創新、責任、共好」的理念，積極推動一系列永續策略行動。環境面，我們投入節能減碳、綠色設計與資源循環；社會面，致力於員工關懷、社區參與與顧客安全；治理面，則強化董事會職能、風險管理與資訊揭露透明度。透過這些具體作為，我們期望打造具韌性與前瞻力的企業文化，與所有利害關係人共同邁向永續未來。

如需針對特定產業（如製造、科技、金融）進一步調整語句與行動內容，也可以協助客製化撰寫。

▶ 7-3-3 權重與優先原則：多重任務下的精準取捨

當提示同時包含內容準確性、風格語氣與格式要求時，模型可能難以同時滿足。此時需配置「優先處理項目」與「允許妥協條件」，以利 AI 在有限資源下完成任務。例如：要求生成簡潔＋創意＋中文語氣，若系統無法全部兼顧，需先決定何者為主。主要的設計技巧如下：

1. **明確指定主權重目標**（如：「請優先確保內容正確性，其次為語氣風格」）。

2. **允許部分條件彈性**（如：「若無法達成條列與口語並存，請優先條列」）。

3. **設計語句模組**（如：「請依我列的順序優先處理各要求」）。

▶ 提示範例 7-6

提示（prompt）詞：

請撰寫一篇 300 字內的旅遊介紹文，優先重視資訊完整性（如地點、交通、特色），其次為語氣活潑與易讀性，若兩者衝突，請優先確保內容完整。

ChatGPT 回答畫面：

位於台灣東部的【花蓮太魯閣國家公園】，是結合壯麗峽谷與原始自然景觀的旅遊勝地。園區以「太魯閣峽谷」聞名，峭壁直立、溪流湍急，是台灣少見的峽谷型地貌。熱門景點包含砂卡礑步道、燕子口、九曲洞與長春祠等，適合健行、攝影與生態觀察。

前往方式相當便利：從台北搭乘台鐵自強號約 2.5 小時即可抵達花蓮火車站，再轉搭台灣好行太魯閣線公車，於各景點站點下車即可。園區內多數步道規劃完善，但建議穿著防滑鞋並事先查詢天候狀況，以確保安全。

除了自然風光，太魯閣亦富有原住民文化，鄰近的布洛灣台地設有原住民展示中心與特色工藝，能深入了解當地歷史與傳統。若時間充裕，也推薦安排花蓮市區美食巡禮或七星潭自行車漫遊，感受山海之間的悠閒魅力。太魯閣是結合知性與感性的深度旅遊首選。

7-4 運用 EXPLORE 提示法的策略框架

「EXPLORE」提示法是一種具系統性與彈性的進階設計框架，特別適用於處理需要多面向思考的探索型任務，如企劃撰寫、策略思考、教育設計與創新建議等。本節將逐步拆解 EXPLORE 各字母所代表的提示設計要素，並透過實際應用範例說明如何建構條理清晰、引導性強的複合式提示，協助使用者掌握生成式 AI 的提問策略與實作技巧。

▶ 7-4-1　E：Establish the Objective（確立目標）

在設計任何提示詞之前，第一步就是「明確界定任務目標」。許多使用者在與 AI 互動的過程中，容易急於提問，卻忽略了建立明確目標的重要性，導致 AI 生成的內容偏離需求、失去焦點，或無法具體執行。因此，E 這一步的核心在於「釐清任務本質，確立期望產出」。

有效的目標設計包含三個關鍵要素：第一，任務性質要具體（例如是撰寫文案、設計流程、整理報告還是提出點子）；第二，預期的內容形式或結果要明確（例如條列清單、三段分析、表格報告等）；第三，條件與限制需被說明（如字數、語氣、受眾、時間限制等）。

舉例來說，若任務是設計一場 AI 素養教學活動，單純輸入「幫我設計一場活動」這種模糊提示，AI 難以對焦內容。但若改為：

▶ 提示範例 7-7

提示（prompt）詞：

我需要你幫我設計一份針對國中生的 AI 素養教學工作坊規劃。請確保內容淺顯易懂、具有互動性，並可於 3 小時內完成。

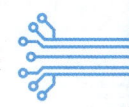

ChatGPT 回答畫面：

以下是一份專為國中生設計的 AI 素養教學工作坊規劃，課程時間為 3 小時，內容淺顯易懂、互動性高，適合初次接觸 AI 的學生，亦利於教師實際操作與帶領。

💬 **AI 素養教學工作坊規劃（國中版）**

時間	單元名稱	教學目標與內容	教學方式與活動
0:00–0:20	【暖身】你認識 AI 嗎？	◉ 認識 AI 的基本概念與應用範圍 ◉ 說明生活中的 AI 工具	問答互動＋AI小物圖片配對遊戲
0:20–1:00	【單元一】AI 怎麼思考？	◉ 介紹「機器學習」與「生成式 AI」 ◉ 認識訓練資料與模型	動畫短片教學＋小組討論：AI 是怎麼學會辨識圖片的？
1:00–1:30	【單元二】AI 玩創作：ChatGPT 初體驗	◉ 實際操作 ChatGPT ◉ 體驗如何用 AI 輔助寫故事、問問題	學生平板/手機操作＋兩人一組設計一段小故事
1:30–2:10	【單元三】AI 看世界：圖像生成工具	◉ 體驗圖像 AI（如 Copilot Image / Playground） ◉ 學習如何用提示詞創作	全班共創「未來世界」主題圖像牆，學生輪流發表創作想法
2:10–2:40	【單元四】AI 有極限？	◉ 討論 AI 的限制、偏誤與倫理問題 ◉ 分辨 AI 與人的不同	案例故事分析＋分組腦力激盪：「AI 應不應該幫你做決定？」
2:40–3:00	【總結＋回饋】今天我學到了…	◉ 回顧今天學習重點 ◉ 分享收穫與問題	學生寫學習單＋老師發給學習徽章（數位或貼紙）

這樣的提示不但明確指出任務對象（國中生）、限制條件（3 小時內）、風格需求（淺顯易懂、互動性），也讓 AI 的回應更聚焦、更貼近真實需求。

7-4-2　X：eXpand the Scope（擴充視野）

當目標設定清晰後，接下來要進入探索與擴充的階段。EXPLORE 的第二個步驟 X，代表「擴充視野」，也就是引導 AI 從不同觀點或領域蒐集可能的想

法、資料與解決方式。這不僅有助於避免思維侷限，更能挖掘創新與潛在的突破口。

擴充的方式可以從三個層面進行：一是多元角色視角的導入，例如請 AI 從不同角色（如設計者、用戶、專家、決策者）進行分析；二是跨領域關聯的延伸，例如將教育議題連結到科技趨勢、社會變遷或政策影響；三是鼓勵 AI 提出替代性觀點，形成內容上的多重選項與比較基礎。

繼續前述教學活動的例子，若要蒐集更多教學主題與關鍵重點，我們可以這樣引導：

▶ **提示範例 7-8**

提示（prompt）詞：

請從教育學者、國中老師、科技業者與家長四個角度，各自提出一項你認為 AI 素養課程中不可或缺的學習主題。

ChatGPT 回答畫面：

以下是從**教育學者、國中老師、科技業者與家長**四個角度，各自提出一項在 **AI 素養課程中不可或缺的學習主題**，並附上簡要理由說明：

🎓 **教育學者角度：**

主題：AI倫理與公民意識
理由：教育的核心在於培養負責任的公民。AI 雖具創造力與效率，但若缺乏對偏見、隱私與濫用問題的理解，恐會誤導學習與價值觀。學生應從小建立使用科技的倫理基礎。

🏫 **國中老師角度：**

主題：AI輔助學習與工具操作能力
理由：老師重視學習效果與實務應用，學生需具備基本使用 ChatGPT、AI圖像生成等工具的能力，讓 AI 成為自主學習與創作的助力，而非只是一種「玩具」。

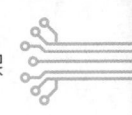

> 📄 **科技業者角度：**
>
> 主題：資料與模型的基本概念理解
> 理由：科技發展仰賴基礎數據與模型運作邏輯。即使是國中程度，也應學習「AI 是如何學會的」，例如透過例子說明標記資料、訓練模型，幫助培養未來的科技素養。
>
> 👥 **家長角度：**
>
> 主題：AI 與生活的連結與風險辨識
> 理由：家長關心孩子是否能安全、正確地使用 AI。課程應幫助學生辨識假訊息、深偽技術（deepfake）等風險，也能解釋日常中 AI 如何影響搜尋、推薦、廣告等現象。
>
> 這四個角度互補且具代表性，能為設計全人化、跨領域的 AI 素養課程提供實用依據。若需將其延伸為課程設計框架，也可以進一步協助。

這樣的設計不僅能收集四種不同價值觀與關注面向，也讓規劃者在擬定教案時能綜合不同利害關係人的需求，更有助於提升方案的可行性與實用性。這類「開展式提示」對於策略擬定、企劃設計、跨部門溝通等任務極具價值。

▶ 7-4-3　P.L.O.R.E.：深化結構與實作整合

EXPLORE 提示法的後五個英文字母：P、L、O、R、E，代表了一連串從構思到執行的策略流程。當我們已經具備了明確目標與多元視角後，這五個步驟能幫助我們有效整合資訊、產出結構清晰、可落實的 AI 提示。

1. P：Pave the Path（鋪設邏輯路徑）

引導 AI 以有結構的方式進行輸出，是高品質提示設計的關鍵。例如，要求 AI 依據三個核心主題回覆，或用「問題→分析→建議」的順序作答。這樣不僅有助於閱讀，也便於使用者後續整理與引用。

Chapter 7 複雜問題的高級提示技巧

▶ 提示範例 7-9

提示（prompt）詞：

請將教學設計依三個主題段落進行規劃，每段包含主題標題、內容解說與互動活動建議。

ChatGPT 回答畫面：

以下是根據前述觀點整合而成的**國中 AI 素養課程教學設計**，依三個核心主題段落規劃，每段皆包含主題標題、內容解說與互動活動建議，方便實際應用於課堂或工作坊中：

🌐 **主題一：AI 是怎麼學會的？──從資料到智慧**

內容解說：
AI 並非「無所不知」，它是透過大量資料學習而來。學生應認識「資料收集→模型訓練→預測應用」的基本流程，理解 AI 並非魔法，而是人類輸入資料後訓練出來的機器判斷方式。

互動活動建議：
- 分類遊戲模擬訓練模型：學生分組模擬 AI 訓練過程，例如用圖片或詞語分類動物與植物，體驗「標記資料」與「錯誤修正」的過程。
- 影片導讀與概念問答：播放簡易動畫介紹機器學習，再用平板進行 Kahoot 小測驗，加深理解。

🛠 **主題二：AI 工具在我手中──學習與創作的新幫手**

內容解說：
AI 可以輔助學生撰寫文章、翻譯語言、設計圖像，甚至構思報告。讓學生學會如何正確提出「提示詞」（Prompt）並理解 AI 結果的來源與侷限，是提升學習力的關鍵。

互動活動建議：
- ChatGPT 寫故事挑戰賽：兩人一組設計一則有創意情節的故事，使用 AI 協助發想內容與角色對話，最後輪流發表。
- AI 圖像創作展：使用 Copilot 或 Playground 根據指定主題（如未來學校），生成一張圖並分享創作靈感與操作心得。

💬 **主題三：AI 有極限嗎？──倫理、真實與判斷力**

內容解說：
雖然 AI 很強，但它可能產生偏誤、製造假訊息或被濫用。學生應理解「AI 是工具而非權威」，學會質疑資訊、分辨真偽，並討論使用 AI 的責任與界線。

互動活動建議：
- 深偽圖片真假辨識挑戰：展示真假 AI 合成圖，讓學生猜測並說明理由，引導思考資訊可信度。
- 情境討論：「如果我用 AI 幫我寫作業？」：小組討論 AI 應該用在哪裡、不應該用在哪裡，再由各組提出結論。

這三大主題能涵蓋知識面（AI 原理）+ 技能面（工具使用）+ 態度面（倫理思辨），適合完整規劃一場國中 AI 素養課程。若需要為每主題撰寫講義或簡報內容，也可以進一步協助。

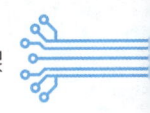

2. L：Leverage Tools（善用分析工具）

將 AI 熟悉的分析框架加入提示中，能提升回答的系統性與深度。常見的分析工具包括 SWOT 分析、五力分析、PEST 模型、AIDA 行銷公式等。

▶ **提示範例 7-10**

提示（prompt）詞：

請使用 SWOT 分析法，針對這份 AI 素養工作坊規劃列出優勢、劣勢、機會與威脅。

ChatGPT 回答畫面：

以下是針對本次「AI 素養教學工作坊（國中生版）」所進行的 SWOT 分析，從優勢（Strengths）、劣勢（Weaknesses）、機會（Opportunities）、威脅（Threats）四個面向，檢視其教學設計的完整性與可行性：

☑ 優勢（Strengths）

1. **內容結構完整、主題明確**：涵蓋 AI 原理、工具實作與倫理思辨，三面向並重，符合素養導向學習。
2. **高度互動與體驗設計**：結合分組活動、AI 實作與討論，提升學生參與度與學習興趣。
3. **語言淺顯、適齡性高**：專為國中生量身設計，詞彙簡單、案例貼近日常生活。
4. **可彈性調整時間與規模**：3 小時設計可延伸為單元課程，也適用於校內工作坊、夏令營等多種場域。

❗ 劣勢（Weaknesses）

1. **需仰賴設備與網路環境**：圖像生成與 ChatGPT 操作需網路連線與裝置，對偏鄉或資源較少的學校具挑戰。
2. **教師需具備一定 AI 操作熟悉度**：教師若未事先熟悉工具與介面，可能影響教學流暢性。
3. **時間略顯緊湊**：三小時內要兼顧三個面向與操作實作，對課程掌控與活動節奏要求高。

🏆 機會（Opportunities）

1. **AI 素養已納入多國課綱與教育政策**：課程具有政策支持與教學創新潛力，可爭取資源推廣。
2. **學生對新科技高度好奇與接受**：AI 話題能引起國中生興趣，有助促進主動學習與探究精神。
3. **與跨領域學科結合潛力大**：可延伸至語文、社會、資訊、藝術等課程，共創多元學習場景。

> **⚠ 威脅（Threats）**
> 1. 家長與學校對AI應用存有疑慮：部分家長擔心AI造成抄襲依賴，或影響學生專注力與真實能力。
> 2. AI工具平台快速變動：如工具界面、政策、收費機制改變，可能影響課程可持續性與穩定性。
> 3. 資訊落差與數位不平等問題仍存在：不同地區、家庭學生的AI接觸機會不均，可能加劇教育資源差異。
>
> 這份 SWOT 分析可作為進一步優化工作坊設計、說服校方或爭取資源時的重要參考依據。如需我協助轉換為提案簡報、申請企劃或報告形式，也可以進一步說明用途。

3. O：Organize Results（組織輸出格式）

適當要求 AI 以表格、條列、步驟等格式呈現內容，有助於提升可讀性與可操作性。

▶ **提示範例 7-11**

提示（prompt）詞：

請以表格方式列出三項課程主題，包含主題名稱、學習目標與對應活動。

ChatGPT 回答畫面：

以下是以表格方式整理的 **三項 AI 素養課程主題**，每項均包含主題名稱、對應學習目標與活動設計，適合用於國中課堂或工作坊教案規劃：

主題名稱	學習目標	對應活動設計
1. AI 是怎麼學會的？	◉ 理解 AI 的學習原理（如資料、模型、訓練） ◉ 能以生活例子說明 AI 的運作邏輯	◆ 圖卡分類遊戲：學生模擬資料標記與分類 ◆ 動畫短片導讀與小組討論
2. 用 AI 來學習與創作	◉ 學會操作生成式 AI 工具（如 ChatGPT、圖像生成器） ◉ 能設計簡單提示詞並解讀生成內容	◆ ChatGPT 小故事創作任務 ◆ AI 圖像創作主題牆（例如「未來城市」）
3. AI 可以相信嗎？	◉ 認識 AI 的侷限與潛在偏誤 ◉ 培養判斷資訊真偽與倫理思辨能力	◆ 深偽圖片真假挑戰 ◆ 小組情境討論：「AI 可以幫我寫作業嗎？」

如需將此表格轉為教案格式（含課程時間、資源需求、教師引導語），我也可以協助進一步編寫。

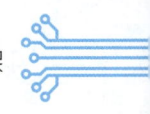

4. R：Refine Outputs（修訂與強化）

多數初步輸出可再進行優化，透過精煉語氣、加入例證、對齊風格或刪減冗長內容，讓 AI 產出的結果更符合使用目的。例如下面示範的提示詞：

「請將這段介紹文精簡至 100 字以內，語氣更具吸引力，並保留關鍵詞。」

5. E：Execute Prompt（整合與下達）

最終步驟是將前述所有策略融合，編寫成一段完整的提示詞句。這是一種「總成性輸出」，要求語句邏輯清楚、資訊完整且具可執行性。

▶ 提示範例 7-12

提示（prompt）詞：

我需要你設計一場為期 3 小時的國中 AI 素養教學工作坊。請依三個主題段落設計課程，使用 SWOT 分析法評估可行性，並以表格列出每個主題對應的學習目標與活動內容。最後撰寫一段 100 字以內的推薦文，能吸引國中教師採用此方案。

ChatGPT 回答畫面：

以下是為國中生設計的 3 小時 AI 素養教學工作坊完整方案，包含三個主題段落設計、SWOT 分析、學習目標與活動對照表，以及教師導入推薦文。

💬 **國中 AI 素養教學工作坊（3 小時版）**

📌 **課程三大主題設計（分段進行）**

🌐 主題一：AI 是怎麼學會的？
- 時間：0:00–1:00
- 內容：介紹 AI 基本原理（資料、模型、學習方式）
- 活動：模擬「標記資料分類遊戲」、觀看動畫說明機器學習，並進行小組問答挑戰。

🌐 主題二：AI 在我手中：創作與應用
- 時間：1:00–2:00
- 內容：實際操作 ChatGPT 與圖像生成工具，了解如何提出有效提示詞（Prompt）
- 活動：故事創作任務、AI 圖像設計競賽（如：未來學校主題）

🌐 主題三：AI 可以相信嗎？
- 時間：2:00–3:00
- 內容：認識 AI 的偏誤、限制與倫理爭議
- 活動：真假圖片分辨挑戰、小組討論「AI 幫我寫作業可以嗎？」並發表結論

SWOT 分析：可行性評估

面向	分析內容
優勢	✓ 主題完整、有趣且實用 ✓ 高互動設計提升學習動機 ✓ 適用多種教學場域
劣勢	✗ 須具備平板/網路等設備支援 ✗ 部分教師需事先熟悉 AI 工具
機會	✓ 配合新課綱素養導向，具政策與學校支持潛力 ✓ 可與語文、資訊課整合跨領域應用
威脅	✗ 工具平台可能變動 ✗ 學生資訊素養落差可能影響學習效果

主題對應學習目標與活動表

主題名稱	學習目標	對應活動內容
AI 是怎麼學會的？	◎ 認識AI的運作基礎 ◎ 能用例子解釋AI如何學習	圖卡分類遊戲、動畫導讀、小組問答
AI 在我手中	◎ 學會操作ChatGPT與圖像生成工具 ◎ 設計基本提示詞	小故事創作任務、圖像創作競賽
AI 可以相信嗎？	◎ 辨識AI資訊的正確性與侷限 ◎ 培養責任與倫理思考能力	深偽圖片挑戰、小組討論「AI幫寫作業可以嗎？」

教師導入推薦文（100字內）

這場工作坊結合遊戲、創作與討論，讓學生以最輕鬆的方式理解 AI、操作工具並思辨其影響。三小時即可完成完整的 AI 素養學習循環，是國中老師推動科技素養與跨域課程的實用首選！

若您需要此課程的簡報範本、學習單或申請經費的活動提案書，我也可以為您製作完整配套資源。是否要進一步展開？

這樣的提示結合了明確目標、擴充視野、結構邏輯與實作引導，正是 EXPLORE 提示法所倡導的完整設計流程。

總而言之，EXPLORE 提示法不僅是一組字母縮寫，更是一種高度適應性與擴充性的 AI 提問架構。從確立任務目標、探索多元視角，到善用邏輯架構與工具整合，它幫助使用者將模糊的創意需求轉化為具體、系統且高品質的複合式提示。無論是用於教學設計、行銷企劃、專案提案或創新發想，這套提示法都能大幅提升生成式 AI 的回應效率與內容品質。建議讀者在實作中反覆練習，將 EXPLORE 融入日常提示設計思維，逐步養成邏輯明確且具引導性的 AI 應用習慣。

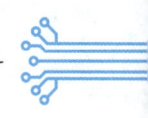

7-5 引入外部知識和資源的提示設計

AI 模型本身擁有大量語料訓練出的通用知識，但在處理專業、即時或高複雜度任務時，往往仍需結合外部知識庫、即時資料與社群經驗，才能達到更高的準確性與應用價值。透過提示詞的巧妙設計，我們可以引導 AI 模型與外部資源產生互動式整合，實現資料補充、回應強化與推理深化。

本節將介紹三類實用策略：如何運用摘要資訊與背景知識協助 AI 進一步理解任務、如何整合 API 與即時資料回饋強化互動回應，以及如何匯入社群經驗與跨資料來源的集體智慧，建立更全面的多方輸出結果。這些技巧將使 AI 模型不再只是內部模型，而成為能與外界知識流通的智慧中介。

▶ 7-5-1　結合知識庫與摘要資訊提升理解深度

AI 回應的品質取決於其訓練資料，若使用者能主動提供經過篩選的外部資料或知識來源，將有助於生成更具體、準確且專業的回答。常見的方式包含：引用百科內容、報告摘要、新聞事件重點或引用網頁段落。

1. 提示策略

(1) **主動複製貼上重點段落後，提示 AI：**「請根據以下摘要進行整理」。

(2) **輸入背景資料後說明語氣與目的：**「以下是某份 ESG 報告摘要，請以顧問立場撰寫一段建議段落。」

(3) **可提示模型重新詮釋語句：**「請將以下段落改寫為面向高中生的解釋版本。」

2. 提示範例

例如我們可以這樣下提示詞：

「以下是關於聯合國永續發展目標的摘要內容**（貼上段落）**，請根據這段資訊，整理三個適合國高中生閱讀的教育主題，語氣活潑易懂。」

7-5-2 使用外部 API 整合動態資料與回應

在部分任務（如查天氣、匯率、新聞、交通、地圖位置等）中，AI 模型本身無法提供即時資訊，此時可透過外部 API 整合，由系統或中介平台執行 API 呼叫後，再由 AI 整合回應。

1. API 整合步驟

(1) **說明任務與資料來源**：「請使用 WeatherAPI 查詢台北目前天氣，並以口語語氣說明。」

(2) **撰寫自動化提示模板**：例如程式碼中以變數標記 API 回傳值，再請 AI 補足其他背景資訊。

(3) **處理例外與錯誤**：「若無法查得資訊，請簡要說明可能原因並提供替代建議。」

2. Python 整合範例（簡化）

```
url = 'https://api.weatherapi.com/v1/current.json...'
response = requests.get(url)
temperature = data['current']['temp_c']
```

AI 輸出提示：「台北今天約 {temperature} 度，適合外出散步，請攜帶雨具以防午後雷陣雨。」

7-5-3 社群智慧整合與多元資料收斂策略

除了專業資料與即時 API，社群貢獻也是 AI 訓練與任務提示中重要的補充來源。這些可來自 Q&A 社群（如 StackOverflow）、使用者回饋、討論紀錄、專業論壇或教育平台。這裡所提的 Stack Overflow 是一個針對程式設計與軟體開發問題的問答平台。

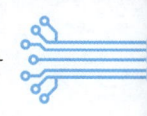

1. 使用方式

(1) **摘要他人回饋並整理成提示素材**：「以下是三位使用者對某產品的評價，請歸納優缺點。」

(2) **引用社群標準問答語句重構新問題**：「根據過去問答，請將以下問題以更簡明方式重新提問。」

(3) **設計協作性任務**：「請依據以下內容模擬一段問答練習對話，語氣自然、有實用性。」

2. 提示範例

「請參考以下 StackOverflow 回答與程式碼（**貼上**），以新手角度解釋此段程式邏輯。」

　　或

「底下是 5 位教師對 ChatGPT 教學應用的建議摘要，請列出其中最具共通性的三點觀察。」（**實際提問時，請於輸入的提示詞下方貼上 5 位教師對 ChatGPT 教學應用的建議摘要**）

CH7 重點回顧

1. 複雜問題需要多步驟推理與語境整合，單一提示難以應對，因此提示工程師應掌握多輪互動與策略引導技巧，適用於企劃設計、教學任務、政策分析與創意思考等場景。

2. 多輪提示設計強調對話狀態追蹤與任務拆解，能逐步推進任務進展並維持邏輯一致性。

3. 設計提示時應記錄歷史回合或摘要對話狀態，以利模型延續任務目標並避免重複。

4. 語境與角色設定需持續補強，讓 AI 保持固定身份與語氣風格，如每輪提示補充「請以……角度繼續回答」。

5. 任務拆解應遵循「整體→分項→深化」順序，如先產出大綱，再逐點展開內容、設計格式與語氣。

6. 處理語義歧義時，可透過具體說明與限定條件來澄清，如「蘋果」是水果還是 Apple 公司。

7. AI 常因語境不明造成回應跳脫主題，應透過對話歷程摘要與語氣控制穩定語義方向。

8. 提示中可加入標註語言與邏輯結構，如「第一段：背景說明」「第二段：案例分析」等，有助於 AI 理解任務結構。

9. 針對需要邏輯規劃的任務，如報告撰寫或表格產出，需先設計格式與欄位，再指定語氣與字數限制。

10. 規則導入有助於提升回應一致性，例如指定段落格式、語氣限制、用語準則與輸出結構。

11. 處理多重任務提示時，應指明優先原則，例如「內容正確性優先，其次為語氣自然」，讓模型作出合理取捨。

12. EXPLORE 提示法提供複雜任務完整設計架構，涵蓋任務確立、擴充視野、組織架構與實作整合。

13. EXPLORE 的 E 步驟為 Establish：先明確目標與任務性質、受眾、限制與預期輸出格式。

14. EXPLORE 的 X 步驟為 eXpand：引導模型從不同角色與視角擴充思考，收集多元觀點。

15. P步驟（Pave the Path）可引導AI依主題順序、分析邏輯等方式回應，提升條理清晰度。
16. L步驟（Leverage Tools）指導AI使用分析工具如SWOT、AIDA等，強化內容專業與結構性。
17. O步驟（Organize）建議指定輸出格式為表格、條列、分段等，提升實用性與轉用效率。
18. R步驟（Refine）鼓勵透過語氣修正、字數控制與重點濃縮優化輸出結果。
19. E步驟（Execute）將以上設計整合為一個完整提示句，提升提示邏輯與產出品質。
20. 複雜任務常涉及知識盲區，建議整合外部資訊如報告摘要、文章段落或資料來源補足AI能力。
21. 可於提示中嵌入資料段落，並指示AI「請根據以下內容整理三點摘要／撰寫建議段落」。
22. 對於即時資訊需求如天氣或匯率，應透過API整合並讓AI處理回傳資料與語意解釋。
23. 社群回饋與問答資料可轉化為提示內容素材，透過摘要、重構或模擬問答提升互動實用性。

Chapter 7　課後習題

一、選擇題

_____ 1. 多輪對話提示設計的核心原則是？
　　(A) 統一回答格式　　　　　　　(B) 限定語氣風格
　　(C) 對話狀態追蹤與任務拆解　　(D) 快速提問與隨機回覆

_____ 2. 為了讓 ChatGPT 在角色設定中維持穩定語氣，建議採取哪一項？
　　(A) 簡化語言層次　　　　　　　(B) 每輪補強語境與角色提示
　　(C) 減少互動輪次　　　　　　　(D) 不指定格式與語氣

_____ 3. 當 AI 無法正確理解「我想要蘋果書」的含義，屬於哪一類問題？
　　(A) 歧義理解　　　　　　　　　(B) 模型故障
　　(C) 錯誤提示格式　　　　　　　(D) 資料庫過載

_____ 4. 若使用者提問跳躍，導致 AI 誤判語意，應該怎麼做？
　　(A) 補充上下文與語境連貫語句　(B) 提高回應字數
　　(C) 改變輸入語言　　　　　　　(D) 增加表格輸出

_____ 5. 在設計輸出格式要求時，下列哪一項為正確做法？
　　(A) 使用語音提示
　　(B) 允許 AI 自行選擇格式
　　(C) 不設定任務目標
　　(D) 指定格式如表格、條列與段落結構

_____ 6. 當任務過於複雜時，最佳的處理方式是？
　　(A) 降低任務需求　　　　　　　(B) 轉為圖像模式
　　(C) 對話中僅給最終指令　　　　(D) 拆解任務並建立多輪互動

_____ 7. 哪一個 EXPLORE 步驟代表「鋪設邏輯路徑」？
　　(A) Leverage　　　　　　　　　(B) Organize
　　(C) Pave　　　　　　　　　　　(D) Refine

_____ 8. 在提示中加入「請依主題→分析→建議」的指令屬於？
　　(A) 模型訓練　　　　　　　　　(B) 語音優化
　　(C) 結構邏輯強化　　　　　　　(D) 圖像語義導引

_____ 9. 在提示中若想引導 AI 先顧及資訊正確性，其次才考慮語氣風格，應使用哪種策略？
　　(A) 回應情境模擬　　　　　　　(B) 預設格式模組
　　(C) 自動記憶切換　　　　　　　(D) 優先原則標示

_____ 10. 以下哪一項是有效的語境補充技巧？
 (A) 指出對象用途與語氣要求　　(B) 減少段落標題
 (C) 隨意生成資料　　　　　　　(D) 避免給定條件

_____ 11. 若提示中要求 AI 使用 SWOT 模型，是屬於哪種策略？
 (A) 建構式提問　　　　　　　　(B) 分析工具導入
 (C) 圖像分類技巧　　　　　　　(D) 段落濃縮技巧

_____ 12. 當回答內容無法同時滿足語氣與邏輯，應如何處理？
 (A) 更換模型版本　　　　　　　(B) 取消所有條件
 (C) 明示妥協條件與優先順序　　(D) 增加回應自由度

_____ 13. 「請整理三個國高中可用的教育主題」屬於哪種提示策略？
 (A) 外部知識摘要整合　　　　　(B) 多輪引導技巧
 (C) 回饋導正指令　　　　　　　(D) 模型範例應用

_____ 14. EXPLORE 法中的 Establish 步驟，主要目的為？
 (A) 明確界定任務目標與限制條件
 (B) 製作表格
 (C) 轉換語音
 (D) 輸出格式補述

_____ 15. 當 AI 回覆內容過長或不具邏輯，該採取哪種提示詞句？
 (A) 「請精簡至 100 字內並強化語氣吸引力」
 (B) 「請使用自動語氣標記」
 (C) 「請隨意回答」
 (D) 「請提供圖表」

_____ 16. 若需設計針對高中生使用的教案，最好的提示方式是？
 (A) 開放式討論
 (B) 檢索學科資料
 (C) 引導情緒回饋
 (D) 指明對象、語氣、格式與時間限制

_____ 17. 下列哪一項不是 EXPLORE 中的步驟？
 (A) Leverage　　　　　　　　　(B) Expand
 (C) Transfer　　　　　　　　　(D) Refine

_____ 18. 當需要整合社群回饋資料，建議哪種方式提示 AI？
(A) 不提供任何摘要
(B) 提供使用者觀點摘要並請求歸納共通點
(C) 輸入圖片再請 AI 辨識
(D) 要求模型生成問卷

_____ 19. 外部 API 整合任務中，若資料抓取失敗，應要求 AI？
(A) 自動登出　　　　　　　　(B) 產出統計報告
(C) 重啟語音模式　　　　　　(D) 說明失敗原因並提供替代建議

_____ 20. 使用 EXPLORE 的 Execute 步驟時，應達到什麼效果？
(A) 提問結束
(B) 自動調整輸出
(C) 回答完整刪除
(D) 整合所有步驟並產出一段具執行性的提示

二、問答題

1. 為何處理複雜問題時需要設計多輪對話提示？

2. 請列舉三種可強化語境一致性的提示技巧。

3. 若 ChatGPT 對「蘋果書」理解錯誤，該如何澄清歧義？

4. 如何應對提示中出現的語境跳脫或錯誤邏輯？

5. 請簡述 EXPLORE 提示法的七個步驟字母及其含義。

6. 在提示中導入 SWOT 模型可帶來什麼效果？

7. 請說明任務拆解設計的流程。

8. 「請以表格列出三種 AI 應用」此語句中屬於哪一種設計？

9. 使用外部知識整合時，建議在提示中補充什麼資訊？

10. 若需讓 AI 模仿特定格式，應採取哪種提示策略？

11. 當提示中任務過多時，該如何避免 AI 回應混亂？

12. 如何利用回饋語句讓 AI 修正偏誤？

13. 建立邏輯清晰的提示詞句有何技巧？

14. 當任務需使用即時天氣或匯率資訊，該如何進行提示設計？

15. 請說明 EXPLORE 法中 Refine 步驟的功能與提示詞用法。

Chapter 8

多領域提示工程應用實例

提示工程的應用不僅限於學術或技術領域,更廣泛滲透至日常對話、知識查詢、創作發想、語言學習與專業工作中。透過具體實例與應用情境的演練,讀者能更直觀理解提示詞如何因應不同任務目標而調整設計邏輯。

本章精選多種真實場景,介紹在多元領域中運用提示詞的具體技巧,協助讀者將理論知識轉化為實務操作能力。

8-1 社交對話與生活應用實例

8-2 知識查詢和解答應用實例

8-3 創意和故事寫作提示技巧

8-4 語言和翻譯提示技巧

8-5 創新應用的提示應用

8-6 專業領域提示技巧

Chapter 8 多領域提示工程應用實例

8-1 社交對話與生活應用實例

AI 在社交與生活層面的應用日益頻繁，無論是情境對話、旅遊建議、時間規劃或餐廳推薦，都能透過合適的提示詞達成。本節將示範如何設計自然流暢的生活對話提示詞，並引導 AI 回應更貼近人性與需求的建議內容。

▶ 8-1-1 社交互動情境中的語氣與角色設計

在模擬社交情境時，設計提示詞需特別注意語氣的自然性與角色定位。使用者可能希望 AI 扮演朋友、情感顧問、面試官等角色，這類角色需要 AI 在語氣、用詞與互動節奏上更貼近真實對話。我們先來看一些提示詞設計原則：

1. **明確設定角色與身份**：「請扮演一位 25 歲的室友，剛搬進新家。」
2. **限制語氣與語言風格**：「請用輕鬆口語方式回答，不要使用專業術語。」
3. **保持對話感**：避免單次大量回答，鼓勵分段互動。

▶ 提示範例 8-1

提示（prompt）詞：

你是我認識十年的朋友，今天我們在咖啡廳碰面，我想聊聊最近工作的壓力，請以朋友語氣給我一些輕鬆的建議。

ChatGPT 回答畫面：

> 當然可以，老朋友，先來一杯咖啡，坐下來慢慢聊吧。
>
> 我知道你最近工作壓力很大，不過你也太拼了吧～連喘口氣的時間都沒有？我們認識這麼久了，你一直都是很負責又認真的人，但你也要記得，壓力這東西不能一直硬扛，該放鬆的時候就要放鬆一下，才能走更遠。
>
> 幾個輕鬆的建議給你，聽聽看：
>
> ● 第一，找個"斷電時段"：每天找個不看手機、不回信的時間，哪怕只是半小時，讓腦袋休息一下，像電腦重開機一樣，效率反而會更好。
>
> 🎧 第二，放點音樂或聽Podcast：上下班通勤的時候別再想工作了，來點療癒音樂、笑點低的脫口秀，讓情緒換個頻道。
>
> 🚶 第三，動一動！真的有差：不用逼自己去健身房，每天下班去附近走走、散步，讓壓力跟著汗水流走。
>
> 📝 第四，寫下來就不卡心裡：有時候不是事情太多，而是腦袋塞太滿。把煩惱寫下來、畫個圖、列個清單，把它們從腦袋"丟"到紙上。
>
> 最後啦，別忘了偶爾找我這個老朋友喝個咖啡、耍廢一下，我一直都在。你不是一個人撐著，有需要，直接一句話，我立刻飛來陪你聊天！
>
> 我們一起加油，但也要記得喘口氣，世界不會因為你休息一天就垮下來，放心 ❤

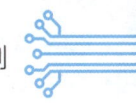

8-1-2 日常任務提示設計：旅遊、飲食與時間管理

AI 在生活任務中具備高度實用性，常見應用如旅遊路線規劃、用餐建議、行程安排、預算控管等。這類應用需針對任務目標設計清晰輸入條件，並適度限制輸出格式以利執行。我們來看看幾個實際的例子：

▶ 提示範例 8-2

提示（prompt）詞：

請推薦高雄鼓山區適合帶長輩的晚餐餐廳，預算在每人 600 元以內，交通便利為佳。

ChatGPT 回答畫面：

當然可以，老朋友！在高雄鼓山區，有多家適合與長輩共進晚餐的餐廳，預算每人600元以內，且交通便利。以下是一些精選推薦：

新台灣原味餐廳（高雄館）
高雄市鼓山區
懷舊復古風格的台菜餐廳，提供多樣合菜選擇，適合家庭聚餐。鄰近美術館，交通便利。 〔虎園笑咪咪〕

花樹全食物餐廳
高雄市鼓山區
主打健康全食物料理，環境優雅，適合與長輩共享健康美食。鄰近美術館，交通便利。 〔虎園笑咪咪〕

來呷飯川食堂（裕誠店）
高雄市鼓山區
提供小份量的川菜料理，讓小家庭也能一次體驗多種川菜料理。裝潢明亮新穎，適合家庭聚餐。 〔菲鴻吳鄢〕

漢來蔬食（巨蛋店）
高雄市左營區
提供多樣蔬食料理，環境舒適，適合長輩喜愛清淡飲食的需求。鄰近捷運巨蛋站，交通便利。 〔WGNews〕

老新台菜（九如創始店）
高雄市三民區
無菜單台菜料理，提供精緻的合菜選擇，適合家庭聚餐。環境高雅，交通便利。 〔Gomaji〕

這些餐廳都位於高雄鼓山區或鄰近地區，交通便利，且預算每人600元以內，適合與長輩共進晚餐。希望這些建議對你有所幫助！如果需要更多資訊或其他建議，隨時告訴我。

Chapter 8 多領域提示工程應用實例

▶ 提示範例 8-3

提示（prompt）詞：

請依據我提供的 3 天旅遊日期，幫我設計一份從台中出發的宜蘭行程建議，包含交通方式與住宿點。

ChatGPT 回答畫面：

當然可以，老朋友！以下是一份從台中出發的宜蘭三天兩夜行程建議，適合放鬆身心、享受自然風光與在地文化。

🚚 **交通方式建議**

開車自駕
- 路線：台中出發 → 國道3號 → 國道5號（經雪山隧道）→ 宜蘭
- 車程：約3.5至4小時（視交通狀況而定） energytour.com.tw +3

大眾運輸
- 高鐵/台鐵 + 客運：
  - 搭乘高鐵至台北站，轉乘國光客運或葛瑪蘭客運至宜蘭。
  - 搭乘台鐵至宜蘭站，轉乘在地交通工具前往各景點。

▶ 提示範例 8-4

提示（prompt）詞：

我想整理一週的生活計畫表，請幫我依據以下活動安排成時間表格式。
（提示詞下方貼上預計的活動列表）

各位可以在提示詞告知 ChatGPT 可搭配「請用條列式（或是表格方式）回應」以提升可讀性與行動性。

8-1-3 多輪生活情境模擬與人性互動強化

為打造更貼近現實的 AI 對話經驗，可透過「多輪對話模擬」設計更完整的生活情境互動流程。此類互動可廣泛應用於購物推薦、情緒陪伴、節慶建議或面試演練等。

▶ **提示範例 8-5**

- **第一輪提示**

  提示（prompt）詞：

  你是一位餐飲推薦顧問，幫我找台南當地人常吃的早餐店。

  ChatGPT 回答畫面：

  當然可以，老朋友！以下是幾家台南在地人常吃的早餐店，從傳統小吃到特色早午餐，讓你感受府城的早晨風味：

  🍎 **傳統台式早餐**

  1. 大勇街無名鹹粥
  - 特色：以虱目魚、蚵仔熬煮的鹹粥，搭配油蔥酥與芹菜，湯頭鮮美。
  - 地址：台南市中西區大勇街85號
  - 營業時間：週二至週日 04:00–13:30（週一公休）

  2. 阿興虱目魚
  - 特色：提供虱目魚湯、蒜頭飯，魚肉鮮嫩，湯頭清爽。
  - 地址：台南市北區文賢路252號
  - ～14:00（休假詳情請見店家公告）

- **第二輪延續**

  提示（prompt）詞：

  我朋友是素食者，有推薦的嗎？

Chapter 8 多領域提示工程應用實例

ChatGPT 回答畫面：

> 當然有！台南對素食者也很友善，以下是戀家在地人推薦，適合吃早餐的 素食早餐店，不但口味好、選擇多，連葷食者都會喜歡：
>
> 🍚 **台南素食早餐推薦**
>
> **1. 有幸福蔬食早午餐**
> - 特色：早午餐風格的素食餐點，有鐵板麵、蔬菜蛋餅、漢堡等，份量飽足又健康。
> - 地址：台南市東區中華東路三段398號
> - 營業時間：06:00–13:30
> - 推薦理由：清爽不油膩，適合剛起床想吃點舒服的素食者。
>
> **2. 光芒蔬食早午餐（北區）**
> - 特色：提供多款創意素食漢堡、蛋餅和吐司，有奶蛋素與純素選項。
> - 地址：台南市北區文賢一路220號
> - 營業時間：05:30–13:00
> - 推薦理由：選擇多、口味偏台式，蛋餅酥香、醬料自製，有熟客喜愛的在地口碑。
>
> **3. 圓滿蔬食坊（原上善豆家）**
> ...為主，像是素燒餅、素油條...

- **第三輪追問**

  提示（prompt）詞：

  那我有小孩同行，適合小朋友的呢？

  ChatGPT 回答畫面：

> 有小孩同行的話，挑選早餐店時除了考慮素食選項外，也要注意是否有舒適的用餐空間、兒童友善餐點（如不辣、低鹽、少炸物）以及安全的座位設計。以下是戀家台南在地人推薦、適合小朋友與素食者同行的早餐店：
>
> 👨‍👩‍👧 **親子友善＋素食選項早餐店推薦**
>
> **1. 芫朗手作早午餐（歸仁區）**
> - 特色：環境溫馨、帶鄉村風格，提供義大利麵、鬆餅、蛋餅等，部分餐點可客製為奶蛋素。
> - 地址：台南市歸仁區忠孝北路163號
> - 推薦原因：
>   - 有沙發區與兒童餐具
>   - 餐點多樣，適合挑食小孩
>   - 有舒適空間可停嬰兒車
>
> **2. 心禾蔬食坊（北區）**
> - 特色：親切小店風格，專賣素食早餐與便當，提供手工漢堡、鐵板麵、豆漿，份量適合小朋友。
> - 地址：台南市北區西門路四段63號
> - 推薦原因：
>   - 餐點溫和無辣，適合兒童

此設計方式讓 AI 回應更具個人化與回饋邏輯，也可加入變化提示如「我改變計畫了，今天只想在家煮飯，你有食譜建議嗎？」

▶ 8-1-4 生活任務類提示詞範本表

本單元以表格列出有關生活任務類一些實用的範例提示詞。

任務類型	範例提示詞
旅遊規劃	請幫我設計一份從台北出發的 3 天花蓮行程，包含交通方式、住宿建議與當地美食。
時間管理	請協助我安排一週的時間表，包含運動、工作、閱讀與家務，每日不超過 10 小時。
餐廳推薦	請推薦 3 間高雄左營區適合情侶約會的晚餐餐廳，預算在每人 800 元以內。
日常採買	我今天要去全聯，請列出一份一週用的家庭採買清單，限預算 1500 元。
生活建議	我最近工作壓力大，請用朋友語氣給我 3 個放鬆身心的方法，不要太嚴肅。
食譜推薦	冰箱剩下雞蛋、番茄和吐司，有沒有簡單又好吃的晚餐料理建議？
親子活動	請推薦 5 個適合國小學童在家進行的親子共玩活動，每項活動控制在 30 分鐘內。
天氣出遊建議	台南今天天氣如何？若適合出門，請建議半日散步行程。
假日提案	本週末我想在家耍廢，有沒有值得看的電影或影集推薦？請附一句推薦理由。
節慶準備	請幫我準備一份中秋烤肉採購清單，預計 5 人份，需包含主食、蔬菜與飲料。

Chapter 8 多領域提示工程應用實例

8-2 知識查詢和解答應用實例

　　AI 具備強大的知識整合與搜尋能力，能有效協助使用者進行資料查詢與問題解答。本節將說明如何設計具體、精準的查詢提示，以獲得更準確且有邏輯的回應，並分享處理知識型任務的實務策略與應用範例。

▶ 8-2-1　提升知識查詢精準度的提示設計方法

　　設計知識查詢類提示時，首要目標是讓 AI 清楚使用者的資訊需求與查詢目的。具體策略如下：

1. **加入查詢上下文**（如主題背景、查詢動機或資料用途）。
2. **限定知識範圍與時間條件**（如「請找過去三年內的研究資料」）。
3. **指定輸出格式**（如表格、條列或摘要式回應）。

▶ **提示範例 8-6**

提示（prompt）詞：

請列出 2021 年至今有關 AI 醫療應用的研究趨勢，每點以一句話總結，條列呈現。

ChatGPT 回答畫面：

以下是自 2021 年以來，人工智慧（AI）在醫療應用領域的主要研究趨勢，每點以一句話總結：

1. **生成式 AI 與大型語言模型（LLMs）廣泛應用於醫療文本處理與臨床決策支援**
   自 ChatGPT 推出以來，醫療研究從影像為主轉向文字與多模態資料，提升了臨床文件生成與診斷輔助的效率。

2. **多模態 AI 系統整合影像、文本與結構化資料，提升診斷與預測能力**
   結合多種資料來源的 AI 模型在疾病診斷、報告生成與藥物開發等方面展現出更高的準確性與實用性。

3. **AI 於醫療影像分析中發揮關鍵作用，提升診斷準確性與效率**
   AI 技術在放射科、病理學與眼科等領域的影像診斷中，顯著提高了疾病識別的準確率與處理速度。

4. **AI 驅動的藥物研發加速新藥發現與開發流程**
   AI 工具如 MIT Jameel Clinic 的平台成功發現新型抗生素，顯示 AI 在藥物開發中的潛力。

5. **遠距醫療與可穿戴設備結合 AI 實現預測性健康監測**
   AI 結合物聯網醫療設備，實現對慢性病患者的即時監控與早期預警，提高了遠距醫療的效果。
6. **AI 助力精神健康評估與治療，提供個性化支持**
   AI 工具如虛擬治療師與情緒分析系統，正在用於憂鬱症與焦慮症等心理健康問題的早期檢測與干預。
7. **可解釋性 AI（XAI）提升醫療決策的透明度與信任度**
   為解決 AI 黑盒問題，研究者致力於開發具可解釋性的模型，以增強醫療人員對 AI 輔助決策的信心。
8. **AI 在醫療行政管理中自動化流程，提升效率與減少錯誤**
   AI 技術被用於自動化病歷紀錄、預約安排與保險理賠等行政工作，減輕醫療人員負擔。
9. **全球醫療 AI 投資持續增長，市場規模迅速擴大**
   預計到 2030 年，全球醫療 AI 市場將達到 1,876.9 億美元，顯示出強勁的成長動能。
10. **AI 技術在醫療領域的應用引發倫理與法規的關注與制定**
    隨著 AI 在醫療中的廣泛應用，相關的倫理問題與法規制定成為研究與政策制定的重要議題。

這些趨勢顯示，AI 正在從輔助工具轉變為醫療系統中不可或缺的核心技術，涵蓋從診斷、治療到管理的各個層面。

▶ 提示範例 8-7

提示（prompt）詞：

請比較 Python 與 R 語言在統計分析上的優劣，語氣需中性客觀，限制在 300 字內。

ChatGPT 回答畫面：

Python 與 R 在統計分析領域各具優勢。R 擅長統計模型建構與資料視覺化，內建眾多套件如 `ggplot2`、`lme4`，特別適合學術研究與社會科學領域使用。Python 則以靈活性與整合性見長，透過 `pandas`、`statsmodels`、`scikit-learn` 等工具也能完成大多數統計任務，並更適合與機器學習、Web 應用整合。R 在統計理論的深度表現上稍佔優勢，而 Python 在處理大型資料與程式開發上更具彈性。選擇語言應視具體應用情境與團隊背景而定。

8-2-2 知識查詢中的關鍵字優化與來源驗證

若查詢關鍵字過於模糊，AI 容易給出過度籠統或不準確的資訊。此節說明如何利用關鍵字組合與資料來源指引提高查詢品質。

1. **組合式關鍵字**：使用「主題＋情境＋用途」格式，例如「生成式 AI ＋教育＋課程設計應用」。
2. **來源限定**：請 AI 優先引用來自 Google Scholar、政府資料開放平台或知名研究機構的內容。
3. **避免引用錯誤**：加入提示條件如「請勿使用未註明來源的網路內容」或「若不確定，請說明限制」。

▶ 提示範例 8-8

提示（prompt）詞：

請根據 NIST 或 ISO 的標準，整理企業在導入資安防護時需考慮的三項基本原則，使用條列方式。

ChatGPT 回答畫面：

> 根據 NIST（美國國家標準與技術研究院）與 ISO/IEC 27001（資訊安全管理系統標準）的架構，企業在導入資安防護時應考慮以下三項基本原則：
>
> - **機密性（Confidentiality）**：確保資訊僅授權對象可存取，防止資料洩漏給未經授權者。
> - **完整性（Integrity）**：維護資訊的正確性與一致性，避免遭到未經授權的修改、刪除或破壞。
> - **可用性（Availability）**：確保授權使用者在需要時能即時存取資訊與資源，避免服務中斷。
>
> 這三項原則構成資安的核心，也常被稱為「CIA 三原則」，是企業建構資訊安全政策與技術防護措施的基礎。

▶ 提示範例 8-9

提示（prompt）詞：

請搜尋台灣政府資料平台的人口統計資料，找出台北市與高雄市 2023 年人口增減趨勢。

ChatGPT 回答畫面：

根據內政部戶政司與維基百科的資料，以下是臺北市與高雄市在2023年的人口變化趨勢：

行政院研究發展評估委員會 +2

🏙 臺北市：人口持續減少

- **人口變化**：2023年，臺北市人口持續下降，主要原因包括高房價、人口老化以及市中心老舊等問題，導致居民遷移至新北市等周邊地區。 維基百科
- **老年化趨勢**：臺北市於2022年1月成為臺灣第一個進入「超高齡社會」的直轄市，65歲以上人口比例達到20.02%。 維基百科

🏙 高雄市：整體人口略為減少，部分區域呈現成長

- **人口變化**：截至2025年2月，高雄市總人口為2,729,670人，較前一年略有減少。 維基百科 +1
- **區域差異**：仁武區、鼓山區、楠梓區等地因新興住宅區與商圈發展，人口呈現成長趨勢；而前鎮區、苓雅區、三民區等地則因人口外移，人口有所減少。 維基百科 +1

整體而言，臺北市與高雄市在2023年均面臨人口減少的挑戰，但高雄市部分區域因都市發展而呈現人口成長，顯示出區域間的人口變化差異。

Ⓦ 資料來源

▶ 8-2-3 知識查詢實例：從問題理解到解答輸出

實務上，知識查詢不僅包含單向回答，更需理解使用者需求並提供具邏輯的說明、舉例或進階引導。以下列出常見場景：

▶ 提示範例 8-10 ◆ 工作應用

提示（prompt）詞：

請列出 5 種適合科技業新創公司導入的 ESG 策略，每項附簡要優點。

263

Chapter 8 多領域提示工程應用實例

ChatGPT 回答畫面：

以下是 5 種適合科技業新創公司導入的 ESG（環境、社會、治理）策略，每項皆附上簡要優點：

1. 綠色雲端與節能運算
   - 優點：降低碳足跡與能源成本，強化永續品牌形象，吸引重視環保的投資人與客戶。
2. 員工多元與包容政策（DEI）
   - 優點：建立多元創新的企業文化，提升員工滿意度與人才留任率，符合國際 ESG 評等標準。
3. 供應鏈永續篩選
   - 優點：強化企業責任供應鏈管理，減少風險與聲譽損害，有助於取得大型企業合作機會。
4. 數位治理與資安透明政策
   - 優點：建立顧客與投資人信任，減少資安風險，有助於取得合規認證與拓展海外市場。
5. 定期發布 ESG 報告或簡報摘要
   - 優點：提升透明度，便於與潛在投資人、合作夥伴溝通 ESG 承諾與成效，提升募資機會。

這些策略可依照公司成長階段與資源規模彈性調整，亦可逐步擴展為完整的 ESG 營運體系。若需要範例或執行建議，我可以協助進一步規劃。

▶ 提示範例 8-11 ◆ 學術查詢

提示（prompt）詞：

請說明布魯納（Bruner）的學習理論核心概念，並舉教育應用實例。

ChatGPT 回答畫面：

布魯納（Jerome Bruner）的學習理論核心在於**「學習是主動建構知識的過程」**，強調學生透過探索與理解來內化知識，而非被動接受知識。他的理論包含以下三大核心概念：

❀ 核心概念

1. 表徵發展理論（Representation Theory）
   - 知識的學習歷程可分為三種表徵方式：
     - 動作表徵（Enactive）：透過實際操作學習，如動手操作。

- 影像表徵（Iconic）：以圖像、圖表方式理解事物。
- 符號表徵（Symbolic）：運用語言與符號系統進行抽象思考。
- 學習者可在不同階段使用不同表徵方式學習相同概念。

2. 螺旋式課程（Spiral Curriculum）
   - 教學內容應重複出現，每次重複以更高層次與更複雜方式呈現，使學生逐步深化理解。

3. 發現學習（Discovery Learning）
   - 鼓勵學生主動探索、提問與歸納，教師角色為引導者而非知識傳遞者。

◆ 教育應用實例

數學教學：分數概念
在低年級，學生透過「把一塊蛋糕平均分」這類實作活動（動作表徵）認識「一半」；
（影像表徵）理解1/2

提示範例 8-12 ◆ 生活知識

提示（prompt）詞：

我想了解血壓高時不能吃哪些食物？請列舉 5 項並說明原因。

ChatGPT 回答畫面：

當血壓偏高時，飲食需特別留意，以下是 5 種應避免的食物及其原因說明：

1. 高鈉食物（如泡麵、鹽酥雞、醃製品）
   - 原因：鈉會使體內水分滯留、增加血管壓力，導致血壓上升。
   - 補充說明：世界衛生組織建議每日鈉攝取不超過 2000 毫克（約 5 克鹽）。

2. 加工肉品（如培根、香腸、火腿）
   - 原因：含大量鈉與飽和脂肪，不但提升血壓，還會增加心血管疾病風險。
   - 補充說明：這類食品常添加防腐劑，也可能刺激血管收縮。

> 3. 含糖飲料（如手搖飲、汽水、果糖飲品）
> - 原因：高糖攝取與高血壓、肥胖及胰島素阻抗有關，易加重代謝負擔。
> - 補充說明：糖攝取過量也會影響血管彈性，使血壓波動更劇烈。
>
> 4. 油炸食品（如薯條、炸雞）
>   飽和脂肪與反式脂肪⋯⋯血壓上升。

Tips

補充提示詞技巧

- 「請舉例／請摘要／請用中學生能懂的語言解釋」
- 「請引用可信來源並附說明」
- 「請幫我重新整理為表格／一段摘要／逐項比較」

▶ 8-2-4 高階整合型查詢與多步回應控制

　　進階提示可要求 AI 結合多種知識來源、資料型態或從多個面向做比較、分析與彙整。這類查詢設計常應用於策略分析、跨領域研究與專案規劃中。各位可以參考底下的設計建議：

1. **多面向比較**：「請從功能、成本與應用案例三方面，分析 GPT-4 與 Gemini 的差異」。

2. **多步驟查詢**：先請 AI 搜集背景資料，再逐輪擴展分析與建議。

3. **多類型輸出**：請求同時生成摘要段落＋對照表格＋條列建議。

▶ **提示範例 8-13**

提示（prompt）詞：

請針對 ChatGPT、Claude 和 Gemini，從語言能力、API 整合、回答穩定度三個面向做簡要比較，並製成表格格式。

ChatGPT 回答畫面：

以下是針對 ChatGPT（GPT-4）、Claude（Anthropic）和 Gemini（Google），從三個面向進行的簡要比較：

面向	ChatGPT（GPT-4）	Claude（Claude 3 Opus）	Gemini（Gemini 1.5）
語言能力	擅長多語言對話與創作，邏輯推理與敘述力強	文字理解細緻，摘要與文件處理能力突出	多語言支持佳，整合搜尋資訊能力較強
API 整合	由 OpenAI 提供完整 API 與工具平台	API 整合中規中矩，支援 JSON 模式與長文本處理	透過 Google Cloud 整合度高，工具豐富
回答穩定度	回答一致性佳，更新頻率高，錯誤率低	對話流暢穩定，推理型問題表現突出	回答有時受限搜尋結果，穩定性略波動

如需更進一步比較（例如多模態、付費方案、支援長文範圍等），也可以再擴展細項為你說明。

▶ 提示範例 8-14

提示（prompt）詞：

這是我從 Google Scholar 找到的一段有關生成式 AI 應用的評估，請用繁體中文解釋其核心結論，並轉述為一段 300 字以內的演講用語稿。

Generative AI has experienced remarkable growth in recent years, leading to a wide array of applications across diverse domains. In this paper, we present a comprehensive survey of more than 350 generative AI applications, providing a structured taxonomy and concise descriptions of various unimodal and even multimodal generative AIs. The survey is organized into sections, covering a wide range of unimodal generative AI applications such as text, images, video, gaming and brain information. Our survey aims to serve as a valuable resource for researchers and practitioners to navigate the rapidly expanding landscape of generative AI, facilitating a better understanding of the current state-of-the-art and fostering further innovation in the field.

ChatGPT 回答畫面：

當然可以，以下是這段英文內容的繁體中文解釋與演講用語轉述：

📌 **核心結論（繁體中文說明）：**

這篇論文回顧了超過 350 個生成式 AI 的應用案例，並依照結構化的分類方式，整理了包括文字、影像、影片、遊戲、甚至腦部訊號等各類單模態與多模態的 AI 應用。作者的目的，是為研究人員與實務工作者提供一個系統化的參考資源，幫助大家掌握生成式 AI 的最新發展，並促進未來的創新與應用。

🔑 **演講用語稿（300 字內）：**

各位來賓，

在這幾年，我們見證了生成式 AI 的快速發展，它已深入文字、圖像、影音、遊戲，甚至腦波等領域，應用潛力極其驚人。根據一篇最新的研究調查，學者們分析了超過 350 種生成式 AI 的實際應用案例，並以有系統的分類方式，整理出單模態與多模態的技術樣貌。這份研究不僅提供了清晰的架構，讓研究者與從業者能更有效地理解目前的技術現況，也幫助我們從中尋找創新的切入點。我們正處於一個生成式 AI 蓬勃發展的關鍵時刻，而這些知識彙整，將是我們持續前進的重要助力。

▶ 8-2-5 知識查詢任務類型與提示詞模板表

本單元以表格列出有關知識查詢任務類型一些實用的範例提示詞。

任務類型	提示詞模板
定義查詢	請用簡單清楚的語言解釋「{專有名詞}」的意思，限制在 100 字內。
歷史事件查詢	請用條列式方式，簡要描述 {事件名稱} 的背景、經過與影響。
比較查詢	請從 {面向 A}、{面向 B} 兩方面，對比 {主題 1} 與 {主題 2}，並整理成表格格式。
技術原理解釋	請說明 {技術名稱} 的運作原理，並舉出一個應用情境，語氣需簡明具邏輯。
學術理論查詢	請概述 {理論名稱} 的三個核心觀點，並簡要說明其教育上的應用。
法規政策查詢	請說明台灣現行與 {主題} 相關的法律規範，並列出兩項常見爭議或挑戰。
趨勢查詢	請分析過去三年有關 {主題} 的全球發展趨勢，每項觀察以一段話簡述。
統計資料查詢	請根據台灣政府公開資料，找出近五年 {主題} 的變化趨勢，並用條列方式呈現。
常見誤解釐清	針對 {主題}，請列出三項常見迷思並一一澄清，語氣需具專業說明力。
案例查詢	請舉出兩個真實的 {主題} 案例，簡要說明其背景、處理方式與成效。

8-3 創意和故事寫作提示技巧

AI 在創作領域的潛力令人驚豔，不論是角色設計、情節構思或風格模仿，皆可透過提示詞實現創意延伸。本節將介紹如何利用角色設定、情境描述與語氣指令，讓 AI 協助撰寫故事、小說或詩歌等富有創造力的作品。

▶ 8-3-1 激發創意與情節構思的提示技巧

AI 可協助打開創作者的靈感之門。透過多樣靈感來源（如生活觀察、歷史事件、藝術作品）與「如果」問題引導，使用者可啟動豐富情節構想。

▶ 提示範例 8-15

範例
- 「請根據你觀察的都市街頭景象，構思一個懸疑故事的開頭。」
- 「如果重力突然消失，人類社會會如何應變？請以小說方式描寫第一章。」

提示（prompt）詞：

如果重力突然消失，人類社會會如何應變？請以小說方式描寫第一章。

ChatGPT 回答畫面：

第一章：重力消失的早晨

沒有人預警。也沒有什麼天文現象預告這一天會來臨。

5月17日早上6點42分，重力，這個自宇宙誕生以來從不缺席的夥伴，消失了。

一開始只是一些異常的小事。住在台北高樓的張瀚宇被自己的被子悶醒，卻發現它正懸浮在半空中，像是一條失控的氫氣球。他揉揉眼睛，以為自己還在夢裡，直到自己的手——毫無徵兆地，也飄了起來。

「喂、喂、喂……」他慌張地想抓住床緣，卻抓了個空。整個人像氣球一樣輕飄飄地翻出床鋪，輕撞到天花板。他發出驚叫，那聲音也彷彿比平常空洞，像失去了錨點。

世界的新聞，在十分鐘內陷入爆炸。各地直播畫面撕裂而混亂，記者飄浮在新聞台的攝影棚裡，握不住麥克風。停在紅綠燈前的車子慢慢離開地面，在空中旋轉，如同一堆失重的鐵皮玩具。最恐怖的是——飛機無法降落、醫院的病床全浮起，世界像被扯離了地球母體。

各國政府在第一個小時內，緊急啟動太空總署和物理學家的高級諮詢小組。「是地心引力失效？還是空間常數變化？」沒人知道。但事實是：人類社會正脫離地面，進入一個全然未知的狀態。

人類，第一次要學會如何在沒有重力的世界裡，重新學走路、吃飯、甚至……生存。

> 而張瀚宇，此刻只知道，他得先設法從天花板慢慢爬回地板──如果那還算是「地板」的話。
>
> 如果你喜歡這個風格，我可以繼續幫你撰寫後續章節，例如全球應變策略、太空物理學家組成重建團隊、或是出現擁有「重力適應能力」的新人類等發展情節。要不要我們一起發展這部小說呢？

▶ 8-3-2 打造立體角色的提示設計

角色是故事的靈魂。高效提示可引導 AI 協助建立角色背景、目標、矛盾與轉變過程，使人物更具說服力與故事張力。這裡提供幾個重要的提示策略：

- 指定角色性格與成長背景（如：來自戰亂地區的醫師學徒）。
- 要求生成角色與其他人物的互動關係與心理變化。
- 模擬角色對特定事件的情感反應。

▶ 8-3-3 設定氛圍與描寫場景的指令技巧

AI 可根據提示精準模擬視覺、嗅覺、聽覺等感官經驗，建構故事空間與氛圍。

▶ 提示範例 8-16

範例
- 「請描寫一個下著細雨的黃昏市集，融合視覺與氣味感受。」
- 「請以詩意語氣描繪古堡夜間氛圍，限制在 100 字內。」
- 「請依照《哈利波特》風格撰寫一段描述魔法市集的情景。」

提示（prompt）詞：

請依照《哈利波特》風格撰寫一段描述魔法市集的情景。

ChatGPT 回答畫面：

當然可以，以下是一段以《哈利波特》風格撰寫的魔法市集描寫，充滿奇幻細節與英式幽默：

夜靜胡同的魔法市集

踏進夜靜胡同的那一刻，空氣便變得不同。它混合著龍皮鞋油、南瓜餡餅、還有微微焦掉的羽毛味——那是某個初學者失手施了變身咒的結果。

兩側的攤販櫛比鱗次，帳棚都罩著隱形防護罩，以防魔杖走火。左邊的木箱上擺著一排會唱歌的魔杖拂塵，它們一邊打掃、一邊用沙啞的嗓音唱著〈鳳凰會進行曲〉；右邊的玻璃罐裡，浸泡著半透明的水精靈指甲，據說加進藥水能讓人夢見答案。

一名矮胖女巫從一堆跳動的帽子中挑選，一旁的老巫師正試穿一件會預測天氣的披風——他剛披上肩，那披風便飄出一股霧氣，低聲說：「今日午後雷陣雨，記得帶傘。」

市集深處傳來一陣轟隆笑聲，那是魔法爆米花攤正開鍋，玉米粒每一爆出一顆，就變成一種不同的口味——奶油啤酒、巧克力青蛙、甚至炸蝙蝠翅口味。赫奇帕奇的學生們在那裡笑成一團，手裡抓著剛變色的爆米花。

整個市集像活著一般，每個角落都有不可思議的事正在發生。貓頭鷹在空中飛翔，傳遞訂單與咒語手稿；地下的鼴鼠郵局忙著挖掘通道，將信件直接送進魔藥師的地窖。

這不是普通的市集。這裡，是魔法世界的心臟，每一次來訪，都會發現新的驚奇。

如果你想讓主角在這個市集裡展開冒險，或發生某場咒語失控的混亂事件，我也可以幫你設計後續劇情！是否繼續？

8-3-4 多類型寫作應用的提示實例

創意寫作不侷限於小說與劇本，也能延伸至電影分鏡、廣告文案與教育文字。關鍵在於明確任務格式與情感目標。

▶ **提示範例 8-17**

範例
- 「請撰寫一篇 300 字的短篇故事，以「時間倒流的咖啡店」為主題。」
- 「為一個 AI 教學平台撰寫溫馨且激勵的品牌故事文案，風格參考 Airbnb。」

提示（prompt）詞：

請撰寫一篇 300 字的短篇故事，以「時間倒流的咖啡店」為主題。

ChatGPT 回答畫面：

> **時間倒流的咖啡店**
>
> 在城市老街的盡頭，有一家不起眼的小咖啡店，門牌號碼寫著「13½」，店名是手寫的：Café Rétro。店裡有個傳聞——只要點「復刻拿鐵」，時間就會倒流一小時。
>
> 沒人相信這種傳說，直到某天，小編輯阿哲在趕截稿時誤入這家店。他點了一杯「復刻拿鐵」，喝下後回神一看，桌上的筆電竟顯示：一小時前。他愣住，再次寫好剛剛誤刪的稿件，準時交稿，沒人發現異常。
>
> 從此他幾乎天天光顧，失戀的那天、報告寫錯的那天、甚至是和主管吵架的那天，他都靠那一小時重來。
>
> 直到某次，他試圖倒回告白失敗的那一刻，卻怎麼樣都無法改變對方的決定。
>
> 店主微笑地說：「有些事不是時間錯了，而是你該學會放下。」
>
> 那天之後，阿哲不再點復刻拿鐵。他坐在角落，喝著普通美式，看著窗外。即使再給一次機會，有些心情，也不該被重寫。
>
> 咖啡香依舊飄散，而時光，繼續往前走。

8-3-5 創意寫作提示詞模板表

本單元以表格列出有關創意寫作一些實用的範例提示詞。

創作任務類型	提示詞模板
故事開頭構思	請幫我撰寫一個懸疑小說的開場段落，地點設定在荒廢的山中旅館，限 150 字內。
角色設定	請創造一個角色，背景為戰亂地區的孤兒，夢想成為醫師，描述其性格特質與內在衝突。
情節轉折設計	請設計一個意外事件，能打亂主角原本的計畫並讓故事進入第二幕。
對話編寫	請模擬兩位青少年角色在夜市吵架的場景，語氣自然，帶有情緒張力。
詩歌創作	請以「迷失的海岸」為主題，創作一首四行詩，語氣憂鬱並具節奏感。
場景描寫	請用詩意風格描寫一間深夜書店，融合視覺、嗅覺與聲音元素，限 120 字。
劇本對白	請撰寫一段戀人吵架後重逢的劇本對白，語氣需緊張並帶有情感矛盾。
風格模仿	請用村上春樹的語氣寫一段主角深夜在便利商店遇見陌生人的經歷。
主題寫作	請以「記憶可以被交易」為主題，構思一段短篇故事的第一章。
文案創意	請為一款 AI 寫作軟體撰寫一則富有故事感的廣告文案，語氣需富感染力與創造性。

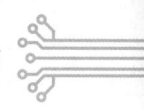

8-4 語言和翻譯提示技巧

語言學習與翻譯是 AI 應用的重要場景之一。如何讓 AI 正確理解語境並產出自然的譯文或語言說明，是設計提示時的關鍵。本節將解析中英語系互動的提示技巧，並介紹輔助語言學習的應用實例。

▶ 8-4-1 理解上下文與語義的翻譯提示技巧

語境是決定翻譯正確與否的關鍵要素。若無法理解話語背後的情境、文化意涵與語用目標，即便字面翻譯無誤，仍可能造成理解偏差。以下為設計具語境辨識能力的提示技巧：

▶ 提示範例 8-18 ◆ 提示中明確描述場景

提示（prompt）詞：

請將以下內容翻譯為英文，該背景可以作為高中課堂小組討論。

電動車的發展近年來成為全球交通科技的重要趨勢。隨著氣候變遷議題日益嚴重，各國政府紛紛推動減碳政策，傳統內燃機車因排放大量廢氣而逐漸被電動車取代。像特斯拉、比亞迪等品牌的快速崛起，更加速了產業的轉型。而許多傳統汽車大廠，如福特、豐田、BMW 也陸續投入電動車市場，展現出對電動化未來的高度認同。

電動車最大的優點在於「零排放」，有助於改善都市空氣品質與降低碳足跡。此外，電動車的能源效率遠高於油車，維修成本也較低。不過，也存在不少挑戰。例如電池製造會消耗大量資源，回收機制仍待建立，加上電池壽命與充電設施不足，都是目前使用者面對的實際問題。

為了加速普及，不少國家採取補助購車、興建充電樁、設定燃油車退場時間等措施。台灣也積極發展在地電動機車品牌與充電基礎建設，希望能跟上全球腳步。

總的來說，電動車的發展不只是科技的創新，更是一種環境與政策的回應。它代表了人類對永續交通的想像，也是一個仍在演進中的未來方向。

Chapter 8　多領域提示工程應用實例

ChatGPT 回答畫面：

Certainly! Here is the English translation suitable as a background for a high school group discussion:

The Development of Electric Vehicles

In recent years, the development of electric vehicles (EVs) has become a major global trend in transportation technology. As climate change becomes an increasingly serious issue, governments around the world have begun implementing carbon reduction policies. Traditional internal combustion engine vehicles, which emit large amounts of exhaust gases, are gradually being replaced by EVs. The rapid rise of brands such as Tesla and BYD has further accelerated the transformation of the automotive industry. Many traditional automakers, including Ford, Toyota, and BMW, have also entered the EV market, showing strong support for an electric future.

One of the greatest advantages of electric vehicles is their "zero emissions," which helps improve urban air quality and reduce carbon footprints. In addition, EVs are more energy-efficient than gasoline cars and have lower maintenance costs. However, there are still several challenges. For example, battery production consumes significant resources, recycling systems are not yet fully developed, and issues such as limited battery life and insufficient charging infrastructure remain practical concerns for users.

To promote widespread adoption, many countries have introduced measures such as purchase subsidies, the construction of charging stations, and setting deadlines for phasing out gasoline vehicles. Taiwan is also actively developing local electric scooter brands and expanding its charging infrastructure in an effort to keep pace with global developments.

In summary, the growth of electric vehicles is not only a technological innovation but also a response to environmental and policy needs. It reflects humanity's vision for sustainable transportation and points toward a future that is still evolving.

▶ 提示範例 8-19 ◆ 標示文化與語境元素

提示（prompt）詞：

以下中文句子中含有台灣地區常用的生活用語，請翻譯為能被美國高中生理解的英文。

你這樣做真的很雞婆耶，但我還是覺得有點感動啦。

今天太陽好大，走一下就滿身汗，快熱爆了啦！

那家滷味真的有夠好吃，我昨天邊追劇邊嗑掉一整袋！

8-4 語言和翻譯提示技巧

ChatGPT 回答畫面：

當然可以，以下是這三句台灣地區常用的生活用語，翻譯成讓美國高中生能理解的自然英文版本：

1. 你這樣做真的很雞婆耶，但我還是覺得有點感動啦。
   You were kind of nosy doing that, but honestly, it was pretty touching.
   （註：「雞婆」在這裡翻成 "nosy"，但語氣是偏親切、非責備。）

2. 今天太陽好大，走一下就滿身汗，快熱爆了啦！
   The sun's blazing today—I was drenched in sweat after just a short walk. It's insanely hot!
   （「熱爆了」翻作 "insanely hot"，以符合美式語感的誇張語氣。）

3. 那家滷味真的有夠好吃，我昨天邊追劇邊嗑掉一整袋！
   That braised snack place is seriously delicious—I binged a whole bag while watching my favorite show last night!
   （「嗑掉」翻為 "binged"，搭配「追劇」的習慣用語。）

這些翻譯保留了原句的語氣與文化感，讓美國高中生能自然理解且感受到原句的口語氛圍。如需用於教材或雙語教學，我也可以幫你加上語言說明與練習題。

▶ **提示範例 8-20** ◆ **處理歧義與雙關**

提示（prompt）詞：

下面的話含有雙關語，請提供兩種翻譯版本並說明差異。

這家麵店生意太好了，一到中午就「一麵難求」。

275

ChatGPT 回答畫面：

■ 翻譯版本一：直譯＋說明風格（適合學術或教學）

This noodle shop is so popular that it's "hard to get even one bowl of noodles" at lunchtime.

說明：

- 此翻譯保留字面意義，讓非華語背景的讀者理解「一麵難求」的表層含義——中午人潮多、很難買到麵吃。
- 為了幫助理解雙關語，建議在旁註明中文原成語「一面難求（hard to get a meeting with someone）」，以呈現語意巧妙的轉換。

◎ 翻譯版本二：創意式雙關重製（適合口語或廣告語境）

This noodle shop is in such high demand, even one "noodle encounter" is rare at noon.

說明：

- 這裡保留「encounter」對應「面（meeting）」的語感，同時用 "noodle encounter" 來製造語言幽默。
- 雖然有些字面不自然，但可模擬原文的雙關效果，讓有英文幽默感的讀者「讀懂裡面有哏」。
- 適合廣告文案、創意寫作、或需要保留語言遊戲的翻譯情境。

如果你是要給高中學生看，可以用版本一輔以說明；如果是寫創意短文或要引人注意，版本二更具吸引力。如需延伸成一整段有雙關語風格的說明或對話，也可以告訴我！

▶ 8-4-2 控制語氣與語體一致性的提示方法

翻譯不只是語言的轉換，更包含語氣、語體與風格的調整。若原文為正式用語，譯文也應對應風格，否則會產生語用斷裂。

以下為常見控制方式：

- **語氣設定範例**：「請用商務正式風格將下列句子翻譯成英文」／「請將以下日文以輕鬆語氣翻譯成中文」。

- **文體一致提示**：「請保持原文的說服性語氣，翻譯成自然流暢的英文廣告用語」。

- **風格模仿指令**：「請參照 J.K. 羅琳的語氣將以下段落翻譯成英文，保留敘事節奏與想像風格」。

8-4-3 跨語言學習與翻譯應用場景

語言學習者可利用 AI 模擬語境互動、詞彙應用與即時糾錯，以下是應用場景範例：

▶ 提示範例 8-21 ◆ 多語系單字學習提示

提示（prompt）詞：

請列出 10 個日語常見動詞，附上中文意思、例句與重點註記。

ChatGPT 回答畫面：

當然可以，以下是 **10 個常見日語動詞**，搭配中文意思、**例句**與學習重點註記，非常適合初學者或課堂使用：

日語動詞	中文意思	日文例句	中文翻譯	重點註記
食べる（たべる）	吃	朝ごはんを食べます。	吃早餐。	第二類動詞，常用於日常對話。
行く（いく）	去	学校へ行きます。	去學校。	第一類動詞，「て形」為「行って」。
見る（みる）	看	テレビを見ます。	看電視。	第二類動詞，與「見る映画」常連用。
話す（はなす）	說、講話	日本語を話します。	說日文。	第一類動詞，「て形」為「話して」。
書く（かく）	寫	手紙を書きます。	寫信。	「く」結尾動詞，變形注意「書いて」。
飲む（のむ）	喝	水を飲みます。	喝水。	第一類動詞，過去形為「飲みました」。
買う（かう）	買	本を買います。	買書。	「う」結尾動詞，注意「買って」的變形。
来る（くる）	來	友だちが来ます。	朋友來了。	第三類不規則動詞，變化較特殊。
する	做	宿題をします。	做作業。	第三類不規則動詞，搭配多種名詞使用。

Chapter 8 多領域提示工程應用實例

▶ 提示範例 8-22 ◆ 模擬對話練習

提示（prompt）詞：

請模擬一段在法國餐廳點餐的情境對話，角色為觀光客與服務生。

ChatGPT 回答畫面：

當然可以，以下是一段在法國餐廳點餐的情境對話，角色分別是觀光客（林小姐）與服務生（Pierre 皮耶）：

場景：巴黎市中心一間傳統法式餐廳，林小姐剛入座準備點餐

Pierre（服務生）：
Bonjour, mademoiselle. Bienvenue chez **Le Petit Paris**. Voici le menu. Vous désirez boire quelque chose pour commencer ?
（您好，小姐。歡迎來到「小巴黎餐館」。這是菜單。您想先喝點什麼嗎？）

林小姐（觀光客）：
Bonjour ! Merci. Hmm... je voudrais un verre d'eau et un café, s'il vous plaît.
（你好，謝謝。我想要一杯水和一杯咖啡，謝謝。）

Pierre：
Très bien. Et pour le plat principal, avez-vous choisi ?
（好的。那主餐您決定好了嗎？）

林小姐：
Je ne suis pas sûre... Qu'est-ce que vous recommandez ?
（我還不太確定...你有什麼推薦的嗎？）

Pierre：
Aujourd'hui, nous avons un confit de canard délicieux et notre soupe à l'oignon est très populaire.
（我們今天有一道美味的油封鴨，我們的洋蔥湯也非常受歡迎。）

林小姐：
D'accord. Je vais prendre la soupe à l'oignon pour l'entrée, et ensuite le confit de canard.
（好，那我前菜要洋蔥湯，主菜要油封鴨。）

提示範例 8-23 ◆ 翻譯與語法比較

提示（prompt）詞：

請將以下英文翻譯成中文，同時標示動詞時態與句型結構差異。

The future of robotics is bright, driven by rapid advancements in AI and automation. Robots are becoming smarter, more adaptable, and capable of working alongside humans in industries like healthcare, manufacturing, and logistics. Humanoid robots are being developed for customer service and assistance roles, while soft robotics enables delicate tasks such as surgery or environmental monitoring. Collaborative robots, or cobots, enhance workplace safety and efficiency. As technology evolves, robotics will not only boost productivity but also create new job opportunities in maintenance and programming. The robotics industry is set to transform daily life and work.

ChatGPT 回答畫面：

英文原文與中文翻譯

1. The future of robotics is bright, driven by rapid advancements in AI and automation.
   機器人的未來是光明的，受到人工智慧與自動化技術快速發展的驅動。
   - 動詞時態：`is` 為現在簡單式；`driven` 是被動語態的過去分詞，作補充說明（過去分詞作形容詞補語）。
   - 句型結構：主詞 + be動詞 + 形容詞（+ 過去分詞作補充說明）。

2. Robots are becoming smarter, more adaptable, and capable of working alongside humans in industries like healthcare, manufacturing, and logistics.
   機器人正變得更加聰明、更具適應性，並具備與人類在醫療、製造與物流等產業中並肩工作的能力。
   - 動詞時態：`are becoming` 為現在進行式，表示正在發展的趨勢。
   - 句型結構：主詞 + be動詞 + 現在分詞（+ 三個平行形容詞結構，其中最後一個為 capable of + V-ing）。

3. Humanoid robots are being developed for customer service and assistance roles, while soft robotics enables delicate tasks such as surgery or environmental monitoring.
   人形機器人正在被研發，用於客服與協助職務；而軟體機器人則能執行如手術或環境監測等精密任務。
   - 動詞時態：
     - `are being developed`：現在進行式的被動語態，用於強調正在進行的動作。
     - `enables`：現在簡單式，表示一般事實或特性。
   - 句型結構：
     - 主詞 + be + being + 過去分詞（被動語態進行式）；
     - while 連接另一句：主詞 + 一般動詞 + 受詞。

4. Collaborative robots, or cobots, enhance workplace safety and efficiency.
   協作型機器人（或稱為「協作機器人」）能提升職場安全與效率。
   - 動詞時態：`enhance` 為現在簡單式，表示事實或功能。

8-4-4 翻譯技術與多國語言本地化策略

若應用於網站、課程平台或客服系統，AI 翻譯需兼顧準確性與文化適應性。本節提供多語本地化實務設計原則：

- **指令設計範例：**「請將以下網站段落翻譯成繁體中文，適用於台灣使用者，語氣需親切專業。」
- **本地化注意點：** 語言轉換不僅限於字詞，更包括日期格式、數字單位、文化隱喻等。
- **平台支援策略：** 可結合 Deepl、Google Translate API 或自建詞庫，提升專有詞彙準確性。

8-4-5 語言學習與翻譯任務提示詞模板表

本單元以表格列出有關語言學習與翻譯任務一些實用的範例提示詞。

任務類型	提示詞模板
單字學習	請列出 10 個 { 語言 } 的常用單字，附上中文翻譯、詞性、例句與羅馬拼音。
片語解釋	請解釋以下英文片語「{ 片語 }」的意思，並造兩個例句，語氣自然。
句型比較	請比較英文中的現在完成式與過去式的差異，並各提供一句例句與中文解釋。
翻譯練習	請將下列中文句子翻譯為英文，語氣需自然且符合日常使用情境。
語法分析	請逐字分析以下日文句子「{ 句子 }」的文法結構與意思。
模擬對話	請模擬一段在 { 情境 }（如：機場報到、咖啡店點餐）的雙人對話，使用英文並附中文對照。
文化差異說明	請解釋中英文在問候語使用上的文化差異，並各舉兩個實例。
多語翻譯比較	請將「{ 句子 }」分別翻譯成英文、日文與韓文，並說明語氣差異。
專業翻譯	請以學術語氣將以下段落翻譯成英文，風格需符合科技期刊格式。
口語轉正式	請將以下口語英文句子轉換為正式書面英文，語氣適合商務郵件使用。

8-5 創新應用的提示應用

AI 提示不僅侷限於標準輸入輸出任務,更可創造新型應用場景,例如人格模擬、互動遊戲設計、流程自動化等。本節將探索這些創新案例,並說明如何從需求出發設計具前瞻性的提示結構,實現創意與技術的結合。

8-5-1 模擬對象人格與語氣的提示設計

AI 可根據提示詞模擬不同身份、風格與知識架構的人格特徵,例如虛擬心理師、科幻小說角色或歷史人物,應用於教育、娛樂或教練型對話中。這裡提供幾個設計建議:

- 指定角色背景與語氣,例如「你是古代唐朝的知識份子,以文言文語氣回答」。
- 加入互動情境,例如「我問你關於人生抉擇,你需像朋友一樣給我建議」。
- 設定回應風格:幽默、簡潔、哲理性、鼓舞人心等。

▶ **提示範例 8-24**

提示 (prompt) 詞:

你是古代唐朝的知識份子,以文言文語氣回答。我問你關於人生抉擇,你需像朋友一樣給我建議。回應風格:幽默、簡潔、哲理性、鼓舞人心等。

ChatGPT 回答畫面:

子欲問人生抉擇,吾當以杯中之酒、筆下之墨,與子共語焉:

人生如棋,落子無悔。君既臨岐,便莫徘徊。東西南北皆有風景,要緊的是──莫站原地,與草爭春。

且記:
　　魚與熊掌不可兼得,然鹹魚與美夢可同存也。

君若遲疑,莫如掐指一算,不如掀桌一幹。心之所向,雖萬人阻之,亦當勇往。蓋世無雙之路,多半不鋪地磚,須汝自踏。

一笑曰:
「天命不如拚命,星辰不如腳程。」

有事不決,擲杯問天;天不語,則問我;我不語,那就,去做吧!
還需吾續言乎?

8-5-2 建構對話型遊戲與流程挑戰

提示可用於設計互動式文字冒險遊戲、心理測驗、隨機任務與分支劇情。這類提示需結合敘事引導、玩家選項與邏輯回應機制。

▶ 提示範例 8-25

範例
- 「請幫我設計一款文字冒險遊戲，主角是一位失憶的探險家，每一回合提供兩種選項讓玩家選擇。」
- 「請模擬一場魔法學徒的測驗，每一題都需根據上題選擇產生變化。」
- 「建立一個五題心理測驗，測出使用者的創意風格，需附說明與圖像建議。」

提示（prompt）詞：

請幫我設計一款文字冒險遊戲，主角是一位失憶的探險家，每一回合提供兩種選項讓玩家選擇。

ChatGPT 回答畫面：

好！以下是一款以「失憶探險家」為主角的文字冒險遊戲設計，採章節式互動劇情 + 雙選項模式，每回合提供兩種選擇，影響主角的命運與記憶碎片的拼湊。

🎮 遊戲名稱：《記憶迷途》

🐾 故事背景：
你醒來在一片被霧籠罩的密林中，身上衣物破舊、背包空無一物。你叫什麼？你從哪裡來？你為何會在此？全都不記得了。你唯一的線索，是手腕上一個刻有「E.D.」字樣的金屬手環，以及一張殘破的地圖。
你即將展開一場關於記憶、選擇與命運的旅程。

🌿 第一章：霧林初醒
你在濃霧中醒來，耳邊傳來遠方狼嚎。前方有一條崎嶇小徑，旁邊則是一棵空心巨木。
選項：
1. 🔍 進入巨木內部查看（可能發現物品或危機）
2. 🌲 沿著小徑前行（可能前進劇情或遇險）

🗡️ 第二章：森林低語（依玩家選擇變化）
若選擇進入巨木：

8-5-3 結合流程指令與工具 API 的創新應用

將提示與自動化流程設計結合，可大幅提升工作效率。應用範疇包括：表單生成、自動摘要、合約草擬、語音轉文字指令解譯等。

底下列出幾個實用的提示結構：

- **明確定義任務目的**：「請根據下列會議記錄，整理成會議摘要，限 200 字內」。
- **指定格式輸出**：JSON、表格、Markdown 或 HTML。
- **可配合外部工具**：如 Zapier、Notion AI、Google Workspace、OpenAI API 執行串接任務。

▶ 提示範例 8-26

提示（prompt）詞：

請根據下列會議記錄，整理成會議摘要，限 200 字內。

會議名稱：銷售業績檢討會

日期：2025/5/21

時間：10:00-11:00

地點：第 2 會議室 / Teams

主持人：張文豪

記錄人：李婉如

會議重點：

本月目標：NT$1,200,000，實際：NT$1,050,000（達成率 87.5%）

熱銷產品：CRM 專業版 12 套、訂閱管理系統 6 套

北區：受競爭者降價影響，建議彈性方案＋免費試用

南區：預計 6 月簽大客戶，需簡報支援

行銷：5 月導入潛客 32 人，建議業務持續追蹤

會議決議：

推出 CRM 試用方案（5 月底上線）

整理潛在客戶名單 10 組

建立簡報範本資料庫共享

下次會議：2025/6/25 上午 10:00

ChatGPT 回答畫面：

> 2025年5月銷售業績檢討會議指出，本月達成率87.5%，CRM專業版與訂閱系統為主力產品。北區反映競爭激烈，建議推出彈性合約與免費試用；南區預估6月有大客戶成交，需簡報支援。行銷部導入32名潛客，建議業務持續跟進。會中決議5月底推出CRM試用、彙整10組潛在客戶名單，並建立簡報範本資料庫以提升支援效率。下次會議訂於6月25日。

8-5-4 跨媒體生成與互動內容提示設計

當 AI 能生成圖像、音樂與語音內容時，提示結構需明確指定媒材、風格、語意與應用情境。

▶ 提示範例 8-27

範例

- 「請依下列詩句生成對應的插畫提示詞，風格類似村上隆，格式為 Midjourney prompt。」
- 「我想創作一首 80 年代風格的城市流行音樂，請協助生成歌詞與合成器配置。」
- 「將這段文字轉為語音旁白腳本，語氣需溫和、節奏慢，適用於睡前故事影片。」

提示（prompt）詞：

我想創作一首 80 年代風格的城市流行音樂，請協助生成歌詞與合成器配置。

8-5 創新應用的提示應用

ChatGPT 回答畫面：

太棒了！80年代風格的城市流行音樂（City Pop / Synth-Pop）融合了電子合成器、節奏感強烈的貝斯線條、流暢吉他與浪漫懷舊的歌詞，以下為你完整提供一套創作架構：

🎵 歌名：《Neon Dream》（霓虹之夢）

🎤 歌詞（英語為主，可加中文副歌）

[Verse 1]
City lights flicker in my mind
Lonely nights, but I feel alive
Cruisin' slow down the avenue
FM static, thinkin' 'bout you

[Pre-Chorus]
Every sign is a memory glowing
Every beat, like your voice still flowing

[Chorus]
In this neon dream, you're dancing through the night
Tokyo skyline, lost in colored lights
I chase your echo in the summer breeze
But you're a memory I can't seize

（副歌中文版）
在霓虹夢中你仍閃爍

8-5-5 創新提示詞應用類型對照表

本單元以表格列出有關創新提示詞應用類型一些實用的範例提示詞。

創新應用類型	提示詞模板
人格模擬	請模擬一位 60 歲退休醫師的語氣，回答我關於健康生活的問題，語氣需溫和、具說服力。
分支式文字遊戲	你是一名地下城遊戲說書人，請引導玩家探索一座詭異城堡，每回合提供兩個選項並記錄進度。
心理測驗生成	請設計一個五題的創造力測驗，每題為選擇題，測驗完需分類型與解釋結果。
會議摘要自動生成	以下是會議逐字稿，請整理成摘要與三項關鍵結論（最多 200 字），語氣專業簡明。
流程表單設計	請幫我產出一份三段式的 Google 表單內容，用於顧客滿意度調查，需包含標題與問題選項。
多媒體腳本生成	請以輕鬆教育風格撰寫一段 2 分鐘內的旁白腳本，主題是「AI 生成圖像的未來」。
情感陪伴模擬	假設你是我的好友，我今天心情很低落，請用安慰而真誠的語氣與我對話，不要太像機器人。
視覺圖像提示詞產生	請根據「未來城市」這個主題，寫一段符合 Midjourney 的提示詞，風格參考 Cyberpunk。
品牌故事創作	請幫我寫一篇 300 字以內的品牌故事，主角是一隻勇敢的熊，象徵堅持與冒險精神。
行銷互動腳本	請為一個新推出的健身 APP 設計互動對話流程，角色為虛擬教練，語氣正向與激勵人心。

8-6 專業領域提示技巧

在法律、醫療、行銷、工程等專業領域中，提示詞的準確性與專業度相當重要。本節將針對不同專業場景，示範如何設計具專業語境、格式要求與角色背景的高階提示，提升 AI 應對複雜任務的能力與可靠性。

▶ 8-6-1 醫學提示應用：知識檢索與非專業溝通

在醫學場景中，AI 可協助專業人員執行知識檢索、術語解釋與預防建議等任務。為確保 AI 回應精準有效，建議明確限制內容範圍（如疾病、時間、族群）並使用正式臨床用語。例如：

- **專業查詢提示**：「請在 2020 年以後的醫學期刊中，找出關於高血壓生活管理的 RCT 實證研究，請以條列方式整理結果。」
- **術語轉譯提示**：「請用非專業語氣解釋『免疫系統』的功能與比喻，避免使用醫學術語。」
- **預防指南提示**：「根據最新的 WHO 建議，請撰寫一段高血壓生活預防指南，語氣需平易近人。」

▶ 提示範例 8-28

提示（prompt）詞：

請用非專業語氣解釋「免疫系統」的功能與比喻，避免使用醫學術語。

ChatGPT 回答畫面：

> 當然可以！這是一種用簡單語言與比喻來解釋「免疫系統」的方式：
>
> 免疫系統，就像你身體裡的「守衛隊」或「警察部隊」。
>
> 每天，你的身體就像一座城市，有很多地方需要保護。而外面的世界，常常會有「壞人」闖進來，例如細菌、病毒或其他不該進來的東西。
>
> 當這些「壞人」試圖闖進來時，免疫系統就會出動，像巡邏中的警察一樣把他們抓起來、趕出去，甚至直接把他們「打敗」。
>
> 這支守衛隊還有記憶力。當他們遇過某個壞人，下次再看到同樣的壞人時，會更快、更厲害地反應。就像你之前被某個小偷騙過一次，之後就特別會防範他。
>
> 簡單說：
> - 它是你身體的「防衛隊」
> - 會抓壞人（細菌、病毒）
> - 有記性，記得打過的壞蛋
> - 還能學習怎麼變得更強大
>
> 這樣的解釋可以讓小朋友或對醫學不熟的人更容易理解。如果你想要搭配圖畫或故事版，也可以告訴我喔！

▶ 8-6-2 法律提示應用：法規說明與實務諮詢

法律領域需高度精確的語言結構與邏輯敘述。提示詞應明確指出查詢條文、案件情境與所需層級的法律依據或實務建議。例如：

- **法規解釋提示：**「請以白話文解釋台灣『個人資料保護法』第 7 條條文內容，並附一個具體生活案例。」

- **案例分析提示：**「請就近五年內的智慧財產權侵權判例，說明法院的裁判理由與適用法律邏輯。」

- **諮詢應用提示：**「若 A 公司違反與 B 公司合約中的保密條款，請就解約與法律責任提出三項建議。」

提示範例 8-29

提示（prompt）詞：

請以白話文解釋台灣「個人資料保護法」第 7 條條文內容，並附一個具體生活案例。

ChatGPT 回答畫面：

> ☑ **白話解釋（個資法第7條）**
>
> 只要有人要收集你的個人資料（像是姓名、電話、身分證號等），他們就必須事先告訴你：
>
> - 為什麼要收資料（目的）
> - 是誰要收（單位名稱）
> - 要收什麼資料（內容）
> - 資料會用在哪裡、多久、給誰用
> - 你有什麼權利（查詢、修改、刪除）
> - 不提供會不會影響權益
>
> 💡 **生活案例**
>
> 你去健身房填報名表，他們要你填姓名、電話、信用卡號。根據法律，他們必須清楚告訴你資料用途（辦會員、扣款）、用多久、會不會提供給其他單位，以及你有權查詢、修改或刪除資料。
>
> 這樣保障你對自己的個資有知情與控制權。

8-6-3 科學與工程提示應用：研究、設計與資料分析

在科學與工程類任務中，AI 可輔助研究文獻查詢、理論解釋、實驗設計與統計分析。提示中最好能明確指出研究目的、理論依據與變數控制方式。例如：

- **理論解釋提示：**「請用高中程度語言解釋量子疊加原理，並舉一個在半導體工程的應用例子。」
- **實驗設計提示：**「請為探討不同溫度對光合速率的影響設計一個科學實驗，需包含假設、變項與評估方法。」
- **文獻搜尋提示：**「請列出 2023 年後發表於 Nature 或 Science 關於基因療法的研究摘要（限 3 筆），請列出標題與 DOI。」

Chapter 8 多領域提示工程應用實例

▶ **提示範例 8-30**

提示（prompt）詞：

請為探討不同溫度對光合速率的影響設計一個科學實驗，需包含假設、變項與評估方法。

ChatGPT 回答畫面：

實驗主題：探討不同溫度對植物光合作用速率的影響

假設：光合速率會隨溫度上升而增加，達到某一最佳點後開始下降。

自變項：溫度（15°C、25°C、35°C、45°C）

依變項：光合速率（以每分鐘氣泡數或氧氣量表示）

控制變項：光照強度、CO_2 濃度、水量、植物種類與大小、時間

實驗步驟：將等量水生植物分別置於不同溫度環境中，提供相同光照與 CO_2，記錄一段時間內的氧氣產量或氣泡數。每組測量多次取平均。

評估方法：比較不同溫度下的平均光合速率，找出最有利光合作用的溫度。可用圖表呈現變化趨勢。

▶ 8-6-4 商業與行銷提示應用：市場分析與策略提案

在行銷領域，提示詞應聚焦於市場對象、風格語調與分析範疇的明確設定，以利 AI 生成具邏輯性與商業價值的輸出。例如底下幾個例子：

- **競品分析提示：**「請列出 3 家台灣電商平台的優劣比較，從品牌定位、客戶體驗與商品豐富度三個面向分析，輸出為表格。」

- **廣告文案提示：**「請用 Apple 的品牌語氣撰寫一段 30 字以內的 AI 教育平台標語，強調簡潔與創新。」

- **客群設定提示：**「請依據 Z 世代使用者行為，設計一份行動購物 APP 的使用者調查問卷，共五題。」

提示範例 8-31

提示（prompt）詞：

請列出 3 家台灣電商平台的優劣比較，從品牌定位、客戶體驗與商品豐富度三個面向分析，輸出為表格。

ChatGPT 回答畫面：

以下是台灣三家主要電商平台：蝦皮購物（Shopee）、momo購物網、PChome 24h購物，從品牌定位、客戶體驗、商品豐富度三個面向進行比較分析：

電商平台	品牌定位	客戶體驗	商品豐富度
蝦皮購物	價格取向、促銷頻繁，主打年輕族群與中小賣家	操作介面簡單，APP導向強，常見廣告推播，出貨速度較不穩定	品類多元但品質參差，C2C與B2C混合
momo購物網	專業電商形象、主打快速到貨與正品保障	出貨速度快、客服穩定，購物流程順暢，活動清楚明確	商品齊全，與品牌廠商合作多，品質較穩定
PChome 24h	老牌電商、主打24小時快速到貨與安全交易	網站較傳統但穩定，客服回覆略慢，信用良好	以3C、生活類為主，部分品類選擇較少

如需加入「物流效率」或「退貨便利性」等項目，也可以協助擴充比較表。需要嗎？

8-6-5 資訊科技提示應用：API、資料處理與雲端架構

在 IT 領域的提示設計應結合格式語法（如 JSON）、流程條件與錯誤處理指令，以提升 AI 對接實務應用與整合工具的能力。例如是幾個資訊科技提示的參考範例：

- **程式碼整合提示：**「請撰寫一段 Python 程式碼，使用 OpenAI API 讀取聊天內容並轉為 JSON 格式回傳。」
- **流程設計提示：**「請設計一個包含驗證碼機制的使用者註冊流程圖，需附說明文字。」
- **雲端部署提示：**「請列出 AWS 與 Azure 在資料備援與帳戶權限設計上的差異，條列格式，限 300 字內。」

Chapter 8 多領域提示工程應用實例

▶ **提示範例 8-32**

提示（prompt）詞：

請撰寫一段 Python 程式碼，使用 OpenAI API 讀取聊天內容並轉為 JSON 格式回傳。

ChatGPT 回答畫面：

以下是一段基本的 Python 程式碼範例，使用 OpenAI 的 API（假設你使用的是 `gpt-4` 或 `gpt-3.5-turbo` 模型）來傳送對話並將回應轉為 JSON 格式：

☑ **前提條件：**

- 你已安裝 `openai` 套件（`pip install openai`）
- 你有一組有效的 OpenAI API Key

```python
import openai
import json

# 設定你的 API 金鑰
openai.api_key = "your-api-key-here"

# 定義聊天訊息
messages = [
    {"role": "system", "content": "You are a helpful assistant."},
    {"role": "user", "content": "請幫我總結這段文字內容。"}
]

# 呼叫 OpenAI Chat API
response = openai.ChatCompletion.create(
    model="gpt-4",
    messages=messages
)

# 取出回應內容
reply = response['choices'][0]['message']
```

▶ 8-6-6 各專業領域提示詞範本總表

本單元以表格列出有關各專業領域一些實用的範例提示詞。

專業領域	提示詞範本
醫學	請以一般人能理解的語言解釋什麼是「代謝症候群」,並列出三項預防建議。
法律	請用白話文解釋「契約法」中關於履約遲延的法律責任,並舉一則生活實例。
工程	請說明如何設計一個太陽能電池實驗,需包含假設、控制變數與測量方式。
資訊科技	請產出一段使用 Python 呼叫 OpenAI GPT-4 API 並將回應內容寫入 txt 檔的程式碼。
行銷	請用 Z 世代語氣撰寫一段關於環保飲料品牌的 Instagram 推廣文案,限 50 字。
教育	請為國小五年級設計一個關於「地震防災」的教學活動,包含學習目標與活動流程。
財務金融	請解釋 ETF 和共同基金的差異,並建議新手投資人選擇哪一種較合適,限制在 200 字內。
人資	請列出 3 個遠距工作常見管理挑戰,並提供對應的 HR 解決策略。
設計	請根據 Apple 官網的簡約設計風格,撰寫一段筆電產品介紹文案,不超過 80 字。
心理學	請用非學術語氣說明「自我認同」這個概念,並舉一個青少年生活中的例子。

CH8 重點回顧

1. 提示工程已廣泛應用於日常生活、教育、創作、專業工作等場景，透過不同任務需求的提示設計，可有效提升 AI 應對能力與實用價值。

2. 生活應用領域中，AI 可透過角色設定與語氣控制模擬朋友、顧問、導遊等角色，提升互動自然度與人性化體驗。

3. 社交情境提示應清楚指定身份（如 25 歲室友）、語氣（輕鬆口語）、對話風格（分段互動），讓 AI 更貼近真實人際對話。

4. 日常任務如餐廳推薦、旅遊規劃、時間管理，可加入預算、交通便利性、天數與活動條件，並搭配格式限制（表格、條列）。

5. 多輪互動提示能打造漸進式個人化回應，如詢問早餐→素食選項→適合小孩，可擴展生活應用的層次與深度。

6. 知識查詢任務須加入查詢目的、時間範圍、資料格式與語氣指示，以利 AI 提供條理清楚且可信的資訊內容。

7. 查詢任務建議使用「主題＋用途＋格式」提示結構，如「請條列三項近三年 AI 醫療研究重點」。

8. 應避免模糊用語，並要求引用來源（如 Google Scholar、政府資料平台），強化資料正確性與查核能力。

9. 針對高階查詢，可要求 AI 結合多面向分析、比較與整理，並同步輸出摘要、表格與建議清單。

10. 創意寫作可透過「如果」情境、角色背景設定、情節轉折指令，引導 AI 生成故事、詩歌、劇本與品牌文案等。

11. 角色設定提示建議包含角色背景、性格目標、心理衝突與轉變，並加入情境模擬與語氣限制。

12. 在創作任務中，可指定模仿文體（如村上春樹、J.K. 羅琳）與限制字數、感官描寫強度，增添敘事氛圍。

13. 語言與翻譯任務須標示情境、文化語境、語氣層級，避免誤譯與語用失衡，適用於學習、翻譯與本地化需求。

14. 跨語言學習可設計多語詞彙表、文法比較、模擬對話與語氣轉換任務，提升應用層次與教育效益。

15. 創新應用中，AI可模擬人格角色（如古代學者、心理師）、建立互動劇情（如冒險遊戲、心理測驗）、執行流程任務（如自動摘要、表單設計）。

16. 提示可搭配 JSON、HTML、Markdown 格式，並與外部工具如 Zapier、Google Calendar 整合自動化流程。

17. 多媒體提示設計可指定生成插圖、音樂、影片腳本，需搭配媒材格式與風格指示（如 Midjourney、80 年代風格）。

18. 專業領域提示詞須具備專業術語精確性、任務邏輯與輸出格式要求，適用於醫療、法律、工程、IT、行銷、教育等行業應用。

19. 醫學提示詞應清楚區分專業與大眾溝通風格，可透過「用非專業語氣說明……」等方式做語體轉譯。

20. 法律提示應加入查詢條文、案件情境與分析層級，建議加入條文編號與實務應用背景。

21. 科學與工程類任務需明示研究目的、變項設計與控制條件，並可搭配期刊查詢與實驗架構規劃。

22. 行銷與商業提示應設定受眾對象、語氣風格與輸出格式（如簡報段落、品牌文案、調查問卷），可整合廣告文案生成與市場比較分析。

23. 資訊科技提示詞應結合語法語境（如 Python 語法）、API 串接、錯誤處理邏輯與資料儲存方式（如寫入檔案）。

Chapter 8　課後習題

一、選擇題

_____ 1. ChatGPT 若要扮演朋友角色並提供壓力建議，應設計哪類提示詞？
(A) 指定技術詞彙與引用來源　　(B) 語音轉換格式設定
(C) 指定身份、語氣與對話情境　(D) 加入醫學資料庫連結

_____ 2. 「我有小孩同行，有推薦早餐嗎？」這類提示屬於哪種應用？
(A) 關鍵字提示　　　　　　　　(B) API 串接設計
(C) 多輪生活情境模擬　　　　　(D) 創意寫作開頭引導

_____ 3. 設計旅遊計畫提示時，以下哪項條件最有助於提升可用性？
(A) 提供歷史背景
(B) 使用隨機語氣
(C) 提問語句越短越好
(D) 明確提供時間、地點、預算與需求

_____ 4. 想提升知識查詢的精準度，下列何者最適當？
(A) 使用口語語氣　　　　　　　(B) 限定主題、時間與格式
(C) 要求生成圖像說明　　　　　(D) 改以英文提問

_____ 5. 若需查詢具可信來源的統計資料，應怎麼設計提示？
(A) 不限制資料平台　　　　　　(B) 只列關鍵詞
(C) 要求回應簡短　　　　　　　(D) 指定來源為政府公開資料平台

_____ 6. 想請 ChatGPT 幫我列出高雄 3 間適合情侶晚餐的餐廳，哪種提示最有效？
(A) 明確地點、對象、預算條件　(B) 使用圖像輸入
(C) 加入程式碼語法　　　　　　(D) 引用台南市美食清單

_____ 7. 使用提示「請將以下英文翻譯並分析動詞時態」最適合應用於哪類任務？
(A) 心理測驗生成　　　　　　　(B) 法律諮詢說明
(C) 圖像生成　　　　　　　　　(D) 跨語言學習與語法比較

_____ 8. 若要請 AI 產出行銷文案，需特別指定什麼要素？
(A) 使用 JSON 語法　　　　　　(B) 目標客群與語氣風格
(C) 系統回應速度　　　　　　　(D) 編輯器格式模版

_____ 9. 在創作小說角色時,如何讓人物更立體?
(A) 加入動畫轉場
(B) 改用被動語句
(C) 設定背景、目標、心理轉變與對話互動
(D) 減少描述情感反應

_____ 10.「請用哈利波特語氣描寫魔法市集」屬於哪類提示策略?
(A) 圖片生成提示　　　　　　　(B) 語氣辨識訓練
(C) 多步檢核邏輯　　　　　　　(D) 文體模仿與風格控制

_____ 11. 在流程型任務中,提示詞應包含哪些指令?
(A) 演算法參數設計
(B) 感官詞彙篩選
(C) 引導式繪圖結構
(D) 任務目的、格式要求與輸出限制

_____ 12. 若希望 ChatGPT 用輕鬆語氣講解免疫系統,最佳策略是?
(A) 指定語氣風格並禁止使用專業術語
(B) 切換到 GPT-3.5 模式
(C) 要求提供圖片教學
(D) 引導以圖表解釋生理結構

_____ 13. 若要讓 ChatGPT 解釋台灣現行個資法條文,哪種提示最有效?
(A) 使用科技術語
(B) 要求以白話文解釋並舉生活案例
(C) 限制在 50 字內
(D) 使用日文語境比對

_____ 14. 想請 ChatGPT 同時比較 GPT-4、Gemini 與 Claude 三個工具,應怎麼設計提示?
(A) 開放式自由寫作
(B) 指定語氣為鼓舞人心
(C) 說明比較面向並要求表格輸出
(D) 僅提供一段新聞摘要

_____ 15. 跨語言翻譯任務中，為避免語用錯誤應加入哪些提示？
（A）直接使用 Google Translate
（B）標示情境、文化語氣與目標讀者
（C）模型自由發揮風格
（D）限定在 emoji 表示

_____ 16. 為創作一段 AI 插畫提示詞，哪些要素應包含？
（A）主題、風格參考、格式平台（如 Midjourney）
（B）語氣切換器
（C）API 金鑰引導
（D）建議配樂格式

_____ 17. 在醫學提示詞中，如何轉譯專業內容給非專業者？
（A）使用比喻與日常語彙、避免醫學術語
（B）引用全英文原文
（C）插入學術圖表
（D）提供醫療代碼

_____ 18. 教學領域若需 AI 產生教學活動建議，應包含哪些元素？
（A）使用 GPT 工具匯出簡報
（B）匯入 API 事件紀錄
（C）指定年級、學習目標、活動流程
（D）自動產生問卷分析

_____ 19. 如果設計互動型文字冒險遊戲，提示詞應加入？
（A）地圖 API 串接
（B）離線儲存模組
（C）敘事背景、選項設定與分支情節
（D）以 PPT 呈現故事大綱

_____ 20. 下列哪一項最能展現 AI 在流程整合任務的應用潛力？
（A）自動產出會議摘要與關鍵決策
（B）翻譯圖像為日語
（C）幫忙寫詩與作畫
（D）寫一段愛情故事

二、問答題

1. 請列出 AI 在生活任務中可應用的五種場景與提示範例。

2. 如何設計有效的多輪生活情境互動提示？

3. 知識查詢任務中，為什麼要指定資料來源？

4. 若需查詢「生成式 AI 在醫療上的應用」，應如何設計提示？

5. 請說明創意寫作提示中角色設計的三個關鍵元素。

6. 請舉一例文體模仿的提示詞，並說明其應用價值。

7. 在語言學習提示中，可搭配哪些設計元素？

8. 提示詞「請模擬餐廳對話，角色為觀光客與服務生」屬於哪種應用？

9. 如何讓 AI 回應風格更貼近人性與現實語感？

10. 請舉例說明創新應用中「人格模擬」的提示設計方式。

11. 請解釋結合流程指令與 API 工具的提示詞範例。

12. 當提示詞包含多個任務時，如何避免回應失焦？

13. 若需翻譯台灣文化用語成英文，提示詞該如何設計？

14. 在醫學場景中，如何讓 AI 解釋變得親民？

15. 如何提升專業領域提示詞的可靠性？

Chapter 9

高效生產力的 GPTs 機器人商店

隨著 OpenAI 推出 GPTs 商店（GPT Store），使用者可以更自由地探索並使用各式各樣的客製化 AI 機器人，進一步擴展 ChatGPT 的應用深度與廣度。這些 GPT 機器人根據特定任務設計，涵蓋教育、辦公、自動化、創作、生活等多個領域，不僅讓工作流程更有效率，也讓 AI 更貼近個人化需求。

本章將帶領讀者認識 GPTs 機器人的基本架構與功能，學習如何在 GPT 商店中探索與篩選合適的 AI 助手，並介紹多款熱門 GPTs 的實際應用情境與操作技巧，協助你打造專屬的 AI 生產力工具箱。

9-1　初探 GPTs 機器人功能介紹

9-2　探索多元應用的 GPT 機器人世界

Chapter 9 高效生產力的 GPTs 機器人商店

9-1 初探 GPTs 機器人功能介紹

隨著人工智慧邁向客製化與專業應用的新階段，OpenAI 所推出的 GPTs 機器人（GPTs）為使用者提供了全新的互動方式。這些 AI 助手不僅具備靈活調整的能力，更能根據特定任務、語氣與背景知識進行優化，因此讓 AI 真正成為工作、學習與創作上的個人化夥伴。

▶ 9-1-1 初探 GPTs 的特點

GPTs（Generative Pre-trained Transformers）是結合 GPT-3、GPT-3.5、GPT-4 或 GPT-4o（取決於版本）模型的客製化 AI 助手，可根據使用者的需求進行語言生成、資料分析、內容創作等任務。最大特點在於：

- 無需撰寫程式碼，即可設定行為、風格與功能範圍。
- 可為特定職業、用途設計專屬對話助手。
- 支援整合工具與外部資料來源，進行多任務操作。

▶ 9-1-2 探索 GPT 商店（GPT Store）

GPT 商店是 OpenAI 提供的專屬平台，使用者可在此搜尋、試用並收藏各式各樣的 GPTs。商店特色如下：

- 提供數千個來自官方與社群的 GPTs。
- 分門別類：如教育、程式、行銷、娛樂、醫療等。
- 熱門排行榜與搜尋功能，協助快速找到適合的 AI 助手。
- 部分 GPT 提供範例提示（prompt）與操作教學。

9-1 初探 GPTs 機器人功能介紹

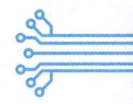

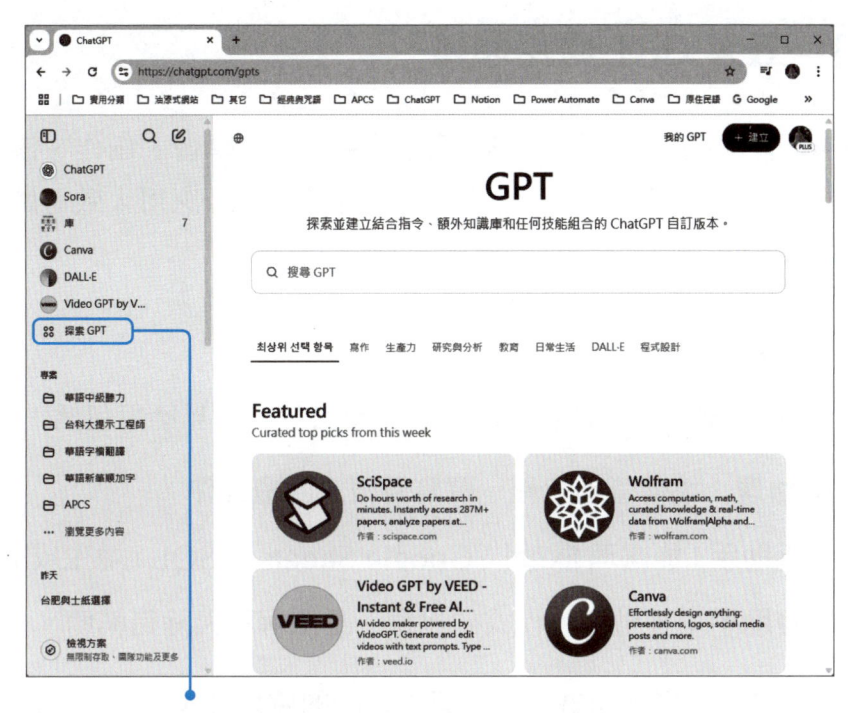

在 ChatGPT 左側工具列點選「探索 GPT」會進入 GPT 商店（GPT Store）

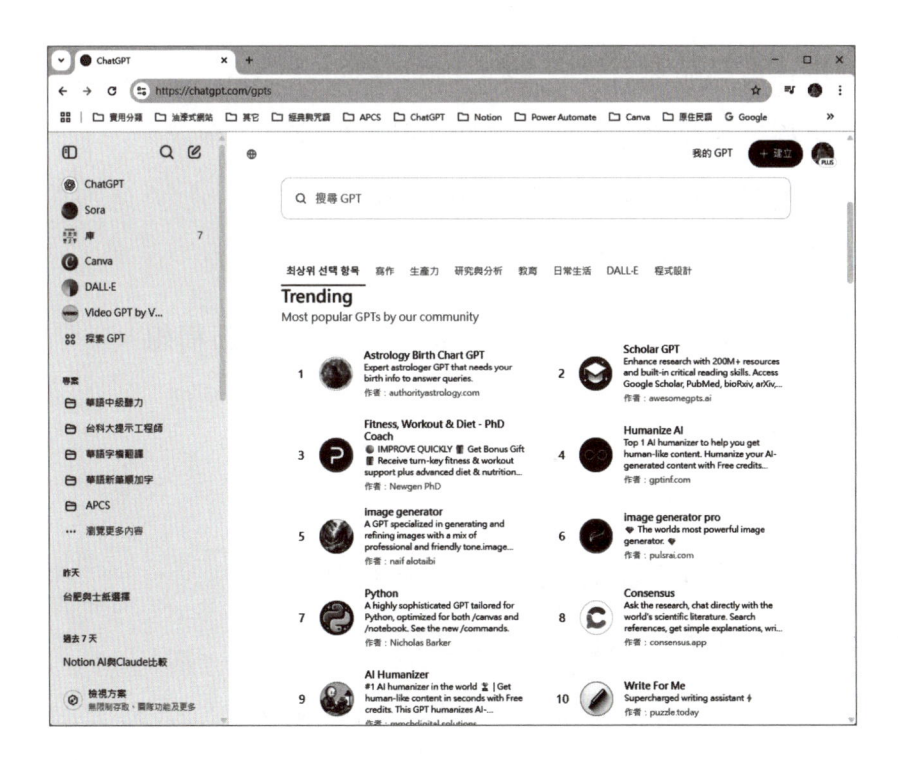

9-1-3 五大 GPT 應用領域

GPTs 機器人的應用範圍極其廣泛，涵蓋工作、學習、創作、娛樂等多元場景。根據使用者的實際需求，目前最受歡迎的 GPTs 應用大致可歸納為以下五大類型：

1. 生產力與辦公支援

GPTs 在日常行政與資料處理方面表現出色。常見應用包括：

- **AI 行政助理**：協助管理行程、撰寫簡報、回覆郵件。
- **資料分析助手**：能處理 Excel、Google Sheets 或 SQL，並生成圖表報告。
- **程式開發助手**：提供即時程式碼建議、語法解釋與除錯輔助。

這些工具大幅提升知識工作者與工程師的處理效率。

2. 內容創作與行銷輔助

針對創作者與品牌經營者，GPTs 能協助：

- 撰寫部落格、產品描述、廣告標語、社群貼文。
- 生成小說情節、腳本對白，激發創作靈感。
- 提供 SEO 建議與內容優化策略。

這類創意型 GPT 為內容產出流程注入高效率與新構想。

3. 教育與學習支援

在學習領域中，GPTs 可擔任：

- **語言學習輔助工具**：提供文法解析與對話練習。
- **數學輔導員**：協助理解運算邏輯與步驟。
- **考試準備 AI**：提供模擬測驗、解題技巧與重點複習。

學生、教師與自學者皆可從中受益，提升學習成效。

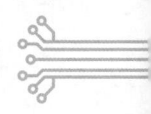

4. 業務支援與行銷優化

對企業團隊而言，GPTs 是高效率的業務助手：

- **智慧客服**：即時回應顧客問題，替代 FAQ 系統。
- **SEO 內容優化工具**：依據關鍵字改善文案結構。
- **社群媒體助理**：自動產製貼文、分析互動資料，強化行銷策略。

這些應用可協助中小企業提升服務品質與數位行銷表現。

5. 娛樂與生活助手

GPTs 也能應用於個人興趣與生活陪伴：

- **音樂推薦 AI**：依據偏好建立播放清單。
- **健身教練 GPT**：客製化運動計畫並追蹤進度。
- **心靈陪伴 GPT**：提供冥想引導、壓力釋放與情緒支持。

這些 GPT 能成為使用者生活中的數位陪伴者，增添日常幸福感。

上述五大類型的 GPTs 機器人，皆針對不同任務情境與族群設計，展現出 GPT 技術的彈性與價值。無論是提升工作效率、優化學習成果，還是豐富個人生活，使用者都能找到合適的智慧助手，發揮 AI 最大效益。

▶ 9-1-4 如何在 GPT 商店搜尋你需要的 AI 助手

隨著 GPT 商店收錄的機器人數量與種類日益豐富，如何有效率地搜尋並找到最符合自身需求的 GPTs，成為使用者初次使用時最關鍵的一步。本節將引導您熟悉 GPT 商店的操作介面與搜尋技巧，無論是透過關鍵字查詢、功能分類篩選，或是瀏覽熱門精選與官方推薦，您都能快速掌握搜尋路徑，精準定位所需的 AI 助手，開啟智慧互動的第一步。

Chapter **9** 高效生產力的 GPTs 機器人商店

Step 1 登入 ChatGPT 後，點選左側選單中的「探索 GPT」。

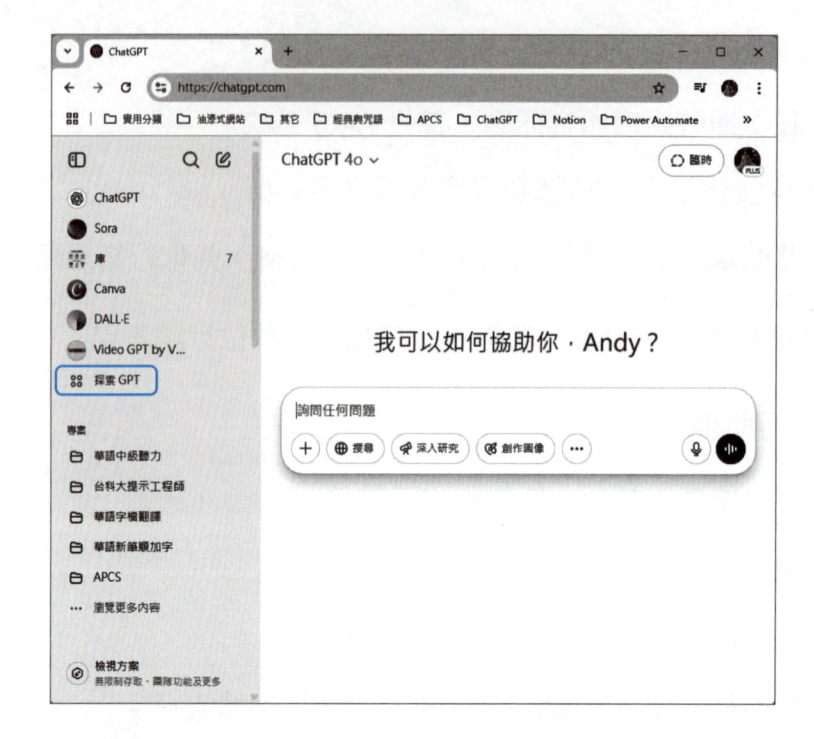

Step 2 輸入關鍵字，如「寫作」、「分析」、「PDF」等。

9-1 初探 GPTs 機器人功能介紹

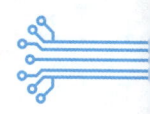

Step 3 篩選分類或熱門 GPT，點選進入 GPT 介紹頁面。

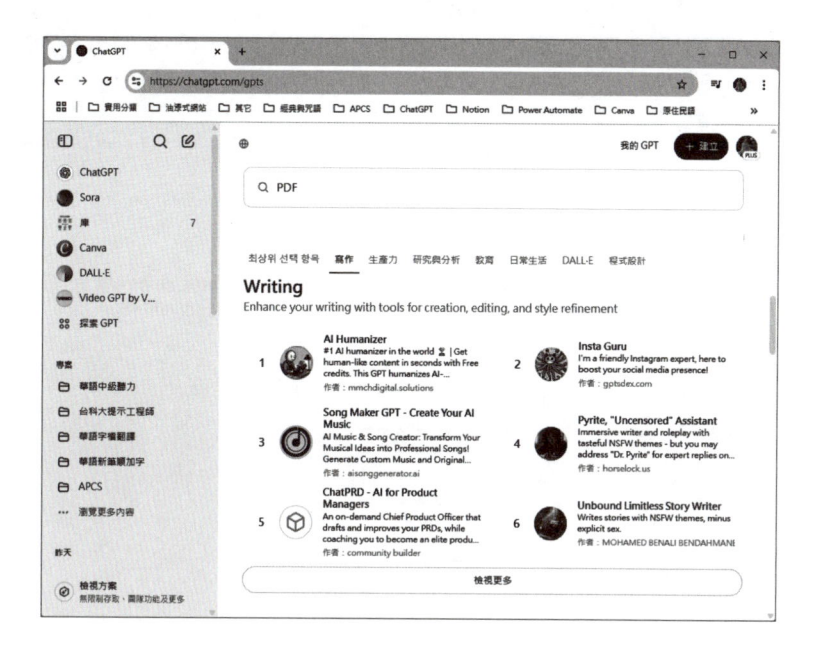

Step 4 點選「開始聊天」，即可與 GPTs 互動。

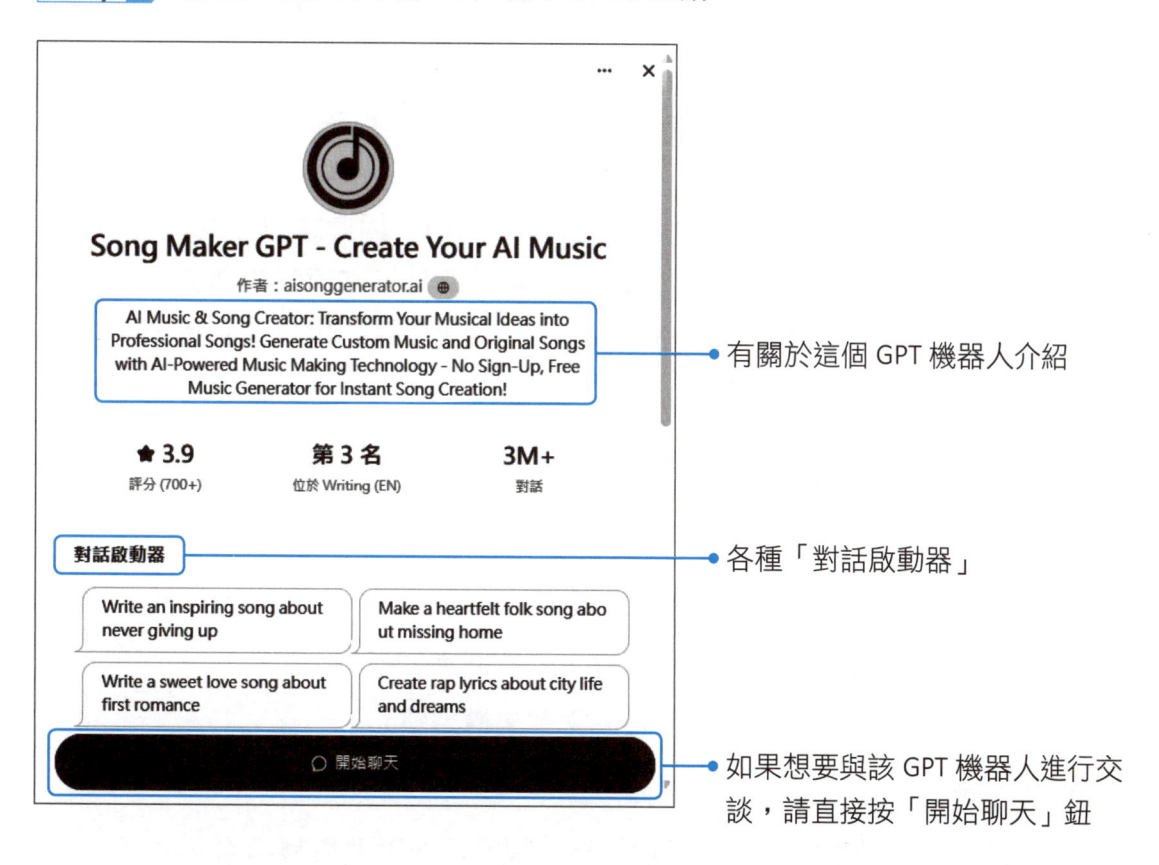

● 有關於這個 GPT 機器人介紹

● 各種「對話啟動器」

● 如果想要與該 GPT 機器人進行交談，請直接按「開始聊天」鈕

307

Step 5 與 GPTs 交談。

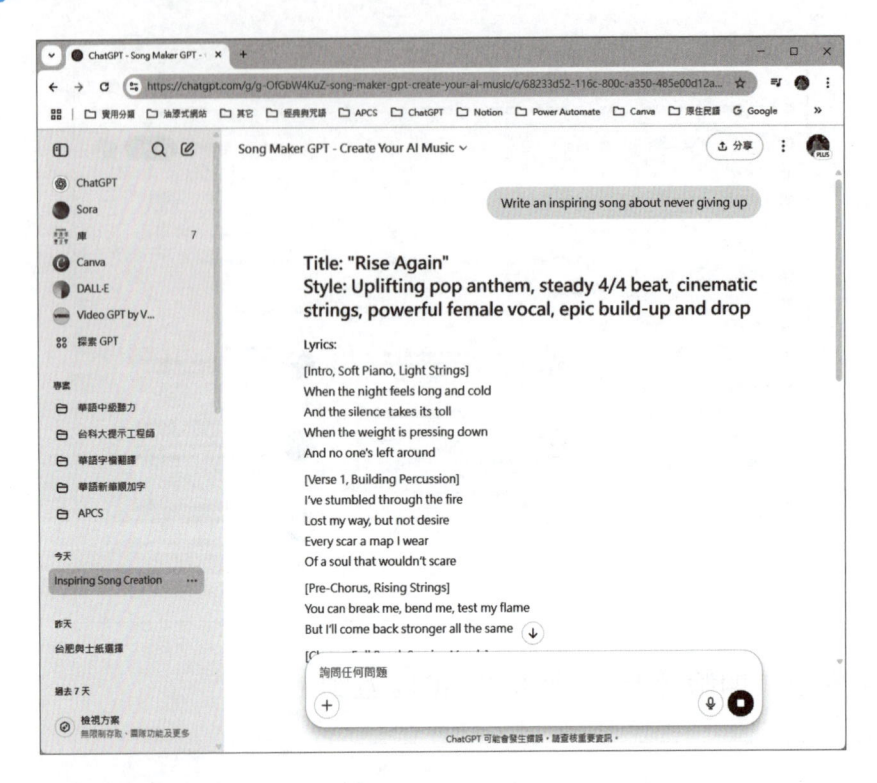

9-1-5 適合不同領域使用者的 GPTs 推薦

每位使用者的背景、職業與使用目標皆不相同，因此選擇合適的 GPTs 機器人必須因人而異。為協助讀者快速定位適用工具，本節針對幾類典型角色（如行銷人員、教師、學生、開發者與創作者），提供實用的 GPTs 選擇建議與應用範例。

1. 行銷人員

(1) 推薦使用

- 文案生成助手（撰寫廣告、產品描述）。
- 社群分析 GPT（追蹤互動成效、受眾回應）。
- SEO 優化工具（關鍵字建議、文章架構調整）。

(2) 應用效益

快速產製行銷素材、優化投放策略、提升內容點閱與轉換率。

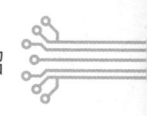

2. **教師與學生**

   (1) 推薦使用

   - 語言教學 GPT（文法講解、對話練習）。
   - 數學解題助手（步驟拆解、概念說明）。
   - 知識問答型 GPT（課程複習、模擬測驗）。

   (2) 應用效益

   強化自主學習、提升教學效率、降低備課與練習設計時間。

3. **創作者與編輯**

   (1) 推薦使用

   - 影片腳本生成器（腳本架構、情節發展）。
   - 創作靈感啟發 GPT（標題發想、角色設定）。
   - 寫作助手（句型潤飾、結構建議、風格模擬）。

   (2) 應用效益：

   加速內容開發流程，提升作品品質與風格一致性。

4. **企業使用者與分析師**

   (1) 推薦使用

   - Excel AI 助手（資料統整、公式協助）。
   - 資料解讀 GPT（趨勢分析、異常檢測）。
   - 圖表生成工具（將文字或資料自動轉為圖形）。

   (2) 應用效益

   強化決策支持，節省報表製作與資料整理解釋的時間成本。

5. **軟體開發者**

   (1) 推薦使用

   - 程式除錯助手（Bug 排查、語法建議）。
   - 程式碼生成器（根據需求自動補碼）。
   - API 文件解譯 GPT（協助理解與整合第三方服務）。

(2) 應用效益

提升開發效率、減少排錯時間、加速原型建構與 API 整合流程。

總而言之，從文案撰寫到資料分析，從教學互動到軟體開發，GPTs 機器人早已超越傳統對話用途，進化為跨領域、模組化的智慧工作夥伴。熟悉各類 GPT 的功能與應用情境，將有助於打造屬於自己的 AI 協作流程，並在工作與學習中取得顯著優勢。

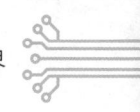

9-2 探索多元應用的 GPT 機器人世界

本單元精選出 15 款熱門且實用的 GPT 機器人，涵蓋文書處理、圖像生成、影音製作、行銷應用、學術輔助等不同面向，逐一介紹其功能特色與應用場景，協助您在面對不同需求時，能快速找到對應的 AI 助手，加速工作效率、提升創意產出。本單元同時也提醒讀者留意這些 GPTs 所對應的圖像範例，可作為日後實務應用的參考依據。

▶ 9-2-1　GPT 機器人名稱：Excel AI

- **功能簡介**：輔助 Excel 函數、圖表、資料清理與報表設計，適合商業資料應用。
- **主要應用**：財務分析、資料視覺化、自動化報告產出。

▶ 9-2-2　GPT 機器人名稱：PDF AI

- **功能簡介**：可對 PDF 檔案進行即時問答、內容摘要與關鍵字擷取。
- **主要應用**：合約分析、研究資料精讀、長篇閱讀輔助。

9-2-3　GPT 機器人名稱：ElevenLabs Text To Speech

- **功能簡介**：透過 ElevenLabs 將文字轉為自然語音，可客製語調與風格。
- **主要應用**：語音說書、有聲內容製作、助讀工具。

9-2-4　GPT 機器人名稱：Slides Maker

- **功能簡介**：根據主題與提示，自動生成簡報結構與內容大綱。
- **主要應用**：教學簡報、會議簡報、報告簡化。

9-2-5　GPT 機器人名稱：Image Generator

- **功能簡介**：根據提示詞創建 AI 圖像，可指定風格與主題。
- **主要應用**：社群設計、產品視覺提案、藝術創作。

9-2-6　GPT 機器人名稱：Write For Me

- **功能簡介**：根據語氣與題材自動撰寫文案、故事或部落格文章。
- **主要應用**：內容行銷、自媒體創作、創意寫作練習。

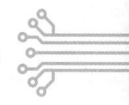

9-2-7　GPT 機器人名稱：Code Copilot

- **功能簡介**：支援多種語言的程式碼補全與除錯建議。
- **主要應用**：程式教學、快速開發輔助、錯誤排除。

9-2-8　GPT 機器人名稱：Consensus

- **功能簡介**：搜尋學術研究並提供多篇研究的共識結論摘要。
- **主要應用**：科學資料彙整、政策建議參考、學術決策。

Chapter 9　高效生產力的 GPTs 機器人商店

9-2-9　GPT 機器人名稱：YouTube Video Summary GPT

- **功能簡介**：可針對 YouTube 影片網址提供摘要、重點整理與內容翻譯。
- **主要應用**：教育影片重點筆記、快速了解長影片內容。

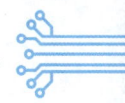

9-2-10　GPT 機器人名稱：AI Email Writer

- **功能簡介**：根據情境與語氣，快速撰寫正式或輕鬆的電子郵件。
- **主要應用**：商業溝通、求職聯繫、顧客回覆。

9-2-11　GPT 機器人名稱：Resume

- **功能簡介**：協助撰寫履歷、自傳與求職信，並提供格式與關鍵字建議。
- **主要應用**：應徵求職、職涯轉換、專業簡歷美化。

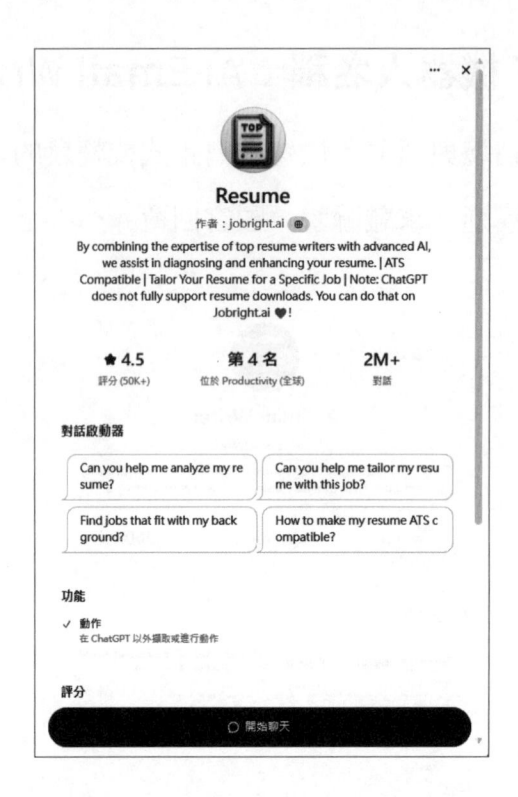

Chapter 9　高效生產力的 GPTs 機器人商店

▶ 9-2-12　GPT 機器人名稱：Image Generator Pro

- **功能簡介**：高階圖像生成器，支援高解析、畫風控制與人物生成。
- **主要應用**：封面插圖、遊戲美術、產品構圖。

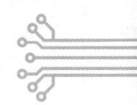

9-2-13　GPT 機器人名稱：Video GPT by VEED

- **功能簡介**：結合文字腳本與剪輯 AI，輕鬆生成短影音。
- **主要應用**：教學影片、社群短片、品牌形象影片。

9-2-14　GPT 機器人名稱：Travel Guide

- **功能簡介**：全球旅遊目的地、旅行規劃、預算制定和探索世界的專家。
- **主要應用**：旅遊計畫、自由行規劃、當地推薦搜尋。

Chapter 9　高效生產力的 GPTs 機器人商店

▶ 9-2-15　GPT 機器人名稱：MARKETING

- **功能簡介**：根據商品或活動，自動產出吸引人的行銷文案與標語，您的廣告專家導師。
- **主要應用**：廣告內容設計、社群行銷貼文、促銷企劃。

CH9 重點回顧

1. GPTs 機器人商店是由 OpenAI 推出的平台,使用者可依照任務需求,快速找到合適的 AI 助理,提升學習、創作與工作效率。

2. GPTs 是基於 GPT-4 或 GPT-4o 模型所打造的客製化 AI 助手,使用者無須編碼即可設定角色、語氣與功能目標。

3. 使用者可透過 GPTs 實現如資料分析、圖像生成、語音合成、程式除錯、教育訓練等專業任務,自由打造智慧工作流程。

4. GPT 商店提供數千種來自官方與社群的 GPTs,依任務類型分門別類,包含教育、行銷、娛樂、技術與醫療等。

5. 使用者可透過 GPT Store 的搜尋欄位、分類篩選與熱門排行快速鎖定合適工具,開始與 GPTs 互動。

6. GPTs 無需額外安裝,只需登入 ChatGPT,點選「探索 GPT」即可啟動互動介面並試用各類 AI 助手。

7. GPTs 可整合外部工具與資料來源,例如 PDF 檔案、Excel 資料、API 呼叫、影片連結等,擴展應用場景。

8. 生產力類 GPTs(如 Excel AI、PDF AI)可協助資料清理、報表自動化與文件摘要,強化行政與分析任務效率。

9. 內容創作與行銷類 GPTs(如 Write For Me、MARKETING)可快速撰寫廣告文案、社群貼文與行銷企劃,適合自媒體與品牌經營。

10. 教育與學習類 GPTs(如 Resume、YouTube Video Summary)可協助模擬測驗、語法解析與履歷編寫,提升學習成效與求職效率。

11. 影音與設計應用 GPTs(如 Video GPT、Image Generator Pro)支援影片製作、圖像風格創建與封面生成,協助創作者視覺表達。

12. 開發與程式類 GPTs(如 Code Copilot)支援多種程式語言,可協助除錯、生成模板與 API 串接,提升開發者生產力。

13. ElevenLabs Text to Speech GPT 可將文字轉為自然語音,適合製作有聲書、語音導覽與播報內容。

14. 多數 GPTs 提供「對話啟動器」與範例提示,幫助使用者快速上手並理解使用方式。

15. 每一種GPTs均可針對不同使用者背景與目標客製化，常見適用角色包括行銷人員、教師、學生、創作者與分析師。

16. 推薦使用範例如：行銷人員使用SEO優化與標語設計GPT；學生使用考試輔導GPT；開發者使用API整合GPT；教育者使用簡報生成GPT。

17. GPT Store將AI助理模組化、情境化，幫助使用者從「單點回應」進化為「任務導向」的智慧助理互動體驗。

18. 探索與熟悉GPT商店中的熱門GPTs是開啟個人化AI協作流程的第一步，將為未來職場與創作競爭力奠定基礎。

課後習題　Chapter 9

一、選擇題

_____ 1. GPTs 機器人主要是結合哪個模型架構打造？
　　(A) OpenAI API　　　　　　　(B) GPT-4 或 GPT-4o
　　(C) DALL·E　　　　　　　　　(D) Gemini

_____ 2. 哪個特色最能說明 GPTs 機器人的「客製化」能力？
　　(A) 必須先編寫程式碼
　　(B) 僅能回答語言學問題
　　(C) 可設定語氣、任務與知識範圍
　　(D) 只能用在英文操作介面

_____ 3. 想搜尋特定用途的 GPT 助手，使用者應優先操作哪個功能？
　　(A) 匯出設定　　　　　　　　(B) GPT 商店的分類與搜尋欄位
　　(C) API 接口導入　　　　　　(D) 主畫面中的對話框

_____ 4. 以下哪一類不是 GPTs 商店中常見的分類？
　　(A) 行銷與文案　　　　　　　(B) 教育與學習
　　(C) 金融投資買賣　　　　　　(D) 圖像與影音

_____ 5. 哪種 GPT 最適合用於合同條文的理解與關鍵資訊擷取？
　　(A) Resume GPT　　　　　　　(B) Code Copilot
　　(C) Marketing GPT　　　　　 (D) PDF AI

_____ 6. 若使用者希望以 PPT 形式呈現主題簡報，建議使用哪個 GPT？
　　(A) Resume　　　　　　　　　(B) Consensus
　　(C) Excel AI　　　　　　　　(D) Slides Maker

_____ 7. 想快速生成圖表與自動化報告，最適合使用哪個 GPT？
　　(A) Excel AI　　　　　　　　(B) Image Generator
　　(C) Write For Me　　　　　　(D) YouTube Summary GPT

_____ 8. 想將部落格內容轉為語音敘述，可使用哪項工具？
　　(A) Resume GPT　　　　　　　(B) Video GPT
　　(C) ElevenLabs Text To Speech　(D) Travel Guide

_____ 9. 「AI Email Writer」可協助使用者完成哪一類任務？
　　(A) 程式碼產生　　　　　　　(B) 撰寫情境式電子郵件
　　(C) 設計圖像風格　　　　　　(D) 擷取影片字幕

_____ 10. 想快速瀏覽長影片內容重點並產出摘要，應選擇哪個 GPT？
　　　　(A) MARKETING
　　　　(B) Consensus
　　　　(C) Resume GPT
　　　　(D) YouTube Video Summary GPT

_____ 11. 哪一款 GPT 特別適合學術研究者尋找共識結論？
　　　　(A) AI Email Writer　　　　　　(B) Code Copilot
　　　　(C) Consensus　　　　　　　　(D) Image Generator

_____ 12. Resume GPT 的主要功能為何？
　　　　(A) 撰寫履歷與求職信　　　　(B) 繪製圖表與製作流程圖
　　　　(C) 編輯影片　　　　　　　　(D) 模擬學術測驗

_____ 13. 想將 AI 文案轉為短影音作品，建議使用哪個 GPT？
　　　　(A) ElevenLabs　　　　　　　(B) Slides Maker
　　　　(C) MARKETING　　　　　　(D) Video GPT by VEED

_____ 14. 若要為品牌活動撰寫吸睛行銷標語，應使用哪項工具？
　　　　(A) MARKETING　　　　　　(B) AI Email Writer
　　　　(C) Travel Guide　　　　　　(D) Write For Me

_____ 15. 開發者最常使用哪項 GPT 來協助除錯與程式撰寫？
　　　　(A) Resume　　　　　　　　(B) Slides Maker
　　　　(C) Code Copilot　　　　　　(D) Consensus

_____ 16. 想快速規劃自由行與景點推薦，適合使用哪一項 GPT？
　　　　(A) Travel Guide　　　　　　(B) PDF AI
　　　　(C) GPT Store Search Tool　　(D) Resume

_____ 17. 若希望學生快速理解學習影片內容重點，應建議使用哪個工具？
　　　　(A) YouTube Video Summary GPT
　　　　(B) AI Email Writer
　　　　(C) Excel AI
　　　　(D) Consensus

_____ 18. GPTs 機器人平台主要由哪家公司推出？
　　　　(A) Google　　　　　　　　(B) OpenAI
　　　　(C) Anthropic　　　　　　　(D) Microsoft

_____ 19. 想整合程式除錯與 API 串接功能，適合使用哪類 GPT？
   (A) Resume   (B) Travel Guide
   (C) Code Copilot   (D) Write For Me

_____ 20. 以下哪一項描述最能凸顯 GPT Store 的價值？
   (A) 只能回答簡單提問
   (B) 必須安裝繁瑣插件
   (C) 僅能用於英文環境
   (D) 提供情境化與任務導向的智慧助手互動體驗

二、問答題

1. GPTs 機器人與一般 ChatGPT 模型有何差異？

2. 使用者可透過哪些方式在 GPT Store 找到需要的 GPTs？

3. 請說明 GPT 商店中最受歡迎的五大應用領域。

4. PDF AI 主要提供哪些功能？

5. Resume GPT 可協助使用者完成哪些任務？

6. Excel AI 適合哪類使用者使用？

7. Image Generator 與 Image Generator Pro 有何不同？

8. 若想設計影片腳本並自動生成影片，可使用哪款 GPT？請說明用途。

9. 若是學生想快速整理 YouTube 上的教學影片重點，可使用哪個 GPT？

10. AI Email Writer 如何協助商業使用者？

11. Consensus GPT 適合應用在哪些學術場景中？

12. 行銷人員常用哪些 GPT 來進行內容產出與優化？

13. 教師在教學應用上可搭配哪些 GPT 工具？

14. GPTs 工具如何幫助創作者與自媒體經營者？

15. GPT Store 如何影響未來工作流程與個人化 AI 發展？

MEMO

Chapter 10

提示工程在 AI 繪圖的技巧和實踐

生成式 AI 圖像工具正迅速改變設計、創作與視覺溝通的方式。從藝術創作、社群圖像到商品視覺設計，只要輸入適當的提示詞，就能讓 AI 產生風格獨特、主題清晰的圖像作品。但是如果要產出符合預期的畫面，提示詞的設計更顯關鍵。

本章將介紹生成式 AI 繪圖的基本概念，並深入實作多款熱門工具（如 DALL·E、ChatGPT 生圖、Playground AI、Copilot），結合實際提示設計技巧，協助讀者掌握圖像創作的核心技術。

10-1　初探生成式 AI 繪圖

10-2　使用 DALL·E 3 生成式 AI 繪圖工具

10-3　使用 ChatGPT 生圖工具的技巧和實踐

10-4　使用 Playground AI 繪圖網站的技巧和實踐

10-5　使用 Copilot 生圖工具的技巧和實踐

10-1 初探生成式 AI 繪圖

生成式 AI 繪圖是透過簡單的語言輸入，使用者可快速生成藝術風格、產品概念圖或情境插畫。本節將介紹生成式圖像的原理、應用範疇與主要發展趨勢，並說明圖像提示詞與文字生成提示的設計差異。

▶ 10-1-1 生成式 AI 圖像的原理與演算法基礎

生成式 AI 圖像技術是近年來人工智慧發展的亮點之一，背後依靠的是深度學習中的擴散模型（diffusion model）、GAN（生成對抗網路）或轉換器架構等演算法基礎。

生成式 AI 繪圖主要依賴深度學習與生成對抗網路（Generative Adversarial Networks, GAN）等演算法實現圖像創造。GAN 由產生器（generator）與判別器（discriminator）兩個神經網路組成，透過競爭訓練的方式達到圖像擬真目的。

產生器負責從隨機噪音中生成圖片，試圖模擬真實圖像的風格；判別器則試圖判斷輸入資料是真實圖像還是 AI 產生的。這種互相提升的對抗關係，驅動生成圖像日漸擬真。後續也出現如 Diffusion Models、Transformer-based 模型等演進架構。

▶ 10-1-2 多元應用：從藝術創作到概念設計

生成式 AI 繪圖技術已廣泛應用於遊戲開發、美術輔助、產品設計、建築草圖與虛擬角色建立等。舉例來說，藝術家可利用 AI 生成草圖後再手工潤飾，節省創作前期時間；建築師則可根據提示快速視覺化多種外觀設計概念。

此外，在教育、文化保存與時尚設計領域，生成式 AI 也被用來補全殘缺圖片、模擬歷史風格或創作時尚插畫。這些應用皆仰賴模型理解提示詞的語意並轉譯為視覺構圖，展現出創新與效率的融合潛力。

▶ 10-1-3 圖像提示詞的結構與控制要素

與文字生成不同，圖像提示詞強調構圖要素、視覺風格、比例關係與光影處理。一個有效的圖像提示通常包含以下元素：主體（例如貓咪）、環境背景（森林）、風格（像素風、浮世繪）、光線條件（晨光、逆光）與構圖格式（超廣角、特寫）。

舉例來說：「a samurai cat walking in a neon-lit alley, cyberpunk style, 4k resolution, dramatic lighting」（中譯：一隻武士貓走在霓虹燈照亮的小巷中，賽博龐克風格，4K 解析度，戲劇性燈光效果。）就是一個結構完整的圖像提示，具體標示了主題、風格、背景與細節控制指令。

相比之下，文字生成提示更著重在邏輯脈絡、語氣語調與段落結構，因此設計時的思維與輸出方式有所不同。

▶ 10-1-4 常見熱門 AI 繪圖平台推薦

在生成式 AI 圖像技術快速發展的背景下，市面上出現了多款具代表性的 AI 繪圖平台。這些平台不僅支援以文字提示快速生成視覺圖像，還結合了不同風格、解析度控制、互動式創作等先進功能，讓一般使用者、設計師、藝術家乃至教育者都能透過直覺的操作，完成從草圖構思到具體輸出的創作流程。

本節將精選介紹幾款目前最熱門、最具代表性的 AI 繪圖平台，包括 Midjourney、DALL·E 3、Stable Diffusion、Canva AI 以及 Playground AI，並說明各平台的主要特色、應用範圍與官網連結，幫助讀者依自身需求挑選合適工具。

1. Midjourney：藝術與幻想風格的頂尖選擇

Midjourney 是目前較受創作者歡迎的 AI 繪圖平台之一，特別擅長生成具藝術感與幻想風格的圖像。它透過 Discord 頻道操作，使用者只需輸入 /imagine 加上提示詞，即可快速生成細緻且構圖精彩的視覺作品。

Midjourney 非常適合用於角色設計、概念插畫、封面設計等用途，並提供不同版本升級以滿足專業創作者需求。

- 特色：風格獨特、細節華麗，適合插畫師與創意工作者。
- 官方網站：https://www.midjourney.com/home

2. DALL‧E 3：自然語言理解最強的圖像生成工具

由 OpenAI 開發的 DALL‧E 3 是目前自然語言處理能力最強的圖像生成模型之一。它能精準理解複雜的描述語句，並根據輸入提示生成對應風格的圖像。DALL‧E 3 與 ChatGPT 功能深度整合，使用者甚至可以要求 AI 協助優化提示詞，提升生成圖像的準確性與美感。

- 特色：語義理解力強、圖像清晰、支援編輯與擴圖。
- 官方網站：https://openai.com/index/dall-e-3

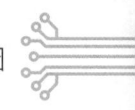

3. Stable Diffusion：高度自訂化與本地部署能力的首選

　　Stable Diffusion 是一款開放原始碼的 AI 圖像生成模型，使用者可選擇在雲端服務平台如 Hugging Face 操作，亦可下載本地端部署。它支援極高度的提示詞控制、反向提示（negative prompt）、圖像到圖像（img2img）等功能，尤其受到進階創作者與研究者青睞。所謂反向提示（negative prompt）是用來指定在生成圖片時應避免出現的元素或特徵的描述語句。

- **特色**：可客製化、支援控制參數、可在本地環境執行。
- **官方網站**：https://stabledifffusion.com/

4. Canva AI（Magic Media）：設計導向與圖文整合的平民利器

Canva 是一款以簡報與行銷素材設計聞名的圖像平台，近年推出 Magic Media AI 圖像生成功能，整合了 DALL·E、Imagen 等技術。使用者僅需在 Canva 設計介面輸入文字，即可生成圖像並直接嵌入設計版面，特別適合用於社群貼文、教學簡報與行銷素材製作。

- **特色**：操作簡易、圖文整合、適合非設計背景的使用者。
- **官方網站**：https://www.canva.com/ai-image-generator

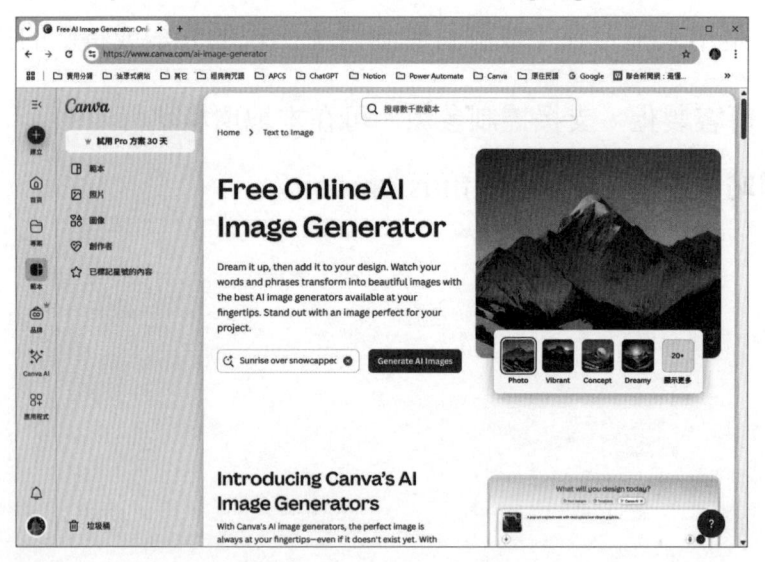

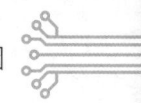

5. Playground AI：免費試用友善新手的入門平台

　　早期之前 Playground AI 提供每日高達 1000 張免費圖片生成額度，根據 2023 年 12 月的更新，目前已調整為每日 500 張。Playground AI 平台介面簡單、操作流程直覺，支援基本的風格選擇功能。它特別適合語言自然的提示輸入方式，不需專業參數控制，適合語言學習者、社群創作者及設計新手使用。

- **特色**：免費額度多、語言直覺、無需安裝。
- **官方網站**：https://playground.com/

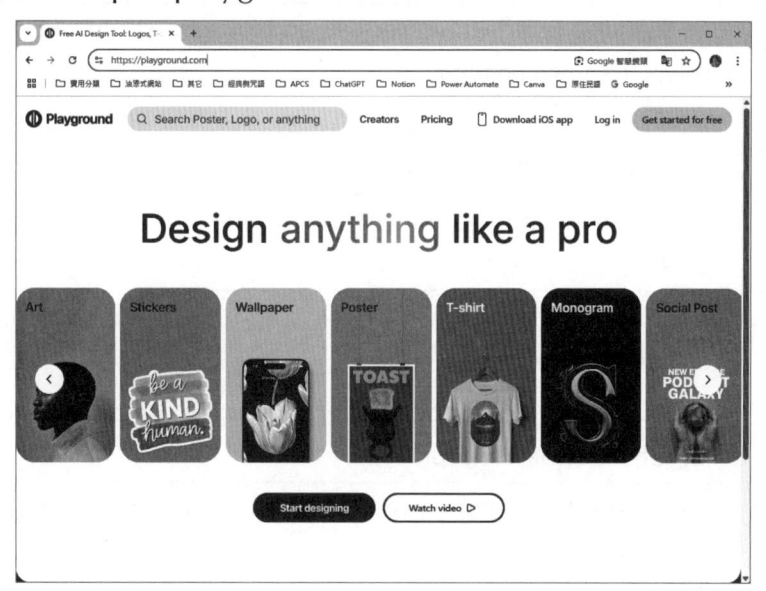

10-1-5　圖像提示詞類型與格式範本表

不同的創作目標需要搭配不同類型的提示詞，從藝術風格、拍攝視角、主題場景到情緒氛圍，皆影響生成圖像的結果。本節將分類整理常見的圖像提示詞類型，並提供實用格式範本，讓使用者可直接套用或調整，加速圖像生成流程，提升創作效率。

提示詞類型	範本格式
寫實風格描繪	a realistic portrait of an old fisherman, high detail, 85mm lens, studio lighting, 4k.
動漫角色設計	an anime-style girl with silver hair and fox ears, sakura background, vibrant colors, trending on pixiv.
奇幻場景構圖	a flying city above the clouds, magic towers, dragons circling, fantasy concept art, matte painting.
像素風插圖	a pixel art wizard in a dungeon with torches, low resolution, retro game style.
建築草圖	a modern glass building in Tokyo at night, illuminated, sharp lines, architectural rendering.
科幻機器人設計	a futuristic combat robot, cybernetic limbs, chrome surface, blueprint layout, industrial concept.
自然風景插畫	a peaceful forest with a river, watercolor style, soft pastel tones, early morning light.
時尚攝影風格	a fashion model in minimalist clothing, monochrome, editorial photography, Vogue style.
歷史風格模擬	a medieval banquet scene, oil painting, Rembrandt lighting, baroque composition.
插畫書封面	a fantasy novel cover featuring a warrior princess and a glowing sword, cinematic composition, high contrast.

10-2 使用 DALL·E 3 生成式 AI 繪圖工具

DALL·E 是由 OpenAI 開發的圖像生成工具，目前的版本是第 3 版，它是以能理解複雜提示、結合風格與細節著稱。使用者只需輸入簡潔且具體的語句，即可生成充滿創意與結構性的圖像。本節將說明 DALL·E 3 的操作步驟、提示詞設計建議與常見應用情境，並搭配實作範例幫助讀者快速上手。

▶ 10-2-1 DALL·E 3 的操作管道與平台選擇

DALL·E 3 可透過兩種主要平台操作：一為 OpenAI 官網整合至 ChatGPT Plus（付費版）中，另一為 Microsoft 提供的 Copilot（原 Bing Image Creator）。兩者皆提供自然語言輸入模式，使用者無需學習繁複的語法，即可用中文或英文描述所想圖像。

若使用 OpenAI 官方平台，請進入 https://openai.com/index/dall-e-3，點選「Try in ChatGPT」按鈕登入，開啟 ChatGPT 的圖像生成功能介面。

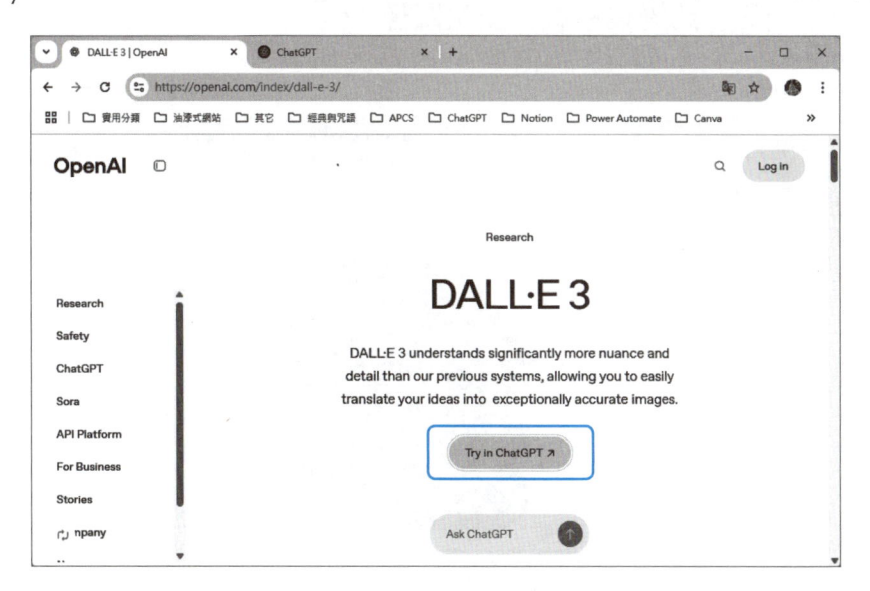

Chapter 10 提示工程在 AI 繪圖的技巧和實踐

如果使用者已是 ChatGPT Plus（付費版）的用戶，當按下該鈕就會進入下圖的畫面，並可以在提示框中輸入要生成圖片的提示詞，例如下圖輸入「請以精緻寫實功能，色彩感請豐富一點，畫出適合作為外語線上學習軟體作為回到首頁的圖示鈕圖像，檔案格式為 PNG。」

送出提示詞後，約過幾秒就會產生圖像：

10-2 使用 DALL·E 3 生成式 AI 繪圖工具

如果是使用 Copilot，請進入 Bing 網頁搜尋欄 https://www.bing.com/?cc=tw：

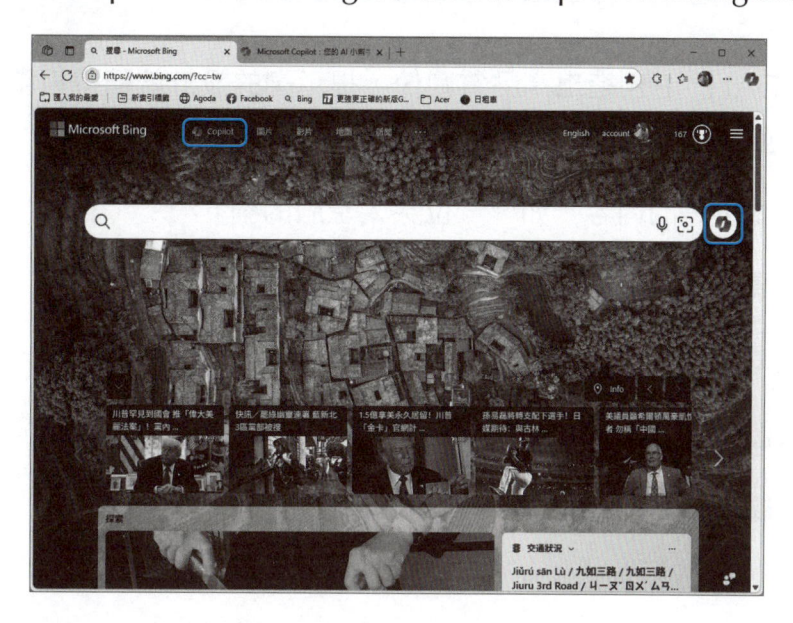

先於上圖中按 Copilot 圖示鈕，接著會進入如下圖的 Copilot 聊天機器人介面，請於提問框中直接輸入「畫出兩隻狐狸在月光下跳舞」，即可產生相關圖像。如下圖所示：

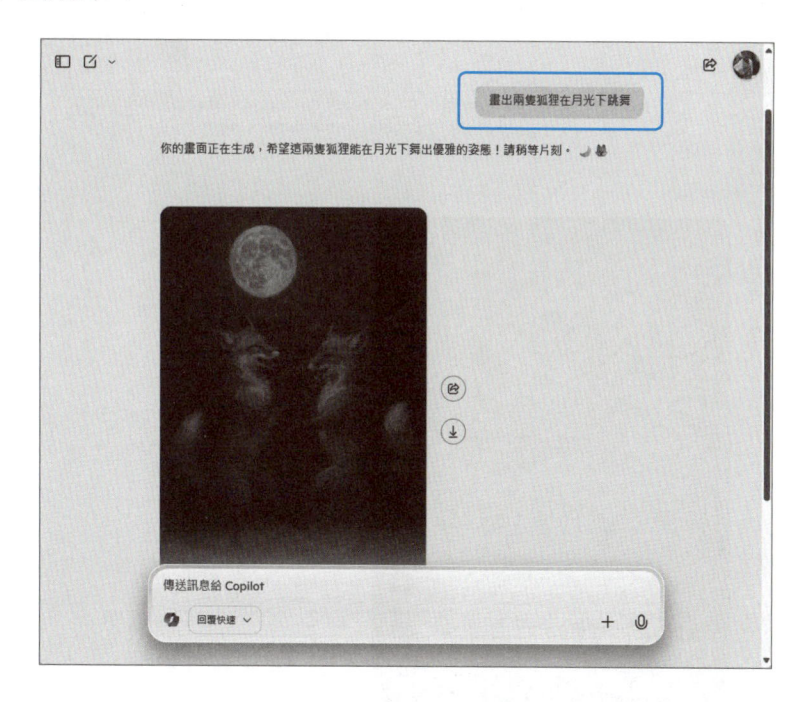

Copilot 版本的 DALL·E 相對免費且開放，但圖像控制能力略低於 ChatGPT Plus 中整合的進階版本。

339

10-2-2 提示詞的結構與風格控制

要使用 DALL·E 創造出高品質圖像，提示詞的設計就顯得相當重要。良好的提示詞應包含以下五個核心要素：

1. **主題物件**：要畫的內容，如「一位穿太空服的貓」。

2. **背景與場景**：如「在火星表面」。

3. **風格描述**：如「數位插畫風」或「復古像素風」。

4. **視角與構圖**：如「特寫」、「鳥瞰」、「16:9 構圖」。

5. **色彩與光線**：如「柔光」、「夜晚」、「暖色調」等。

> **範例**
> - 「a fluffy white cat astronaut exploring Mars at sunset, digital art, dramatic lighting, 4k, cinematic composition.」（中譯：一隻蓬鬆的白貓太空人，在火星日落時探索，數位藝術風格，戲劇性光影，4K 畫質，電影感構圖。）

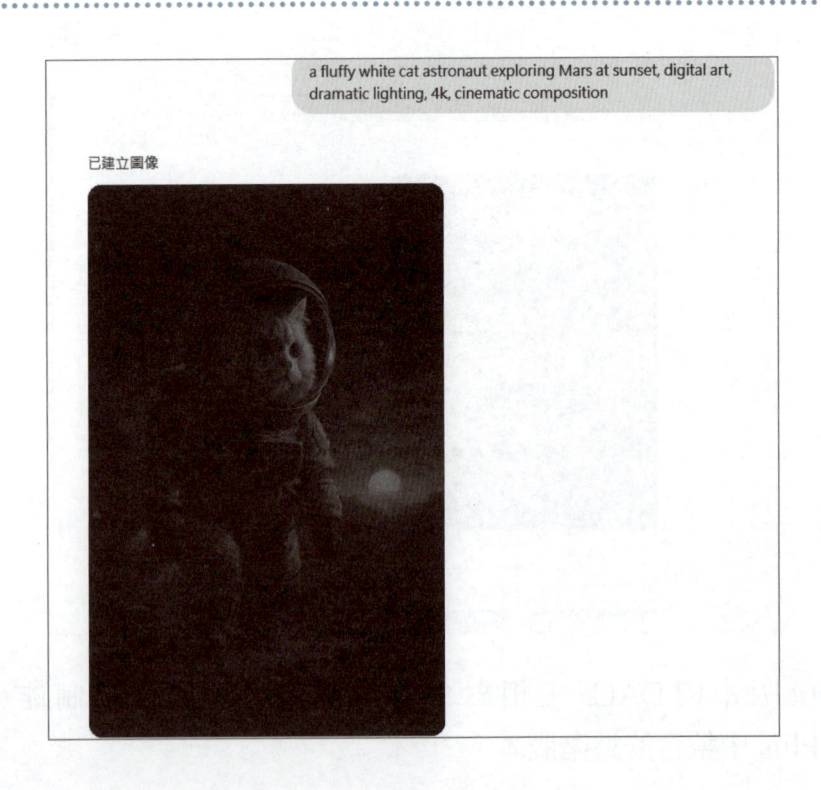

這樣的結構不僅協助 AI 理解場景，也有助於控制輸出風格的一致性。若用於 Copilot，中文語句亦能有效執行，例如：「請畫出一位在火星漫步的太空貓，夕陽照耀，插畫風。」。

▶ 10-2-3 常見應用情境與圖片再編輯功能

DALL・E 3 除了生成全新圖片，也支援進階功能如圖片擴圖（outpainting）、圖中換物（inpainting）、添加文字、變體生成與圖片風格轉換等，這些應用可大幅擴展圖像應用範疇：

- **行銷應用**：快速製作廣告插圖、活動視覺、產品意象圖
- **教育場景**：製作教案插圖、童書封面、學習單圖示
- **概念設計**：構思遊戲角色草圖、服裝風格模擬、產品原型視覺化

ChatGPT 圖像生成後，點選該圖片就會進入的「編輯圖像」介面，接著就可以用滑鼠點選圖像區域進行風格變更或文字置換。

Chapter 10 提示工程在 AI 繪圖的技巧和實踐

也可以直接下達提示詞進行圖片的部分修改。例如輸入提示詞：「請在圖片加入 Space Cat 的英文字」。

就可以產生類似下圖的效果。

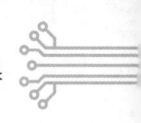

▶ 10-2-4 安全性與內容限制說明

在使用 DALL‧E 3 進行圖像生成時，除了創意與技術層面的考量外，平台本身也設有一系列安全性機制與內容限制，以確保生成內容符合法規、道德與使用者保護原則。這些限制不僅反映了 OpenAI 對於生成式 AI 技術倫理的重視，也為使用者提供更安全、透明的使用環境。以下為主要限制規範說明：

1. 禁止生成暴力、裸露、仇恨與涉及公眾人物的圖片

為避免 AI 被用於散播不當或具爭議的內容，DALL‧E 禁止用戶建立涉及：

- 血腥暴力、虐待與戰爭場景。
- 裸體、性暗示或不雅內容。
- 種族歧視、仇恨言論與極端政治符號。
- 名人、政治人物、宗教領袖或歷史人物的肖像與再現（即使為虛構情境也多數會被過濾）。

舉例來說，若輸入提示詞為「裸露的動漫角色」，系統將自動拒絕處理該請求，並顯示警告訊息或略過生成。

2. 限制生成與虛構人物同名或近似的敏感內容

即使是虛構角色或名字，若提示詞可能引發誤導、侵權或模仿爭議，例如「哈利波特在監獄裡」或「皮卡丘開槍」，系統也可能阻擋該內容生成。這類限制是為避免侵犯智慧財產權或誘發不實印象。

3. 系統自動過濾危險詞與不當描述提示

DALL‧E 內建文字審查與提示詞分析系統，會自動辨識是否包含潛在高風險語彙或語境（如「kill」、「nude」、「terror」、「shoot」、「abuse」等），當偵測到此類關鍵字時，系統將：

- 自動移除或調整提示詞。
- 拒絕產生圖像並發出提醒。
- 將可疑請求標記為審查對象（依帳號風險控管）。

這項機制不僅保障使用者不誤觸敏感區域，也維護 AI 平台的倫理與合規責任。雖然這些限制在某些情境下可能讓創作者感到受限，但它們的設置目的在於：

- 保護使用者不受有害資訊侵害。
- 防止平台被濫用作為虛假宣傳或仇恨散播工具。
- 確保生成內容在公開分享與商業使用上具合法性。

因此，理解這些限制條件，並學會在創作中調整語句與表述，是每位提示工程師或創作者的重要功課。善用比喻、抽象語言與創造性敘述，仍能在規範之內發揮豐富的藝術與視覺表達力。

如需更進一步瞭解 DALL‧E 的使用政策與內容準則，可參考 OpenAI 官方政策頁面（連結請於平台內自行搜尋確認最新資訊）。在遵守規範的前提下，AI 圖像創作依然充滿可能與驚喜。

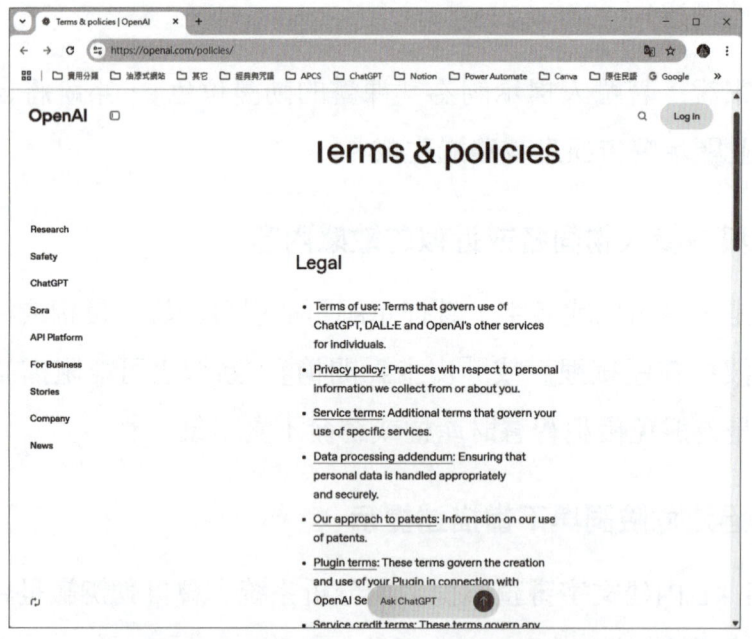

▲ 官方網站：https://openai.com/policies/

10-3 使用 ChatGPT 生圖工具的技巧和實踐

目前 DALL‧E 的最新版本（DALL‧E 3）可透過 ChatGPT Plus 以及 Microsoft Copilot 平台使用。若您是 OpenAI 的 ChatGPT Plus 付費用戶，可直接透過 ChatGPT 介面，輸入圖像提示詞並獲得即時圖像回應。前面在介紹 DALL‧E 3 時已初步介紹過如何使用透過 ChatGPT Plus 以及 Microsoft Copilot 平台使用 DALL‧E 3。本單元再補充些提示的撰寫技巧、使用限制與道德規範。

▶ 10-3-1 提示詞撰寫技巧：創意與控制的平衡

成功的圖像提示詞需涵蓋主體、動作、場景、風格與格式。

> **範例**
> - 「a robot dog running on a moonlit beach, digital painting style, 4k resolution.」

這類提示詞能幫助模型精確掌握構圖要素與風格方向。

若使用中文輸入，也可搭配簡單關鍵語句。

> **範例**
> - 「請畫出一位騎著麋鹿的少女，背景為極光，插畫風格。」

此外，使用者可根據風格需求加入修飾語（如「cyberpunk」、「watercolor」、「concept art」），提升輸出一致性與美感。

▶ 10-3-2 使用限制與道德考量

DALL‧E 3 對生成內容設有限制：禁止涉及暴力、仇恨、名人肖像與不當性內容。OpenAI 也限制某些高風險主題（如政治領袖、戰爭畫面）之圖像生成，以避免誤導與濫用。

此外，若您有商用需求，建議確認平台授權政策並保留提示詞記錄，方便後續再編與修改。

10-4 使用 Playground AI 繪圖網站的技巧和實踐

Playground AI 是一款開放式、操作直覺的圖像生成平台，支援多種主流模型（如 Stable Diffusion、DALL·E 3）與風格範本，使用者無需安裝任何程式，即可在瀏覽器中進行創作，特別適合進行風格轉換、構圖實驗與視覺化設計嘗試。

▶ 10-4-1 從社群圖像學習提示詞設計

Playground AI 首頁提供大量來自其他創作者的圖像作品，使用者可點擊任意圖片查看其原始提示詞（prompt）、選用模型、風格設定與作者資訊。此功能不僅能啟發靈感，也能幫助新手快速熟悉常用提示結構。若英文不熟悉，可直接複製文字至翻譯工具或請 ChatGPT 協助翻譯說明。

▶ 10-4-2 初探 Playground 操作環境與功能區塊

首次使用 Playground AI https://playground.com/ 時，使用者僅需點選右上角的「Log in」按鈕：

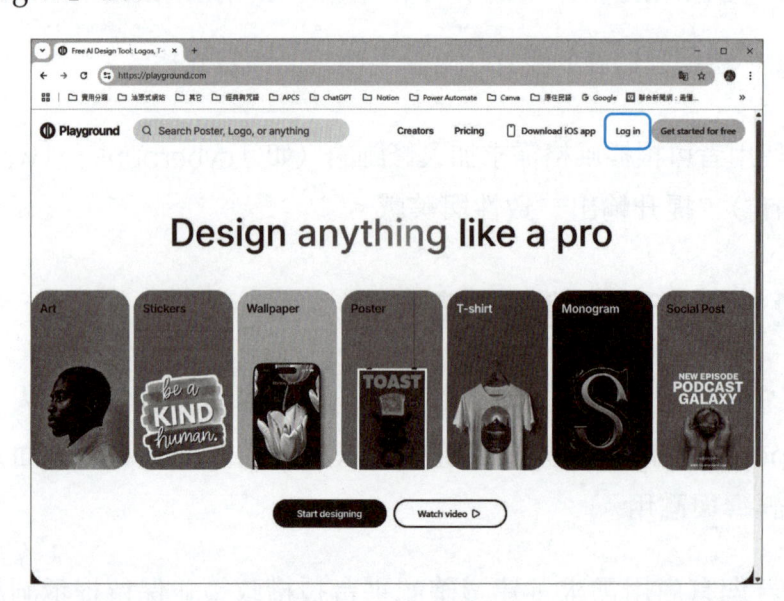

透過 Google 帳號登入,即可進入創作介面。

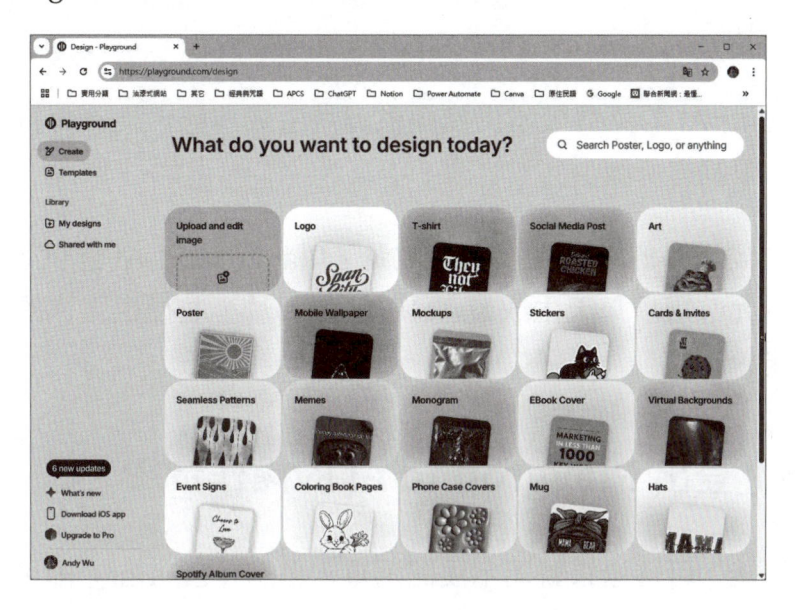

10-4-3 利用 ChatGPT 建立個人化提示詞

若不確定如何撰寫提示詞,各位可請 ChatGPT 扮演提示詞編寫助手。

範例
- 「請扮演一位 Playground AI 提示詞設計師,幫我產生一個描述森林中跳舞的狐狸插圖的英文提示詞。」

ChatGPT 不僅能生成提示詞,還可依據使用者要求提供特定構圖語言(如:鏡頭角度、光影、風格)。若對生成結果滿意,亦可請其協助翻譯成英文版本,確保與 Playground AI 的模型語意匹配。

10-4-4 設定風格、比例與視覺構圖參數

Playground AI 提供風格範本(如:水彩、像素、賽博龐克等)供快速應用,亦可透過提示詞精確控制圖像細節,例如:

- **相機視角**:wide angle, close-up, aerial view
- **色彩風格**:pastel tones, monochrome, vibrant palette
- **架構比例**:portrait, square, landscape

這些要素若寫入提示詞中，能顯著影響生成結果，幫助創作更具一致性與質感的圖像作品。

Playground AI 的免費版本仍然提供圖片生成功能，但其每日生成圖片的數量比之前的限制有所減少。

如果您需要更高的每日生成圖片數量，Playground AI 提供了付費的 Pro 版本，該版本允許用戶每天生成最多 1000 張圖片，並提供更快的生成速度和其他進階功能。

▶ 10-4-5　登出 Playground AI 的操作步驟

使用完畢後，可透過帳號圖示展開選單，點選「Logout」即可安全登出，避免帳號持續登入造成誤操作或帳號異動。

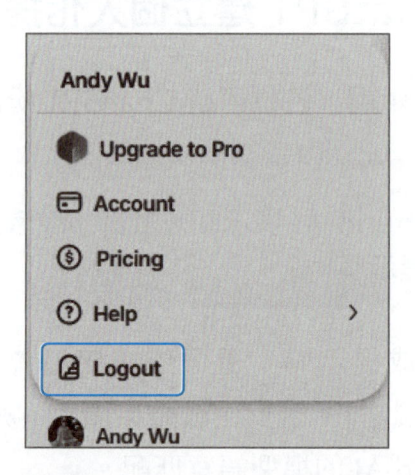

Playground AI 結合開放性、互動性與易用性，是非常適合教育應用與創作實驗的圖像平台。另外，Playground AI 的「Remix」功能是一項強大的工具，讓您能夠基於現有圖片進行再創作，無需從零開始。「Remix」允許您複製現有圖片的所有設定，這使您能快速生成風格一致但內容不同的圖片。

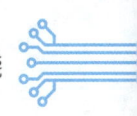

10-4-6 Playground AI 提示詞結構範本表

Playground AI 是一款支援多模型（如 Stable Diffusion、DALL·E）並提供直覺化操作介面的圖片生成平台。然而，想要產出具風格一致、畫面構圖精準的高品質圖像，撰寫結構明確的提示（prompt）詞就成為關鍵技巧。

本節將依據 Playground AI 的運作邏輯與使用者回饋經驗，整理出幾種實用的提示詞結構範本，涵蓋主體描述、風格定位、光影構圖與情境延伸等多個要素。讀者可依據創作目的，靈活套用或組合這些範本，有效引導 AI 產出符合需求的圖像內容，進一步提升創作效率與視覺品質。

提示詞類型	提示詞範本格式
角色設計	a cyberpunk warrior with glowing armor, standing in a neon-lit alley, full body, digital painting.
自然風景	a misty mountain forest at sunrise, watercolor style, soft lighting, wide angle.
童書插圖	a cute fox and a rabbit having a picnic under a cherry tree, children's book illustration style.
未來城市	a futuristic cityscape with flying cars and glass towers, sunset light, concept art, 4k.
像素風遊戲畫面	a pixel art wizard casting fireball in a dungeon, retro game style, top-down view.
動作場景	a ninja jumping across rooftops at night, cinematic angle, motion blur, dramatic lighting.
時尚攝影	a fashion model in a futuristic outfit, shot in black and white, Vogue editorial style.
產品概念圖	a smart wearable fitness device, isometric view, minimalist design, white background.
食物插圖	a colorful bowl of ramen with egg and pork, highly detailed, food magazine style.
宇宙奇幻	a space explorer discovering a glowing alien temple, starry sky, concept art, 16:9.

10-5 使用 Copilot 生圖工具的技巧和實踐

Copilot 是整合於 Microsoft Bing 中的免費 AI 生圖工具,具備直觀介面與快速產出的優勢,適合應用於教育簡報、行銷內容設計、教學插圖與社群創作等場景。

10-5-1 登入並開始使用 Copilot

Copilot 生圖平台可由 Bing 網站進入,網址為:https://www.bing.com/images/create。首次使用需登入 Microsoft 帳號,可選擇個人帳號登入,流程包括輸入帳號、密碼並確認是否保持登入狀態。

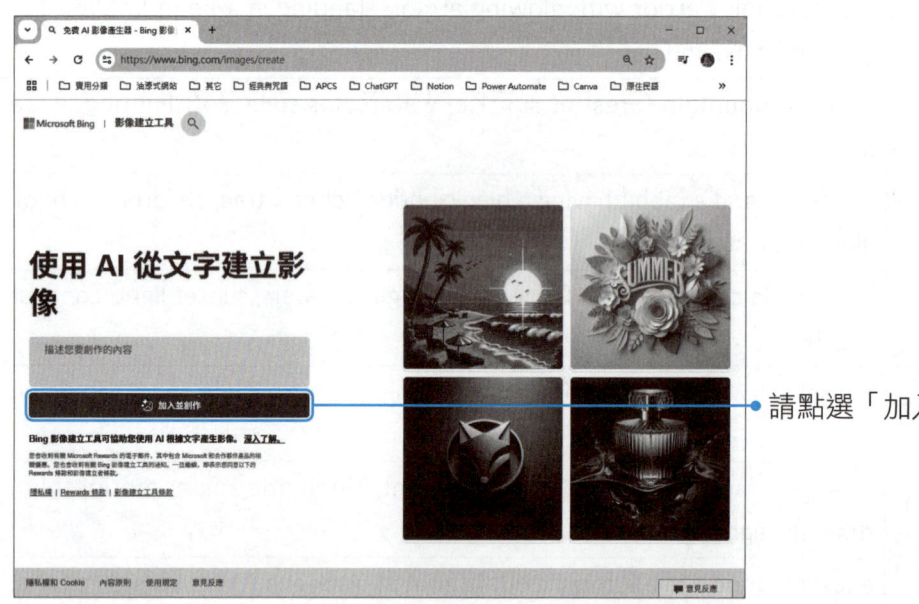

請點選「加入並創作」鈕

10-5-2 操作介面與圖片生成流程解析

登入後進入 Copilot 生圖主頁,使用者可直接輸入中文或英文提示詞。

範例
- 「生成一張賽博龐克風格的未來城市夜景,包含霓虹燈閃爍的高樓大廈、空中飛行車輛,以及充滿科技感的街道。」

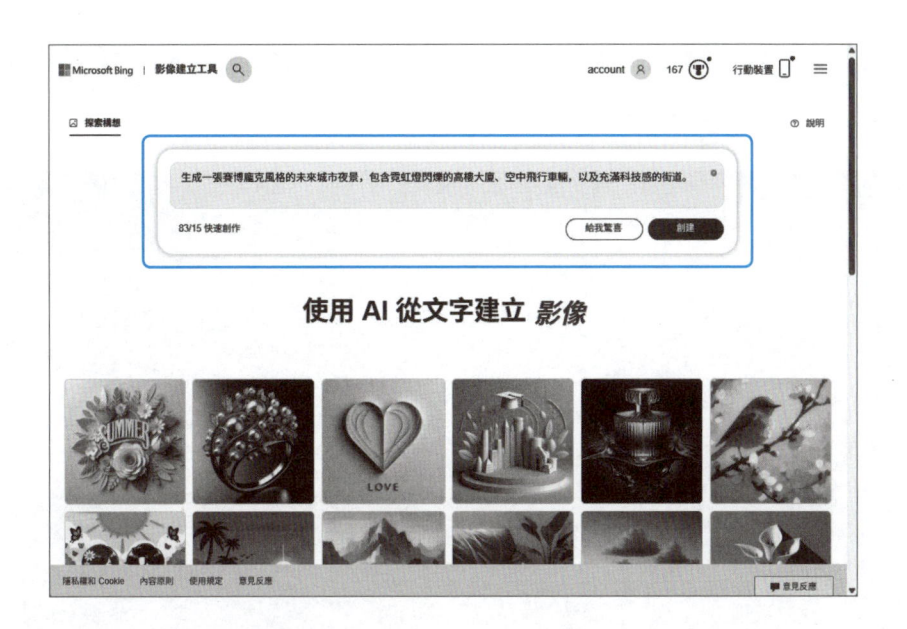

10-5 使用 Copilot 生圖工具的技巧和實踐

輸入完提示詞後,請接著點選「建立」按鈕,即可一次產出 4 張圖片。每次產圖會消耗 1 點「Credits」,系統預設每日提供固定點數,雖然免費但仍有數量限制。

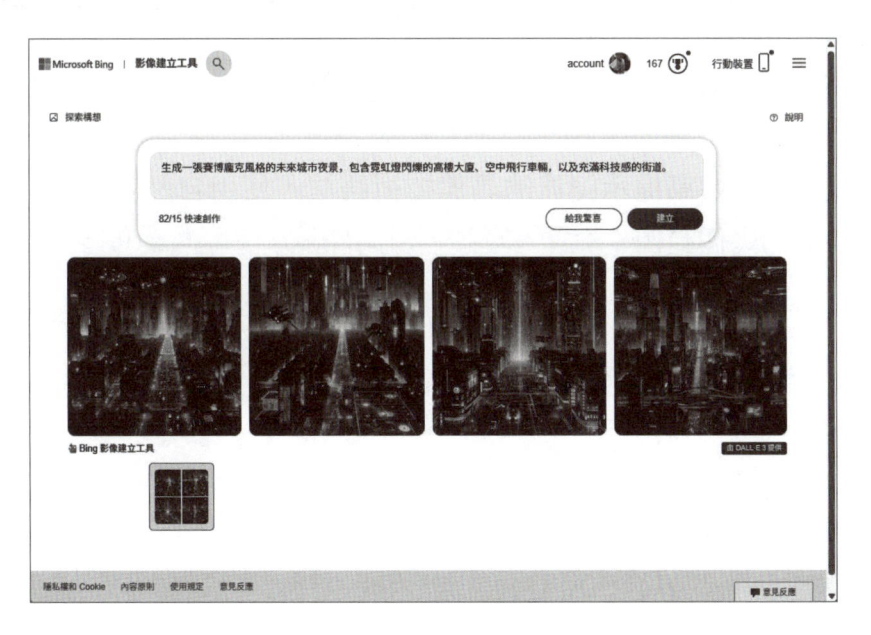

只要點選任一張圖可放大檢視，並提供「重新繪製」、「分享」、「儲存」及「下載」等功能。如下圖所示：

10-5-3 常用提示詞設計與主題範例

在 Copilot 中撰寫提示詞無需具備技術語法，使用自然語言即可產生高品質圖像。以下為幾個範例：

範例
- 「一隻穿著太空裝的柴犬站在火星上。」
- 「水彩風格的台北夜市場景，色彩繽紛。」
- 「一位未來派機器人老師正在教室上課。」

如需靈感，也可點選「給我驚喜」功能，讓系統自動產生提示詞再生成圖片。

10-5-4 圖像實作應用場景與創作實例

Copilot 的圖像應用涵蓋廣泛，包括：

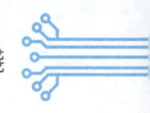

- **教育用途**：如歷史場景插圖、科學實驗構圖、語文教材視覺化。
- **行銷設計**：如社群貼文圖片、活動海報草圖。
- **敘事創作**：如童話場景、角色插畫、視覺故事板。

另外，教師也可搭配生成圖片設計數位學習單，或輔助學生視覺敘事訓練。

10-5-5 功能限制與內容使用建議

Copilot 雖為免費工具，但其生成圖片僅限正方形格式，暫不支援長條橫幅或直式構圖，亦無法進行局部修圖。此外，系統會過濾暴力、裸露與敏感政治等內容，若違反提示政策則會無法生成。

當用戶完成圖片生成工作後，建議使用右鍵快顯功能表中的「另存圖片」、「複製圖片」、「複製圖片網址」、「為這張圖建立 QR 圖碼」等指令，可以快速匯出至報告或簡報中使用。如下圖所示：

綜合來看，Copilot 是一款結合自然語言操作、即時回饋與友善介面的生圖平台，不論是教育現場、行銷實務還是創作教學皆能輕鬆應用，亦可做為引導學生認識 AI 圖像生成概念的入門工具。

10-5-6　Copilot 提示詞主題分類與範本集

為了幫助使用者更精準地撰寫提示詞並掌握創作方向，本節將整理常見的提示詞主題類別，如「教育插圖」、「歷史場景」、「產品展示」、「活動海報草圖」、「社群貼文圖片」……等，並針對每一類別提供實用範本。透過這些範例，使用者可快速找到適合的描述語句，並依需要進行微調，靈活應用於各種創作情境中。

主題分類	提示詞範本
教育插圖	畫出太陽系的八大行星，卡通風格，色彩鮮明，適合用於國小教學。
歷史場景	重現唐朝長安街道的白天市集，插畫風格，人物穿著古代服飾。
科學實驗	描繪一間實驗室中學生正在進行植物光合作用實驗的場景。
產品展示	一台白色無線藍牙耳機擺放在大理石桌面上，極簡風，背景模糊。
活動海報草圖	設計一張夏日音樂祭的主視覺插圖，包含舞台、燈光與群眾。
節慶賀圖	中秋節快樂賀卡，背景為夜晚與月亮，卡通風格，可愛兔子與月餅。
社群貼文圖片	早安勵志插圖，一杯熱咖啡與陽光照進窗戶的房間，文字：今天會更好。
角色設定	一位手持光劍的銀髮少年，站在機械都市的天台上，賽博龐克風。
繪本風格	畫出一隻小熊與一隻小鳥在森林裡交朋友的故事場景，柔和水彩風。
食物插畫	一碗熱騰騰的牛肉麵，細節豐富，湯汁濃郁，台灣小吃風格。

CH10 重點回顧

1. 生成式 AI 圖像工具可根據文字提示快速生成圖像，廣泛應用於藝術創作、商品視覺、教育插圖與數位內容設計等領域。

2. 圖像生成提示設計與文字生成不同，需聚焦於主體描述、場景背景、風格語言、構圖視角與光影色彩等五大要素。

3. 生成圖像的基礎模型包含 GAN、Diffusion Models、Transformer 等，透過訓練判別器與生成器建立逼真的視覺結果。

4. 目前主流 AI 繪圖平台包含 Midjourney、DALL·E 3、Stable Diffusion、Canva AI、Playground AI，各具特色與應用場景。

5. Midjourney 適合幻想與藝術風格，透過 Discord 操作，適合插畫師、遊戲美術與封面設計用途。

6. DALL·E 3 由 OpenAI 開發，語意理解力強，與 ChatGPT 深度整合，支援圖片擴圖、局部編輯與風格變換。

7. Stable Diffusion 為開源模型，支援反向提示詞、圖像到圖像等進階功能，適合研究人員與專業創作者。

8. Canva AI 結合圖文編輯與生圖功能，操作簡單，適合用於簡報、社群貼文、教育素材製作。

9. Playground AI 提供每日免費產圖額度，適合新手學習提示詞設計，並支援圖像變化與社群範例學習。

10. 圖像提示詞的設計結構建議包括：主體＋動作＋場景＋風格＋視角與色調，範例如「a cyberpunk fox dancing in a neon street at night」。

11. 使用 ChatGPT 可協助編寫個人化提示詞，支援翻譯、語法優化與風格套用等提示詞生成輔助任務。

12. DALL·E 平台可從 ChatGPT Plus 與 Microsoft Copilot 使用，ChatGPT 版本支援圖片互動與多輪提示優化，Copilot 提供免費生成與每日點數。

13. DALL·E 應用場景包括商業視覺設計、教學教材插圖、概念草圖與社群圖像等，支援局部變更與風格延展。

14. 使用者可依不同風格指定視覺參數，如 wide angle、monochrome、watercolor、isometric view 等以強化畫面控制。

15. Copilot 生圖平台支援中文自然語言輸入，適用於教育插圖、海報草圖與社群圖片，並提供提示詞範例與「給我驚喜」功能。

16. 所有平台皆對生成內容有一定限制，如禁止暴力、仇恨、名人肖像與不當裸露內容，須符合平台使用政策。

17. 實務應用建議搭配 AI 圖像生成用於教學簡報、數位學習單、行銷素材、原型草圖與故事創作，擴大 AI 創作的跨領域效益。

18. AI 繪圖提示詞不僅提升視覺內容產出效率，也成為促進學生觀察力與敘事表達能力的工具，有助數位素養與創造力培養。

課後習題　　Chapter 10

一、選擇題

_____ 1. 生成式 AI 繪圖的核心運作原理為何？
　　(A) 編譯語法結構分析
　　(B) 自然語言語意提取
　　(C) 視覺化圖像分割技術
　　(D) 深度學習與對抗生成網路（GAN）

_____ 2. 哪一種 AI 模型由 OpenAI 開發，具備最強的自然語言理解能力？
　　(A) DALL·E 3　　　　　　　(B) Midjourney
　　(C) Playground AI　　　　　(D) Stable Diffusion

_____ 3. 圖像提示詞中加入「dramatic lighting」的目的為？
　　(A) 指定主角類型　　　　　(B) 控制語氣風格
　　(C) 限制輸出大小　　　　　(D) 強化畫面光影效果

_____ 4. 以下哪一個屬於 Playground AI 的特色？
　　(A) 支援本地部署　　　　　(B) 提供每日免費圖片生成額度
　　(C) 整合 Google Lens API　 (D) 可即時手繪互動

_____ 5. 若希望生成一張時尚攝影風格的圖像，提示詞中應包含哪些元素？
　　(A) 天氣與位置　　　　　　(B) 特定語氣設定
　　(C) 構圖視角與光影條件　　(D) 篇幅段落與語言語態

_____ 6. Midjourney 最常應用於哪種類型圖像創作？
　　(A) 幻想與藝術風格插圖　　(B) 教學圖卡與插畫
　　(C) 遊戲人物模組編輯　　　(D) 科技技術說明書封面

_____ 7. DALL·E 圖像生成功能可透過哪兩個平台使用？
　　(A) Hugging Face 與 DeepAI
　　(B) ChatGPT Plus 與 Microsoft Copilot
　　(C) Gemini 與 Claude
　　(D) Playground 與 GPT Store

_____ 8. 若要調整圖片中角色姿勢或更換場景，應使用哪一功能？
　　(A) Remix　　　　　　　　　(B) AI Upscaler
　　(C) Negative Prompt　　　　(D) 圖像局部編輯（inpainting）

_____ 9. 以下哪項不是 Canva AI（Magic Media）的應用場景？
　　　(A) 社群貼文插圖　　　　　　　(B) 課本解題編輯
　　　(C) 教學簡報製作　　　　　　　(D) 行銷素材視覺設計

_____ 10. DALL·E 3 對生成內容設有限制，包括哪些？
　　　(A) 涉及暴力內容　　　　　　　(B) 涉及仇恨內容
　　　(C) 涉及名人肖像內容　　　　　(D) 以上皆是

_____ 11. 圖像提示詞「a ninja jumping across rooftops at night, cinematic angle」屬於哪一類型？
　　　(A) 靜物描寫　　　　　　　　　(B) 構圖參數調整
　　　(C) 動作場景描述　　　　　　　(D) 動畫指令編碼

_____ 12. 若使用者希望快速設計食物插圖，建議使用哪類結構？
　　　(A) 編碼引數與圖層參數
　　　(B) 醫療術語與成分標示
　　　(C) 簡報分類與表格格式
　　　(D) 主題＋風格＋細節（如：「牛肉麵，台灣小吃風格，湯汁濃郁」）

_____ 13. 使用 ChatGPT 協助撰寫圖像提示詞的優勢為何？
　　　(A) 可協助結構化提示詞、翻譯與優化語句
　　　(B) 可同時畫出兩張圖像
　　　(C) 可產出 HTML 動畫編碼
　　　(D) 可即時偵測繪圖錯誤

_____ 14. Playground AI 的 Remix 功能是用來？
　　　(A) 調整語言設定
　　　(B) 設定像素大小
　　　(C) 基於現有提示詞變換風格並再生成
　　　(D) 修復圖像缺損

_____ 15. Copilot 每次圖像產出上限為？
　　　(A) 6 張　　　　　　　　　　　(B) 3 張
　　　(C) 2 張　　　　　　　　　　　(D) 4 張

_____ 16. 若要繪製主題為「太空中的柴犬」，風格為「水彩」，最佳提示詞包含？
　　　(A) 視角方向
　　　(B) 圖表模板
　　　(C) 主題、風格、構圖與光線元素
　　　(D) 視訊語音範例

_____ 17. 下列哪一項為 Stable Diffusion 獨有的進階功能？
  (A) 多語言支援
  (B) DALL·E 整合式搜尋
  (C) 圖像到圖像（img2img）與反向提示詞
  (D) 點陣圖模擬

_____ 18. 哪一平台特別適合教育用途的圖像生成？
  (A) DeepAI　　　　　　　　　(B) Copilot
  (C) DreamStudio　　　　　　 (D) Gamma

_____ 19. 以下哪一項可協助學習他人提示詞與創作結構？
  (A) Playground AI 社群圖片提示詞學習區
  (B) DALL·E Plus 課程
  (C) GPT Store 答案備份
  (D) Discord Prompt Plugin

_____ 20. 若想生成「森林中跳舞的狐狸，夜晚場景」，適合加入哪些元素？
  (A) 純主題描述即可
  (B) 主題＋光影條件＋風格描述（如插畫風、低光源）
  (C) 程式語法參數
  (D) HTML 屬性

二、問答題

1. 何謂「生成式 AI 圖像」？請說明其原理與應用。

2. 圖像提示詞設計時應注意哪些核心要素？

3. Midjourney 的使用流程為何？其適合什麼樣的創作？

4. DALL·E 3 與 ChatGPT 結合後有哪些優勢？

5. 請舉例說明 Copilot 圖像功能的教育應用實例。

6. 圖像提示詞與文字生成提示有何差異？

7. 請列舉三種 Playground AI 提示詞格式範本。

8. 如何使用 Playground AI 的 Remix 功能進行風格轉換？

9. 哪些技巧能強化提示詞的風格控制？

10. 如何利用 ChatGPT 協助產出高品質提示詞？

11. 請舉例說明 Copilot 中「給我驚喜」功能的應用方式。

12. 如何處理 AI 圖像平台中的內容限制問題？

13. 若需產出「童話風格插圖」，提示詞應包含哪些語素？

14. Copilot 如何控制產圖張數與格式？

15. 為何 AI 繪圖成為教育、創作與行銷的重要工具？

MEMO

Chapter 11

Sora AI 影片生成利器

Sora 是由 OpenAI 推出的尖端影片生成模型，具備根據使用者輸入的文字描述或圖片素材，自動產出逼真、生動短影片的能力。這項技術整合了多模態 AI 模型、語意理解、影片渲染與動態模擬等核心技術，開啟了創意影像製作的新時代。

　　相較於傳統影片製作所需的剪輯、動畫與特效人力，Sora 讓任何人只需幾行描述語句或一張圖片，即可生成具視覺張力與敘事邏輯的短片內容，廣泛應用於教育簡報、社群宣傳、品牌故事、娛樂創作等場景。

　　本章將完整介紹 Sora 的操作流程與提示設計技巧，並透過實戰範例展示如何利用文字或圖片快速生成具視覺吸引力的影片內容，讓讀者親身體驗 AI 視覺創作的強大魅力。

11-1　**Sora AI 影片生成模型**

11-2　**進入 Sora 視窗環境介面**

11-3　**下達提示（prompt）詞生成影片**

11-4　**AI 實戰：以文字生成影片的精彩應用**

11-5　**實戰圖片生成影片精彩範例**

Chapter 11 Sora AI 影片生成利器

11-1 Sora AI 影片生成模型

Sora 推出的強大文字轉影片（Text-to-Video）生成模型，能理解自然語言敘述、模擬動態場景，並自動產製高品質的短影片。隨著生成式 AI 技術的快速演進，Sora 正迅速成為影像創作領域的關鍵工具，讓一般使用者也能輕鬆實現專業級影片製作。本節將介紹 Sora 的五大核心能力，說明其如何在速度、品質與創意應用上創造新高度。

▶ 11-1-1 以文字驅動，快速構建影片世界

Sora 最大的特色是可根據簡單文字提示，在數十秒內生成長達一分鐘的高品質影片。使用者無需具備剪輯或動畫背景，只需輸入腳本、情境或動作描述，即可自動完成構圖、鏡頭安排、角色動作與背景配置，展現專業級的視覺效果。無論是需要張力的動作場景，還是表達情感的對話畫面，皆可快速生成。

▶ 11-1-2 自然流暢的視覺敘事表現

Sora 在影片生成過程中展現出高度一致性與敘事連貫性。角色動作自然、鏡頭轉場順暢、人物表情與語境契合，能維持完整故事節奏與情境真實感。這大幅降低後製需求，讓影片創作流程更簡化、更高效，特別適合無剪接經驗者快速上手。

▶ 11-1-3 支援多風格，彈性應對創作需求

Sora 支援多元影像風格生成，包含：
- 寫實攝影感。
- 動畫／卡通風格。
- 科幻奇幻視覺。
- 類紀錄片格式。

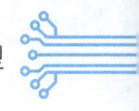

使用者只需在提示詞中明確說明風格需求，即可生成對應效果。這使 Sora 廣泛適用於商業廣告、教育影片、社群短片、原創動畫企劃與虛擬導覽等多元場景。

▶ 11-1-4 精緻畫質，細節真實動人

Sora 支援 Full HD（1920×1080）畫質輸出，影像清晰細膩，細節豐富。從人物髮絲飄動、服裝紋理，到光影變化與景深處理，皆呈現出極具真實感的視覺表現。這使其生成內容可直接應用於簡報提案、品牌介紹、社群發佈或行銷展示中。

▶ 11-1-5 場景仿真與互動設計，強化沉浸體驗

Sora 特別強調場景模擬與人物互動的沉浸感與真實性。無論是城市街景、自然風光還是虛構的未來世界，皆能準確模擬出視覺空間，並讓角色間進行流暢對話與自然互動。這樣的設計不僅強化敘事張力，也讓影片更具感染力與代入感。

透過強大的語意理解與視覺生成能力，Sora 不僅讓影片製作更快速、更自由、更具創造力，也徹底顛覆了傳統影像創作流程。無論你是教育工作者、內容創作者，還是品牌行銷人員，都能透過 Sora 建立屬於自己的 AI 導演工作流程，讓「想像」瞬間化為可視化的影像敘事。

11-2 進入 Sora 視窗環境介面

在正式開始使用 Sora 進行影片生成之前，熟悉其操作介面與基本功能分區是成功創作的第一步。本節將帶領讀者一步步認識 Sora 的使用環境，協助您快速進入創作狀態，並掌握其直覺化的操作邏輯。

Sora 採用簡潔、模組化的操作設計，讓使用者能在同一視窗中完成腳本輸入、影片預覽、素材管理與設定調整等各項功能。無論您是初次體驗，或已具備其他 AI 工具操作經驗，皆可在短時間內上手，進入高效創作流程。

接下來將詳細介紹介面中各主要區塊的功能與用途，並透過圖文範例，協助您建立操作信心與基本影片產製能力。

▶ 11-2-1 登入 Sora 官方平台

請開啟您的網頁瀏覽器，並前往 Sora 的官方網站 https://openai.com/sora/：

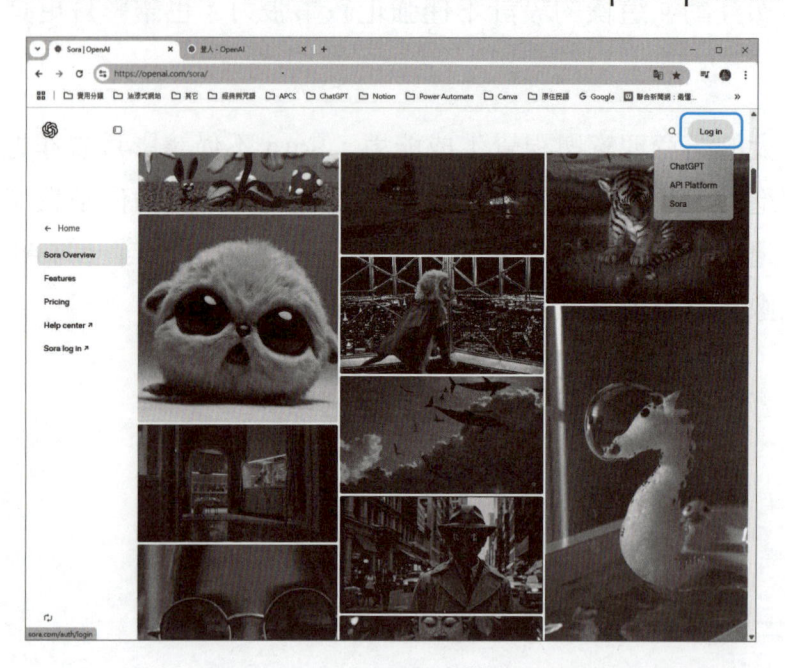

進入頁面後,請點選右上角的「Log in」按鈕以登入帳號。為確保操作體驗一致,建議使用與您 ChatGPT 相同的 OpenAI 帳號進行登入,這樣可以實現帳號資料與使用紀錄的無縫整合。

登入成功後,即可進入 Sora 的使用環境,開始探索文字轉影片的創作可能。

▶ 11-2-2　主視窗畫面總覽

成功登入後,您將進入 Sora 的主視窗操作介面。整體設計採用簡潔直觀的分區方式,讓使用者能迅速找到所需功能並開始創作。

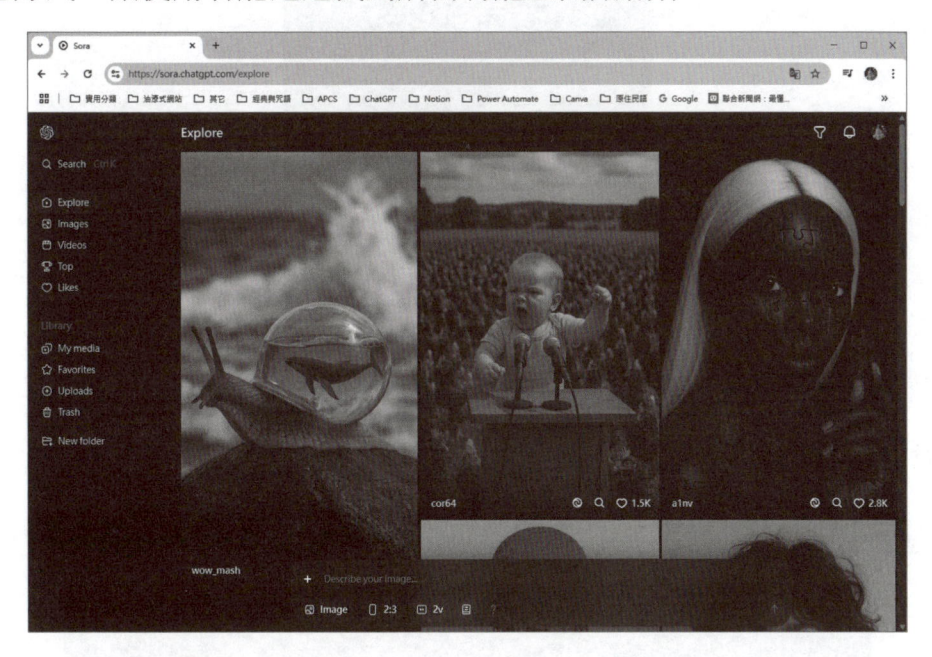

畫面右上方會顯示您的帳戶頭像,點選後可展開帳號功能選單,包含以下項目:

- **Settings(設定)**:可調整語言偏好、通知選項等基本個人化設定。
- **Help(線上說明)**:進入官方說明中心,查詢常見問題與操作指引。
- **Video tutorials(教學影片)**:觀看官方提供的操作教學與應用範例。
- **Join our Discord(加入 Discord 社群)**:連結至 OpenAI 官方社群,與其他創作者交流與討論。
- **My plan(我的方案)**:查看您目前的帳戶使用方案與升級選項。
- **Logout(登出)**:安全登出您的 OpenAI 帳號。

Chapter 11 Sora AI 影片生成利器

本區屬於帳號與平台功能總控中心，建議使用者初次登入後可先進行基本設定，並瀏覽教學資源，以便更順利展開影片生成之旅。

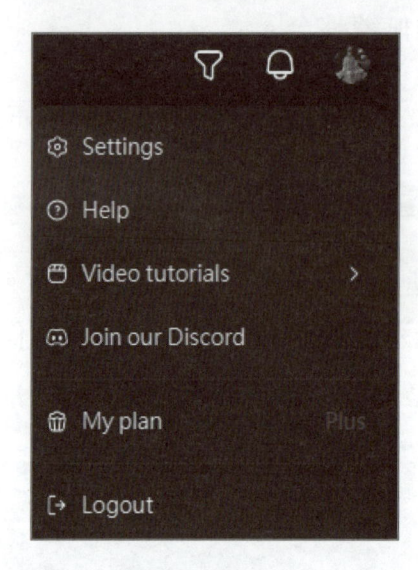

▶ 11-2-3　主要功能介紹與操作說明

接著就來介紹各項功能的說明與應用建議：

1. Settings（設定）

調整 Sora 的個人化操作偏好，如介面語言、字幕樣式或播放選項。

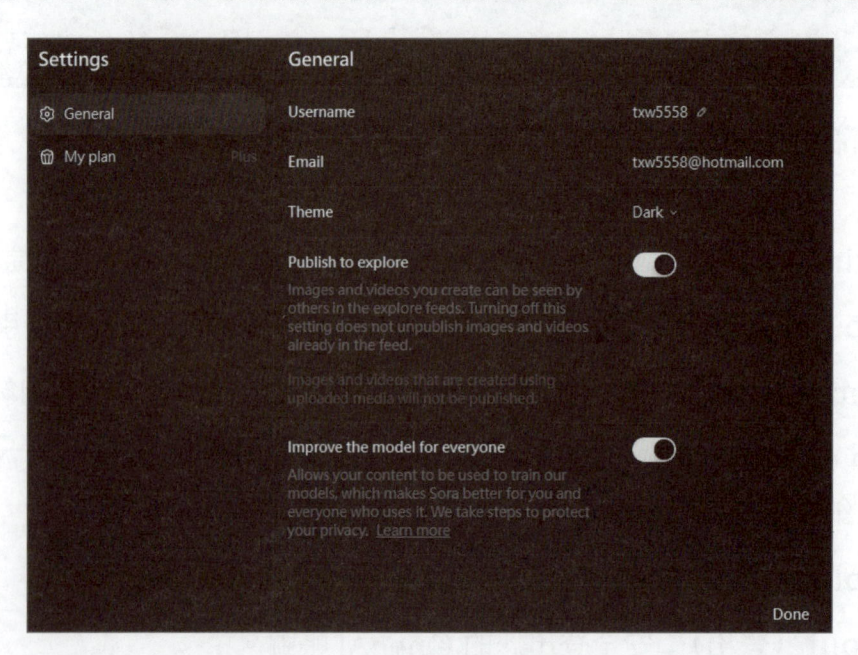

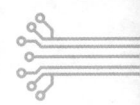

2. Help（說明中心）

　　提供完整的線上操作手冊與常見問題解答，目前限 ChatGPT Plus、Team 與 Pro 用戶使用。

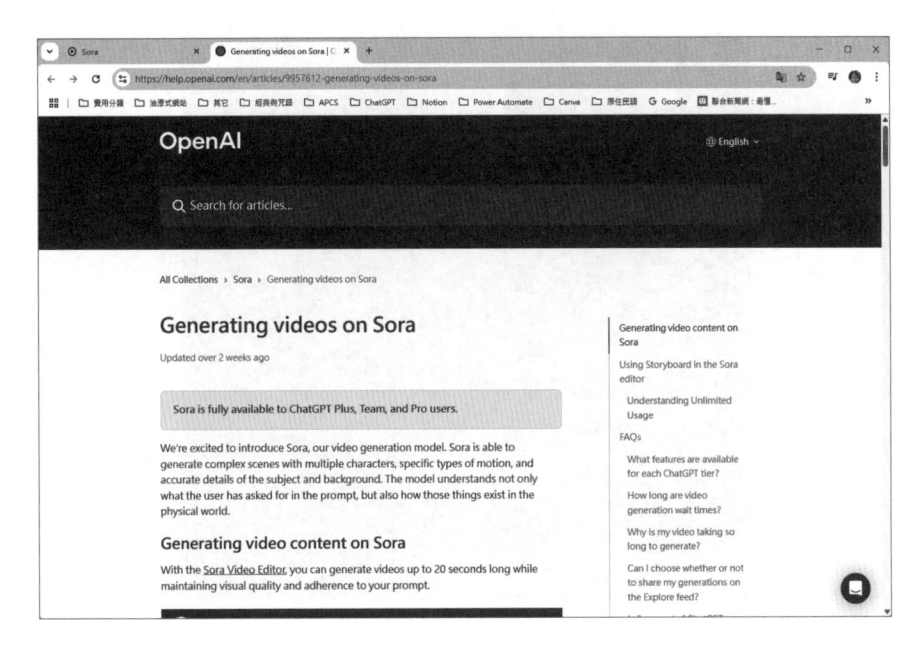

3. Video Tutorials（教學影片）

　　收錄各項功能的操作範例與使用技巧，包括：

- **Storyboard**：分鏡腳本教學。
- **Recut / Remix / Blend / Loop**：影片剪輯與重組技巧。
適合新手快速上手，也方便進階使用者探索進階應用方式。

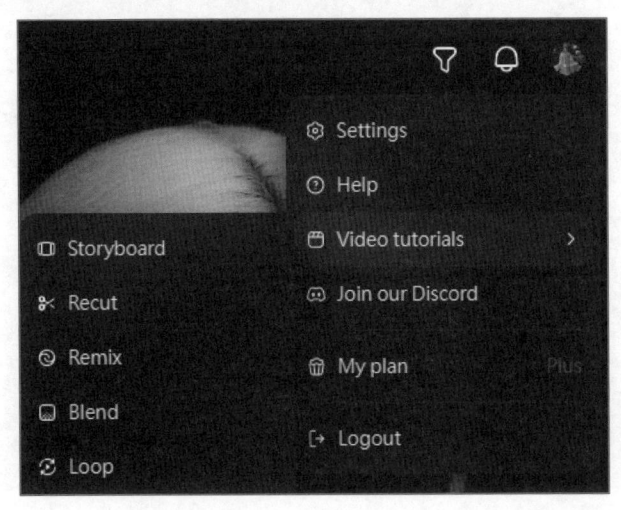

4. Join our Discord（加入我們的 Discord 社群）

點選即可加入 Sora 官方 Discord 社群，與全球創作者交流影片生成技巧、取得技術支援，並掌握最新功能更新資訊。

5. My Plan（我的方案）

顯示目前帳號的訂閱等級、可同時生成影片數量、支援的最長影片時間與解析度上限等資訊，有助掌握可用資源與升級需求。

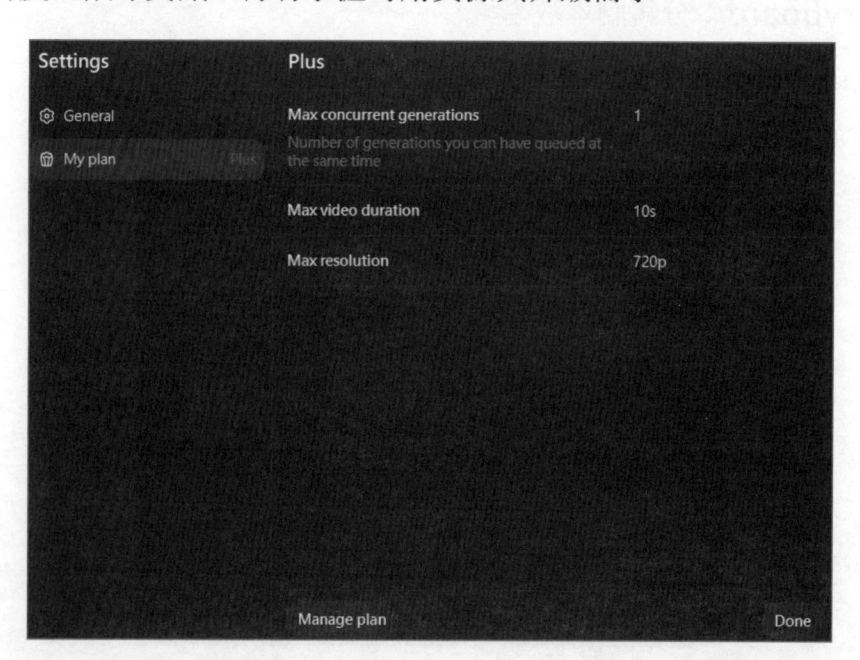

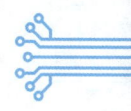

6. Logout（登出）

安全登出 OpenAI 帳號，結束本次使用。

以上功能構成了 Sora 使用者操作環境的基礎設定與支援中樞。熟悉這些選項，能幫助您更有效率地管理帳戶、學習功能，並融入全球 Sora 使用者社群。

▶ 11-2-4　Sora 視窗介面說明

進入影片生成主畫面後，您將看到一個直觀的創作介面，主要區塊包含文字輸入框與多項影片設定選項，可依需求自訂生成結果。

1. Prompt 輸入區

畫面下方的文字輸入框為核心操作區域，您可以在此輸入影片提示（prompt）詞，例如場景描述、角色動作、風格要求等。系統將依據這段提示示自動生成影片。

2. 影片參數設定區

文字框下方提供多項影片生成參數，可依需求進行調整：

(1) **Aspect Ratio（畫面比例）**
- 16:9：橫向畫面，適合 YouTube 與簡報使用。
- 9:16：直向畫面，適合手機短影片與 Reels。
- 1:1：方形畫面，適合 IG、Facebook 等社群平台。

(2) **Resolution（解析度）**
- 720p：標準 HD。
- 1080p：Full HD（建議一般使用者選用）。
- 4K：Ultra HD（適合專業展示用）。

(3) **Duration（影片長度）**

可設定影片時間，如 3 秒、10 秒、30 秒。

> **Tips**
> 目前大多數帳號支援長度為 1～15 秒，會依訂閱方案略有不同。

(4) **Variations（多樣版本）**

啟用後，系統將基於相同提示詞產生多個版本的影片，便於比較不同構圖與風格。

(5) **Preset（預設風格）**

提供快速套用的風格模板，例如：
- **Balloon World**：繽紛童趣風格。
- **Stop Motion**：仿定格動畫效果。

系統會依此調整影像光影、色彩與動作節奏。

透過這些彈性的設定選項，Sora 使用者可針對不同平台、觀眾與創作目標，精準調整影片輸出內容，實現「由語言驅動影像創作」的高效率流程。

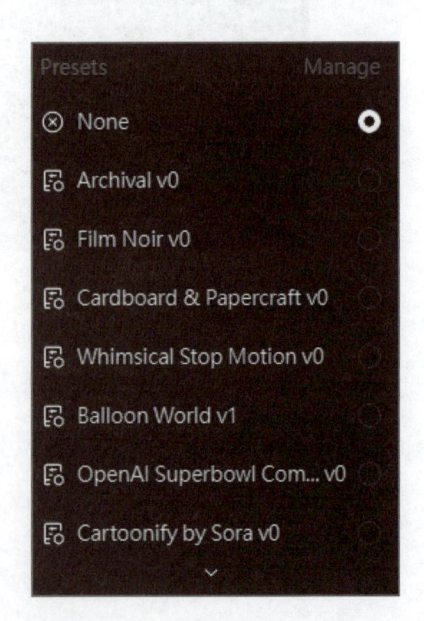

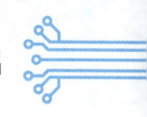

11-3 下達提示（prompt）詞生成影片

在使用 Sora 進行影片創作時，提示詞的撰寫品質是決定生成結果的關鍵因素。Sora 能夠根據語意理解與敘述內容，自動構建角色、動作與場景，讓簡單語句成為視覺敘事的基礎。

本節將說明如何撰寫適用於 Sora 的影片提示詞，並提供 10 組主題風格範例，每一組皆可用於生成約 5 秒鐘的影片片段，適合用於短影音、動畫片頭或敘事轉場設計。每組範例皆附有繁體中文與英文對照版本，方便進行雙語操作與跨文化創作探索。

主題風格	繁體中文	English
1. 極地探險	在暴風雪中的極地冰原，一名探險家艱難前行，雪狼在遠處注視著他。	In a polar ice field during a snowstorm, an explorer trudges forward as a snow wolf watches from afar.
2. 中古世紀市集	陽光灑落在熱鬧的中古世紀市集中，攤販叫賣聲與馬蹄聲交織響起。	Sunlight falls on a bustling medieval market with merchants shouting and horses trotting.
3. 未來醫療艙	一名病人躺在透明醫療艙中，機械手臂進行高科技治療。	A patient lies in a transparent medical pod while robotic arms perform advanced treatment.
4. 天空熱氣球之旅	五彩繽紛的熱氣球漂浮在藍天上，遠方山巒與湖泊一覽無遺。	Colorful hot air balloons float in the sky with scenic mountains and lakes in the distance.
5. 迷宮逃脫	角色奔跑穿越高牆迷宮，頭頂無人機緊緊追蹤著他。	A character runs through towering maze walls while a drone chases from above.
6. 魔幻圖書館	古老圖書館中，書本自動飛出書架，繞著讀者飛舞。	In an ancient library, books fly off the shelves and swirl around the reader.
7. 火山爆發逃生	火山噴發熔岩傾瀉而下，村民奔逃於紅色天空下的山坡上。	As a volcano erupts and lava flows, villagers flee down the slopes under a red sky.

主題風格	繁體中文	English
8. 深夜機器人街頭	下著小雨的城市街頭，機器人在販賣機前選購飲料。	On a rainy city street at night, a robot selects a drink from a vending machine.
9. 精靈弓箭手訓練場	森林中，精靈弓箭手正射擊漂浮的光球靶心。	In a forest, an elven archer shoots glowing floating targets.
10. 冰凍星球基地	在冰凍星球表面，科學家穿著厚重裝備進出發光的實驗基地。	On a frozen alien planet, scientists in heavy gear enter and exit a glowing research base.

此外，這些提示詞範例皆可靈活搭配 Sora 的影片生成設定進行調整，以符合不同平台或創作需求。建議搭配下列參數設定，以獲得最佳生成效果：

1. Aspect Ratio（畫面比例）

- **16:9 橫向畫面**：適合 YouTube、簡報展示等橫式播放環境。
- **9:16 直向畫面**：適合手機短影片平台如 TikTok、Reels、YouTube Shorts 等。

2. Preset（預設風格）

可依創作情境選擇不同風格範本，如：

- **Filmic**：電影感色調與鏡頭語言。
- **Balloon World**：卡通童趣風格。
- **Low Poly**：極簡幾何動畫風格。

3. Duration（影片長度）

建議控制在 5 秒以內，以確保生成速度穩定且影片畫面更聚焦，尤其適用於短片片頭、插畫動態展示或場景轉場等用途。

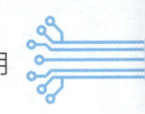

11-4 AI 實戰：以文字生成影片的精彩應用

傳統影片製作往往需要導演、編劇、攝影團隊、演員與後製人員共同協作，流程繁複、成本高昂、耗時費力。而如今，隨著 Sora AI 影片生成技術的問世，僅需幾行描述性文字，即可自動轉化為具有視覺敘事邏輯、動作流暢且風格多樣的短影片。

本節將帶領讀者深入體驗 Sora 的實際操作流程，從輸入提示詞開始，到影片生成、風格調整與輸出管理，完整展示 AI 文字轉影片技術如何兼顧創意自由與製作效率，真正實現「人人皆可導演」的影片創作願景。

▶ 11-4-1 影片創作流程展示

Step 1 輸入提示詞與設定參數

開啟 Sora 操作介面後，首先在 Prompt 輸入欄輸入文字提示詞，例如：

「在霧氣瀰漫的山谷中，一座透明玻璃橋橫跨兩側峭壁。」

同時可搭配以下參數：畫面比例（16:9）、解析度（480p）、秒數（5s）。

Chapter 11 Sora AI 影片生成利器

Step 2 影片生成進行中

提交提示詞後，系統會立即進行影片生成，畫面上將顯示進度條與處理狀態。此過程通常會在數十秒內完成。

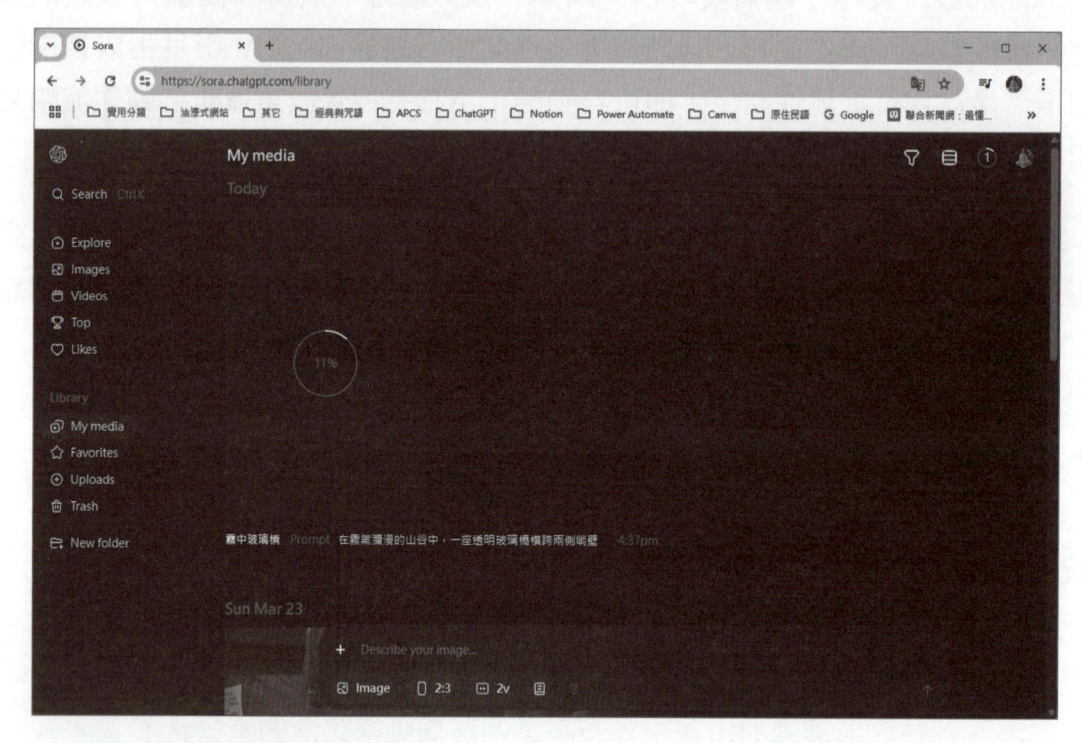

Step 3 觀看成果與初步檢視

生成完成後，即可於主畫面中預覽影片成果，評估動態效果是否符合預期，並準備進一步操作。

Step 4 圖片檢視與影片生成

圖選其中一張圖片,就可以看到該圖片的全貌,如果各位要由該圖片生成影片,可以點選「Create video」(建立影片) 功能按鈕。

Step 5 輸入影片生成提示詞

接著就可以輸入要如何生成影片的提示詞,例如:「The bridge shakes and birds fly over」(中譯:橋搖晃,鳥兒飛過)。

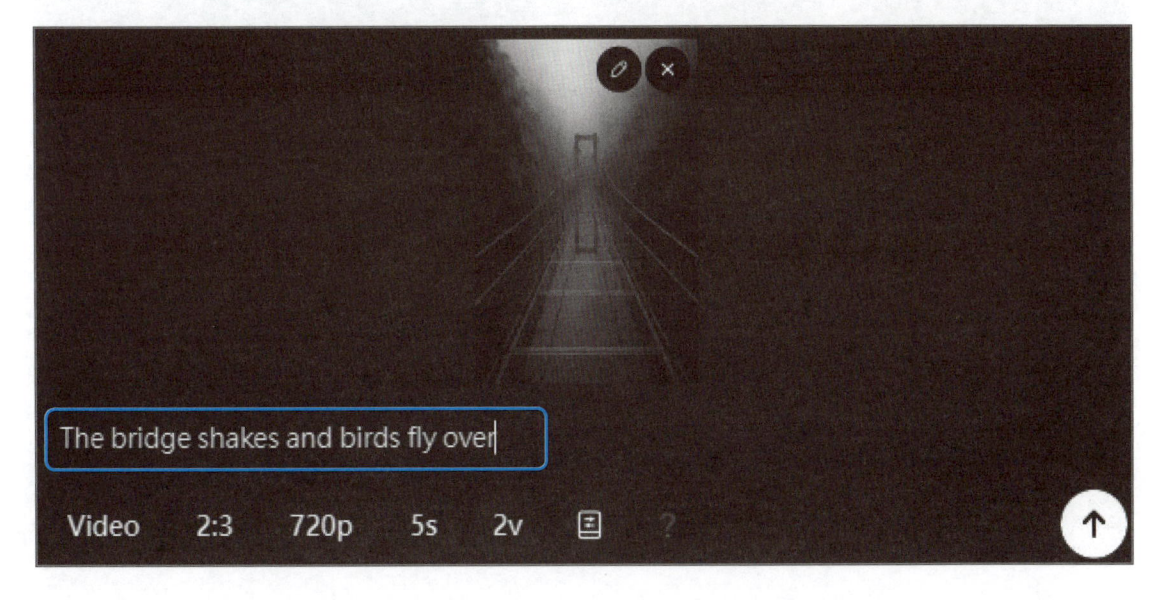

Chapter 11 Sora AI 影片生成利器

Step 6 執行影片生成

將提示詞指令送出後，就會進入影片生成的過程，稍等一下，就可以看到生成的影片。

▶ 11-4-2 影片互動與管理操作

當影片生成完成後，使用者可透過畫面右上角的互動選單對影片進行收藏、下載、分類與分享等操作。這些功能不僅有助於整理創作成果，也能提升社群參與度，並促進模型的使用體驗與回饋機制。

以下為各項功能的詳細說明：

1. **Favorite（加入最愛）**：將影片加入收藏清單，方便日後快速瀏覽與重複使用。

2. **Like（按讚）**：為影片內容按讚，可向系統回饋偏好，協助優化未來推薦影片風格。

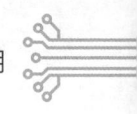

3. **Give Feedback（提供回饋）**：填寫關於影片畫質、敘事邏輯、動作一致性等評價，幫助開發團隊持續優化生成模型。

4. **Sharing Options（分享選項）**：一鍵複製影片連結，可輕鬆分享到 Discord、X（原 Twitter）、社群平台或團隊工作空間。

5. **Download（下載）**：將影片儲存為 .mp4 檔案格式，可用於剪輯、簡報、教材或社群發布。

6. **Add to Folder（加入資料夾）**：可將影片分類儲存至個人建立的資料夾中，方便後續專案管理與主題整理。

7. **Report（回報）**：若影片內容出現技術錯誤、不符描述或涉及不當內容，可透過此功能提交舉報，協助平台維持品質。

8. **Trash（垃圾桶）**：不需要的影片可移至垃圾桶，保持工作區清潔有序。

透過這些互動操作，使用者能更加有效地管理作品、回顧創作過程，並參與社群優化模型，讓每次的影片生成都成為一次有價值的創作體驗。

11-5 實戰圖片生成影片精彩範例

Sora 不僅能根據純文字提示進行影片生成，也支援圖片導向的動態影片創作。透過輸入圖片與／或結合提示詞，Sora 可自動產生具有敘事節奏與視覺風格的短影片，並廣泛應用於動畫製作、品牌展示、教育示範等領域。

本節將介紹 Sora 在以圖片為基礎的影片生成中所支援的三種主要應用模式，並逐一說明其原理、特色與適用情境。

11-5-1 三種圖片驅動影片生成模式

以下將分別說明這三種類型，分別是「單圖動態延伸（Image-to-Video）」、「圖中文字語意觸發（Visual Text Extraction）」及「圖像＋文字多模態融合（Multimodal Prompt）」三種。

1. 單圖動態延伸（Image-to-Video）

使用者上傳一張靜態圖片，Sora 將其作為起始畫面，透過時間建模與動作預測，生成連續動態。

> 範例
> - 模擬範例：「水面泛起漣漪」、「雲層飄移」、「人物起身行走」。
> - 適用場景：靜態圖延伸、動畫片段構建、自然場景模擬。

2. 圖中文字語意觸發（Visual Text Extraction）

Sora 會自動辨識圖像中的文字（OCR），並將其轉換為語意提示，引導影片主題。

> 範例
> - 模擬範例：輸入海報含字「Magic Car 2050」，Sora 生成未來感汽車展示影片。
> - 適用場景：品牌海報動態化、活動標語視覺化、商業轉場動畫。

3. 圖像＋文字多模態融合（Multimodal Prompt）

結合圖片與手動輸入的提示詞，進行深層語意融合與視覺推理，產出更具敘事性與感性的影片。

> **範例**
> - 模擬範例：圖片為海邊日落，提示詞為「女孩在夕陽中轉圈舞蹈」，Sora 生成感性畫面與動作。
> - 適用場景：故事動畫、教育內容設計、藝術敘事創作。

下表是三種模式比較總覽：

類型	使用方式	技術重點	適用場景
單圖生成影片	上傳單一圖片	動作預測、物理建模	延伸靜態畫面、自然動畫、人物動作
圖中文字生成影片	OCR 語意識別	圖文抽取、語意轉換	海報轉動畫、標語啟動主題
圖＋文字生成影片	圖＋prompt 結合	多模態語意整合	教學影片、敘事創作、品牌概念展示

接下來的實作案例，將示範如何在電腦中上傳靜態圖片，再下達提示詞來要求依據該圖片及提示詞來生成影片的操作步驟。

▶ 11-5-2 實作案例：以圖片生成影片

本節將透過實際範例，示範如何使用 Sora 將靜態圖片轉換為具有動畫效果的短影片。此操作結合「圖片上傳」與「文字提示」，讓 AI 根據畫面元素與語意內容進行多模態推理與影片生成。

操作步驟如下：

Step 1 進入 Sora 影片生成介面。

Chapter 11 Sora AI 影片生成利器

Step 2 按下輸入框左側的「＋」按鈕，執行「Upload from device」，從電腦中選取一張圖片。

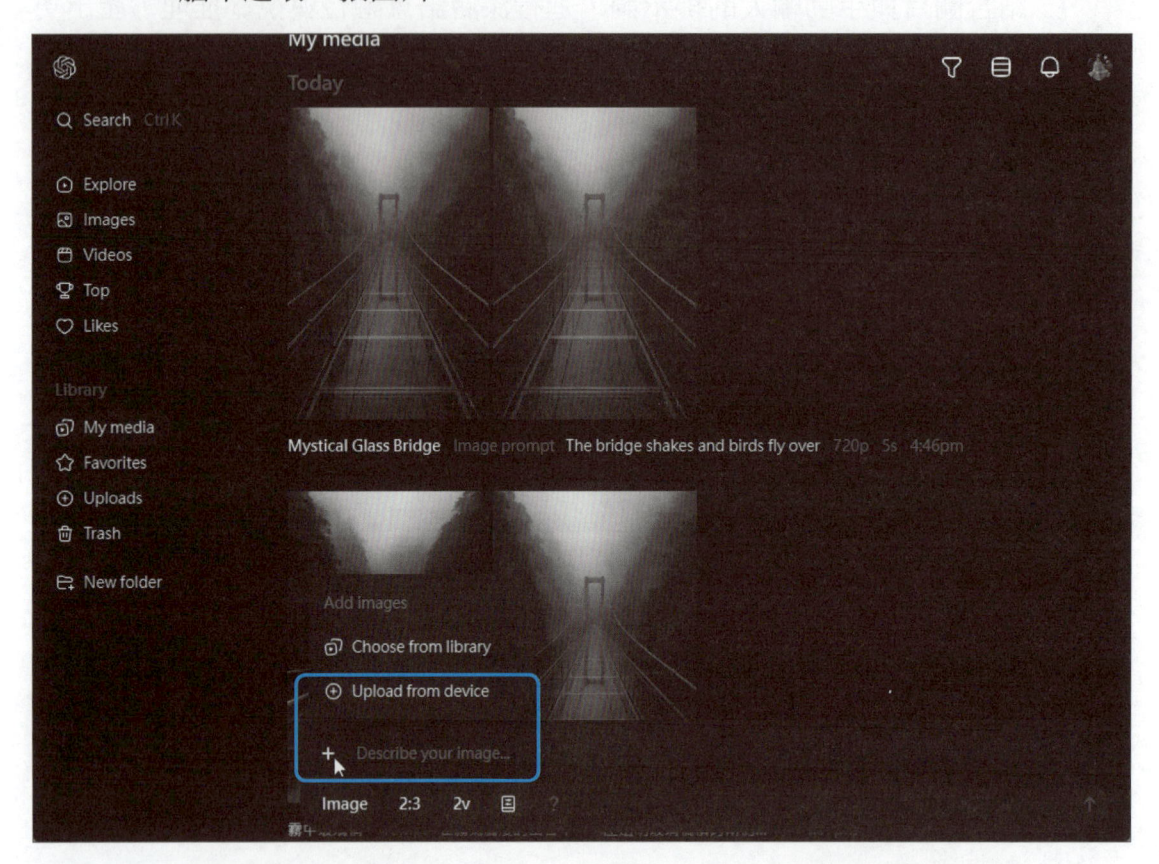

Step 3 接著切換生成模式，請將介面中的「Type」欄位設為「Video」，指定輸出為影片格式。

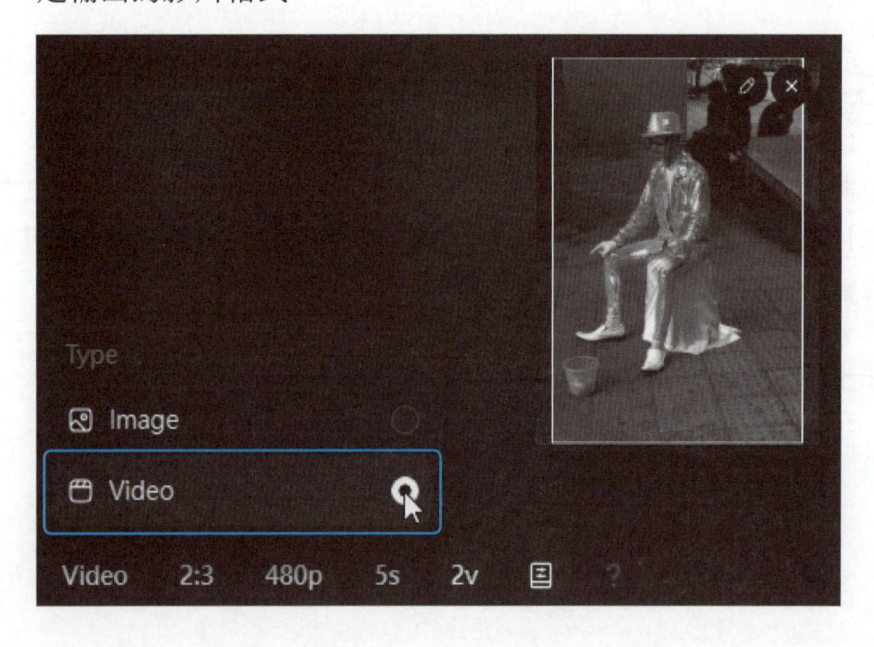

11-5 實戰圖片生成影片精彩範例

Step 4 在文字輸入框中輸入提示詞：「Can dance robot」（中譯：可跳舞的機器人）

Step 5 設定影片參數。

- **duration（長度）**：建議設定為 5 秒。

- **resolution（解析度）**：可選擇 480p 以加快生成速度。

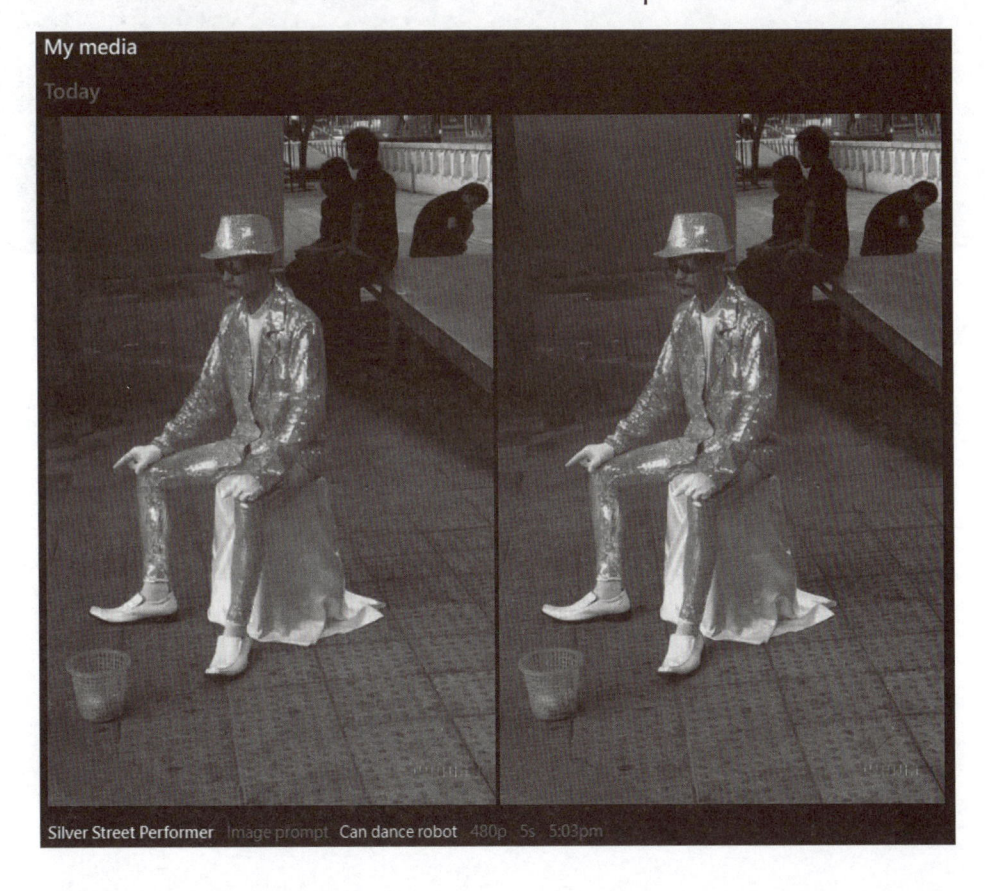

383

Chapter 11 Sora AI 影片生成利器

Step 6 開始生成影片,送出提示詞指令後,Sora 將自動生成兩支不同構圖與風格的影片版本供選擇。

Step 7 點選任一影片即可即時播放並檢視畫面效果。如下圖所示,畫面中將呈現結合機器人與舞蹈動作的創意短片。

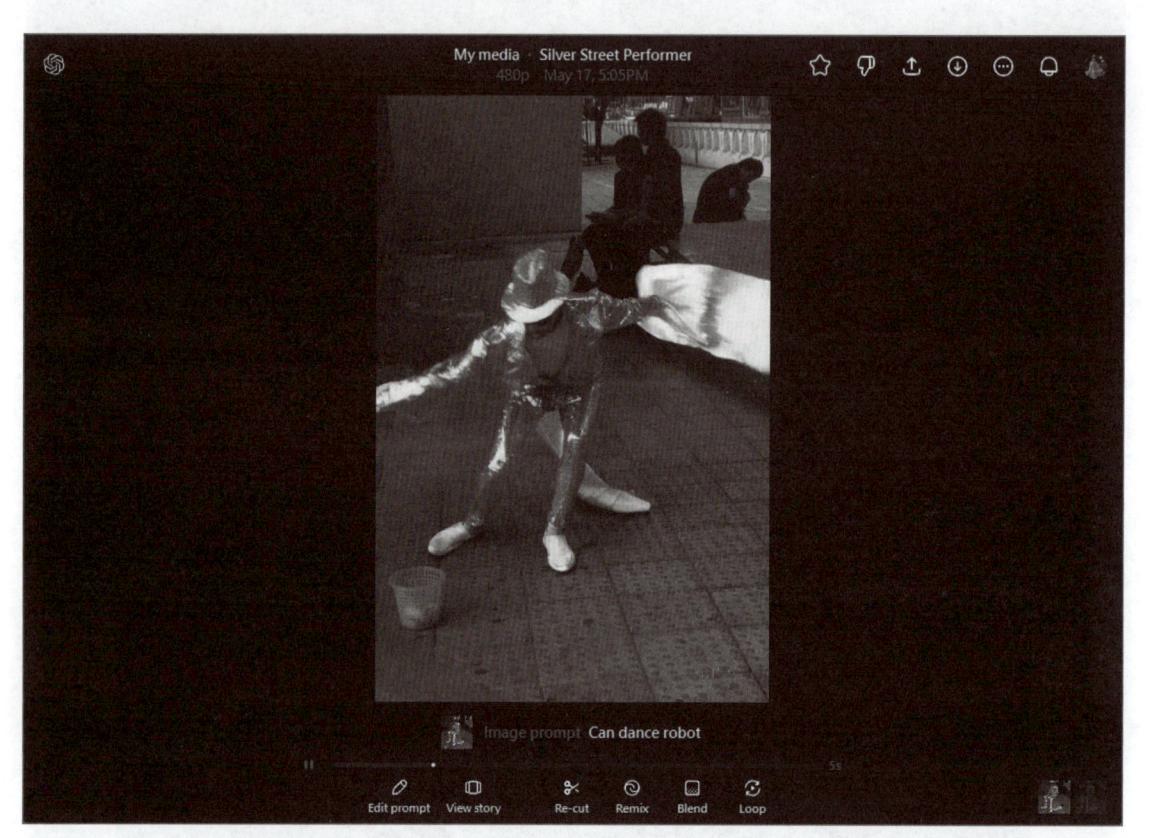

> **Tips**
> 如需生成更高畫質影片,可切換解析度至 720p 或 1080p,但相對會延長生成時間。

CH11 重點回顧

1. Sora 是 OpenAI 所開發的尖端影片生成模型,能根據輸入的文字或圖片自動生成高品質短影片,廣泛應用於創作、教育、商業等場景。

2. Sora 最大的特色是以簡單文字提示即可生成最多 1 分鐘長的影片,不需剪接或動畫經驗,降低影片製作門檻。

3. 影片內容具備高度自然的動態流暢性,包括角色動作協調、鏡頭切換順暢與場景一致性,強化觀賞體驗。

4. Sora 支援多元風格影片生成,包括寫實、動畫、科幻、紀錄片等,適用於社群短片、虛擬導覽、品牌開發等。

5. 影片解析度最高支援 Full HD(1920×1080),並展現豐富細節如光影變化、布料材質與背景景深,視覺效果逼真。

6. 場景模擬能力強,可重現城市街景、自然環境、未來場域,並結合自然對話與動作反應,提升敘事沉浸感。

7. 使用者可透過 https://openai.com/sora/ 登入 Sora 平台,操作介面簡單,支援多種影片比例與格式選擇。

8. 影片輸出支援 16:9、9:16、1:1 畫面比例,適合 YouTube、TikTok、Instagram 等平台需求。

9. Sora 提供多種預設風格如 Balloon World、Stop Motion、Low Poly 等,方便使用者一鍵套用主題效果。

10. 影片生成參數可自訂長度(如 3 秒、5 秒、15 秒)、解析度(720p、1080p、4K)與變體版本,以符合不同任務需求。

11. 提示(prompt)詞是影響影片生成品質的核心,應包含場景、角色、動作、風格與時間條件。

12. Sora 支援圖片生成影片的三種進階模式:「單圖動態延伸(Image-to-Video)」、「圖中文字語意觸發(Visual Text Extraction)」及「圖像+文字多模態融合(Multimodal Prompt)」三種。

13. 單圖延伸模式適合靜態畫面動畫化,如背景流動、水波光影等連續視覺效果。

14. 圖中文字語意觸發模式可讀取圖片中的文字標語,據此生成風格一致的動畫影片,如海報轉場或商標動畫。

15. 圖像＋文字多模態融合模式能結合畫面與描述，同步控制內容與節奏，適合用於故事敘述與概念創作。

16. 影片生成完成後，使用者可操作「收藏」、「按讚」、「分享」、「下載」、「回報」等功能，有利於作品管理與分享推廣。

17. Sora 提供 Discord 社群、官方教學影片與線上說明文件，幫助使用者交流技巧與學習操作。

18. 影片生成支援再編輯與延伸功能，可針對指定段落加入新提示，如「橋開始搖晃並有鳥飛過」進行補敘創作。

19. Sora 強調操作簡易、輸出快速與畫面品質兼具，為 AI 創作工具中最具潛力的影像創作解決方案之一。

課後習題　Chapter 11

一、選擇題

_____ 1. Sora 是由哪間公司所開發的影片生成模型？
(A) Anthropic　　　　　　　　(B) OpenAI
(C) Meta　　　　　　　　　　(D) Google

_____ 2. 下列何者是 Sora 目前展示影片多數的輸出解析度是多少？
(A) 640×480　　　　　　　　(B) 1366×768
(C) 2K　　　　　　　　　　　(D) 1920×1080（Full HD）

_____ 3. Sora 的提示詞可應用於生成影片的時間上限約為？
(A) 3 秒　　　　　　　　　　(B) 15 秒
(C) 30 秒　　　　　　　　　 (D) 約 1 分鐘

_____ 4. 若要產出手機短影片格式，應設定哪種 Aspect Ratio？
(A) 1:1　　　　　　　　　　 (B) 9:16
(C) 16:9　　　　　　　　　　(D) 4:3

_____ 5. Sora 的影片預設風格中，不包含下列哪一項？
(A) Balloon World　　　　　　(B) Cyberpunk Neon
(C) Stop Motion　　　　　　　(D) Archival

_____ 6. 若要將圖片與文字結合成影片，Sora 使用哪種提示技術？
(A) OCR 提取
(B) 單張連續畫面預測
(C) 多模態融合提示（Multimodal Prompt）
(D) 分段編輯

_____ 7. 使用者若想重建城市街景並加入角色互動，Sora 的哪個特色最能發揮效果？
(A) 仿真環境模擬與人物互動設計
(B) 語音轉文字能力
(C) 漸層光影預測模組
(D) 自動剪輯引擎

_____ 8. 使用者可在影片生成後使用哪一項功能來回報錯誤影片？
(A) Give Feedback　　　　　　(B) Like
(C) Add to Folder　　　　　　 (D) Report

_____ 9. 若想快速了解 Sora 操作方式，哪一項功能可協助觀看教學影片？
   (A) Settings　　(B) Video Tutorials
   (C) Help Chatbot　　(D) Join Discord

_____ 10. 在 Sora 的影片提示詞中加入「a volcano erupts and lava flows」最可能對應哪一主題？
   (A) 火山爆發逃生　　(B) 中古市集
   (C) 魔法圖書館　　(D) 未來醫療艙

_____ 11. 圖片生成影片的「Visual Text Extraction」模式最常應用於哪一情境？
   (A) AR 遊戲設計　　(B) 教學圖卡展示
   (C) 海報背景動畫延伸　　(D) 由圖片中的標語生成動畫內容

_____ 12. 下列哪一個屬於 Sora 的影片互動功能之一？
   (A) 語音導覽　　(B) API 整合
   (C) 雙人對話訓練　　(D) 加入最愛（Favorite）

_____ 13. 若要上傳圖片以生成影片，使用者應點選哪個按鈕？
   (A) Create video　　(B) Upload from device
   (C) Join Discord　　(D) Select Preset

_____ 14. 想製作「森林中精靈射箭」動畫場景，應使用哪一段提示詞？
   (A) A knight fights in a ruined castle
   (B) A rocket blasts off at dawn
   (C) An elven archer shoots glowing floating targets
   (D) Books swirl around a reader

_____ 15. 使用者希望生成影片前自訂畫面比例與長度等設定，應在何處操作？
   (A) Discord 外掛　　(B) Share Menu
   (C) Prompt 編輯列　　(D) 螢幕下方參數區

_____ 16. Sora 的「Create video」功能可用於哪種情境？
   (A) 批次上傳影片
   (B) 設定資料夾分類
   (C) 選擇圖片後輸入新提示詞產出影片
   (D) 產出 4K 動畫說明書

_____ 17. 若要將輸出影片下載至本地電腦，使用者應點選哪一項？
   (A) Download　　(B) Like
   (C) Add to Folder　　(D) Help

_____ 18. 單圖生成影片模式依賴哪種 AI 推理方式？
　　　(A) 音訊學習　　　　　　　　(B) 語法解構
　　　(C) 動態預測與物理推理　　　　(D) 語氣感知處理

_____ 19.「Multimodal Prompt」強調哪種生成方式？
　　　(A) 依據語音與圖像轉影片
　　　(B) 根據地理位置調用風格
　　　(C) 同時根據圖片與提示詞語意製作影片
　　　(D) 以演算法自動生成風格參數

_____ 20. 若要調整生成影片的風格與光影細節，最適合操作哪個選項？
　　　(A) Folder　　　　　　　　　(B) Preset
　　　(C) Timeline　　　　　　　　(D) Feedback

二、問答題

1. Sora 是什麼？請簡述其主要功能與應用優勢。

2. Sora 提示詞應包含哪些關鍵元素？

3. 請說明 Sora 三種圖片生成影片模式的差異。

4. 若想產生直式短影片，應在 Sora 設定哪個參數？

5. Sora 的 Remix 功能與影片提示詞有何關聯？

6. 使用者可透過哪三個功能互動或管理已產出影片？

7. 請說明如何從圖片生成影片的完整步驟。

8. 哪些影片風格最適合搭配 Sora 預設的 Balloon World 與 Stop Motion？

9. 如何提升影片生成的動作流暢性與敘事一致性？

10. 提示詞設計不良會造成哪些影片生成問題？

11. 請說明何謂「Visual Text Extraction」？

12. 提示詞「雪地裡的探險家與雪狼」屬於哪種影片類型？

13. Sora 可生成影片的最長與最短建議時間為何？

14. 如何讓影片內容更具沉浸感？

15. 舉例說明 Sora 在教育或商業領域的應用案例。

MEMO

Chapter 12

熱門的 AI 多元工具

隨著人工智慧（AI）技術迅速進化，越來越多功能強大且易於上手的 AI 工具正快速滲透到我們的學習、工作與創作日常中。從協助寫作的語言模型、生成視覺設計的圖像工具，到提升生產效率的自動化平台，這些工具不僅提升了個人創作力，也正在重塑各行各業的工作模式。

本章將依照應用場景，系統性地介紹目前最熱門、最具代表性的 AI 工具，並分為八大類別：文字生成與語言處理、圖像創作與編輯、影音製作與變聲、資料分析與視覺化、行銷與品牌經營、教育學習與教學、商業與辦公自動化，以及整合型 AI 助手。每一節均附上功能簡介、主要應用說明與官方網址，方便讀者依自身需求深入探索與實際應用。

無論你是教育工作者、創作者、學生、上班族，或是對 AI 感興趣的新手，本章將成為你快速掌握 AI 工具全貌的實用指南。

12-1　文字生成與語言處理類熱門工具

12-2　圖像創作與編輯類熱門工具

12-3　影音製作與變聲類熱門工具

12-4　資料分析與視覺化類熱門工具

12-5　行銷與品牌經營類熱門工具

12-6　教育學習與教學類熱門工具

12-7　商業與辦公自動化類熱門工具

12-8　AI 助手與整合型平台類熱門工具

12-1 文字生成與語言處理類熱門工具

這類 AI 工具擅長理解自然語言，能協助使用者進行內容撰寫、改寫、翻譯、摘要、對話模擬等語言任務，適合用於創作、教育、客服與日常工作中。

- **代表工具**：ChatGPT、Claude、Jasper、Copy.ai、Notion AI。
- **應用對象**：作家、編輯、學生、客服、創作者。

▶ 12-1-1　ChatGPT

- **功能簡介**：由 OpenAI 開發的多功能語言模型，擅長自然語言理解與生成，支援對話、寫作、翻譯、摘要、教學解說等多元任務。
- **主要應用**：內容撰寫、教案設計、對話模擬、信件編寫、語言學習輔助、AI 助理功能整合（Pro 版支援 GPTs 與工具）。
- **官方網址**：https://chat.openai.com

工具名稱
ChatGPT
軟體 ICON

▶ 12-1-2　Claude

- **功能簡介**：由 Anthropic 公司推出的 AI 聊天機器人，以安全性與可控性為設計核心，擅長對話互動、文本生成、邏輯推理與閱讀理解。
- **主要應用**：深入問答、文章摘要、對話模擬、資料整合與推理應用。
- **官方網址**：https://www.anthropic.com/

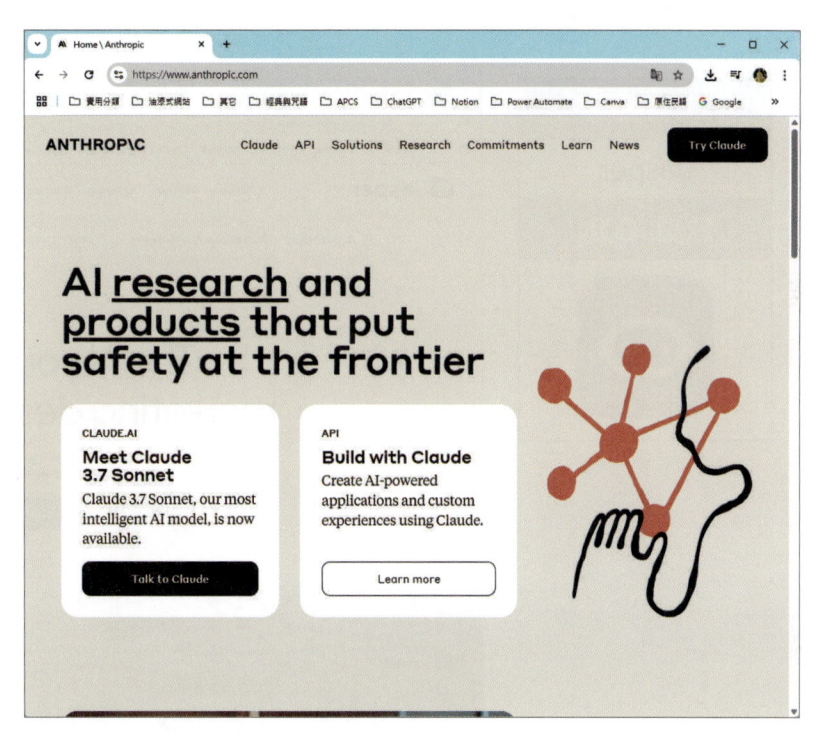

工具名稱
Claude
軟體 ICON

12-1-3　Jasper

- **功能簡介**：專為行銷與品牌內容設計的 AI 寫作平台，具備多種寫作模板與語氣風格選擇，適合製作行銷文案與廣告內容。

- **主要應用**：社群貼文撰寫、SEO 文章生成、品牌故事構建、廣告文案產出、電子報內容製作。

- **官方網址**：https://www.jasper.ai

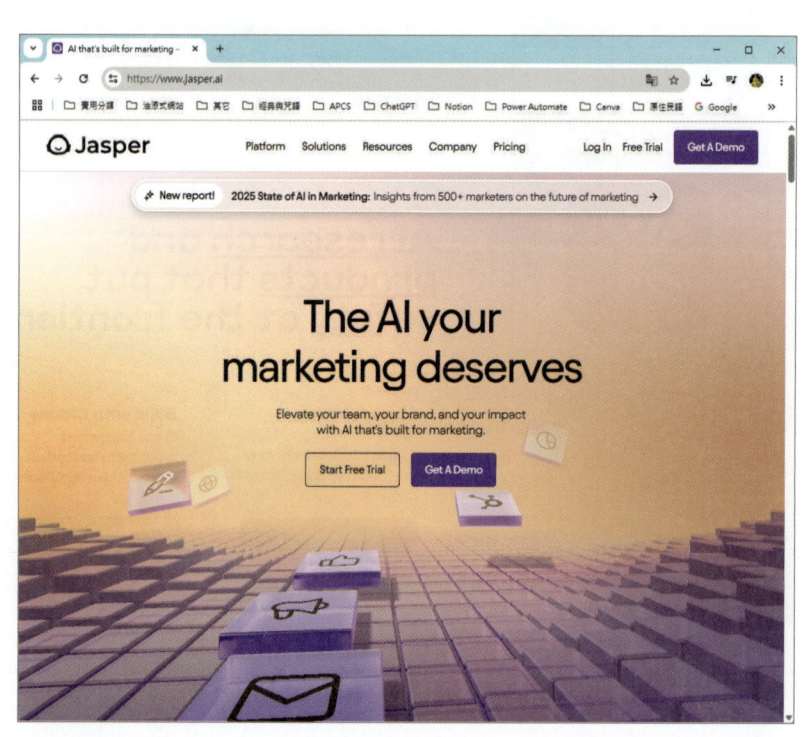

工具名稱
Jasper
軟體 ICON

12-1 文字生成與語言處理類熱門工具

12-1-4　Copy.ai

- **功能簡介**：針對商業與行銷用途的自動文案生成工具，支援多語言寫作，能快速產出標題、廣告語、行銷郵件等內容。
- **主要應用**：廣告創意文案、電商產品描述、行銷郵件內容、自動銷售漏斗文案生成。
- **官方網址**：https://www.copy.ai

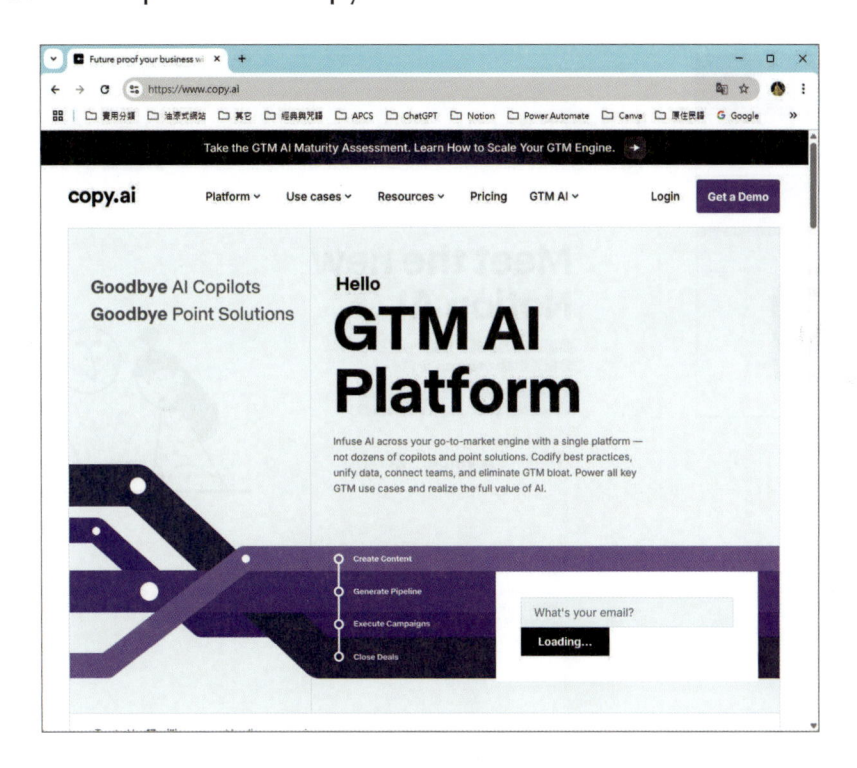

397

12-1-5　Notion AI

- **功能簡介**：內建於 Notion 筆記與知識管理平台中的 AI 功能，可用於摘要、改寫、生成待辦事項、會議紀錄、筆記整理等。

- **主要應用**：工作筆記生成、自動會議摘要、部落格草稿撰寫、思維擴展與寫作建議。

- **官方網址**：https://www.notion.so/product/ai

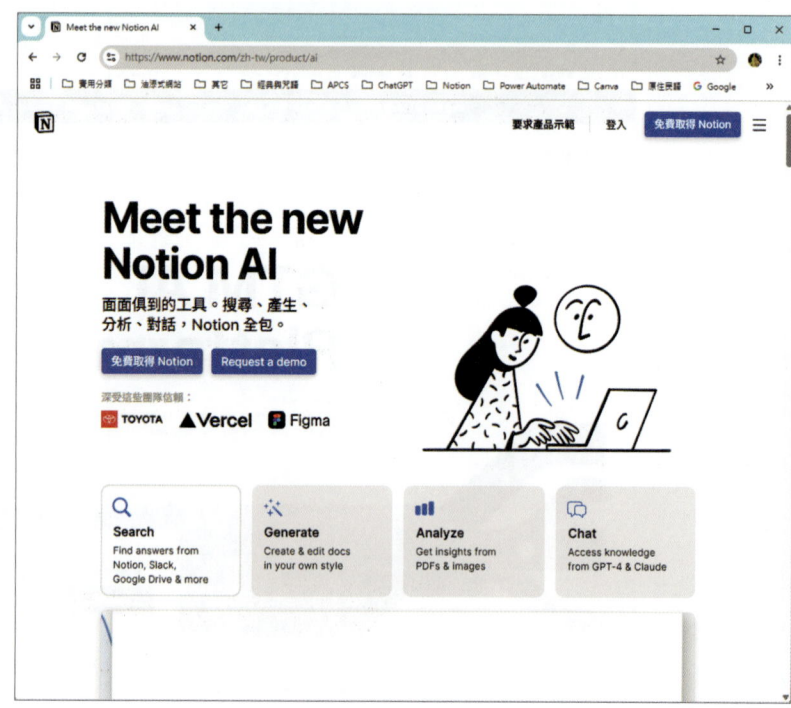

工具名稱
Notion AI
軟體 ICON

12-2 圖像創作與編輯類熱門工具

　　AI 圖像工具可依提示詞生成藝術圖像、插畫、廣告素材，也可用於修圖、美化與視覺風格轉換，是設計與創意產業的重要助手。

- **代表工具**：Midjourney、DALL‧E、Canva AI、Adobe Firefly、Leonardo.Ai。
- **應用對象**：設計師、行銷人員、內容創作者、出版業。

12-2-1　Midjourney

- **功能簡介**：基於 Discord 平台操作的 AI 圖像生成工具，能根據文字提示（prompt）創作高品質、藝術風格濃厚的圖像。
- **主要應用**：藝術創作、角色設計、視覺概念設計、封面設計、時尚與電影場景風格模擬。
- **官方網址**：https://www.midjourney.com

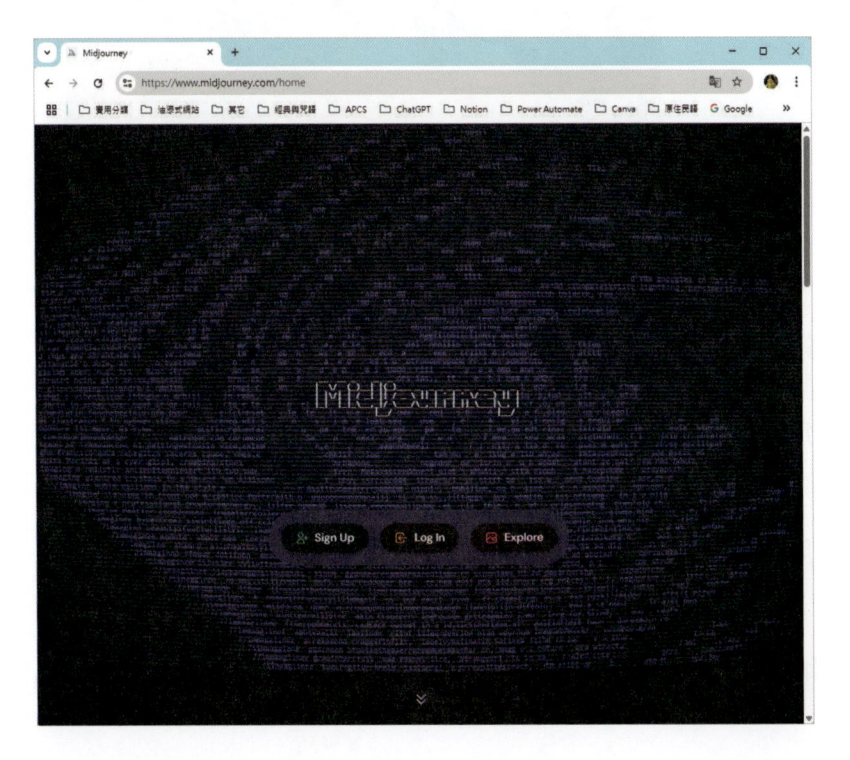

12-2-2　DALL・E

- **功能簡介**：由 OpenAI 開發的 AI 圖像生成工具,支援文字轉圖（text-to-image）與圖片編輯（inpainting）,整合於 ChatGPT 介面中使用。
- **主要應用**：插畫創作、廣告圖片製作、概念產品視覺化、圖像改圖與背景替換。
- **官方網址**：https://openai.com/index/dall-e-3/

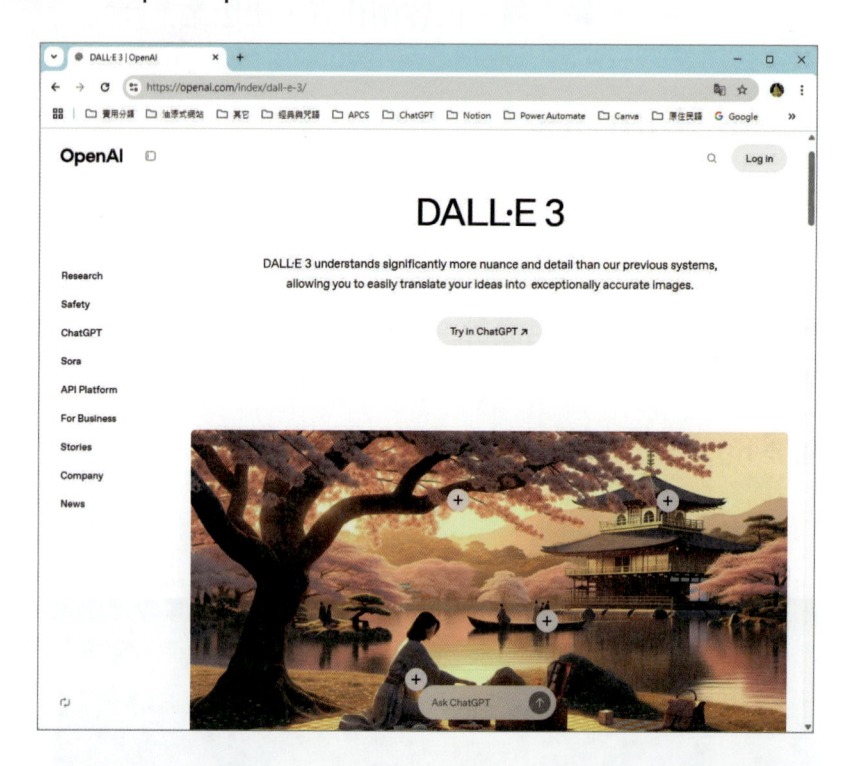

12-2-3　Canva AI

- **功能簡介**：整合於 Canva 平台的多功能 AI 工具,包括文字轉圖、魔法編輯、背景移除與設計建議,適合初學者與商業設計者。
- **主要應用**：簡報設計、社群貼文、電商圖卡、品牌素材製作、快速圖像生成。
- **官方網址**：https://www.canva.com/features/ai-image-generator

12-2 圖像創作與編輯類熱門工具

工具名稱
Canva AI
軟體 ICON

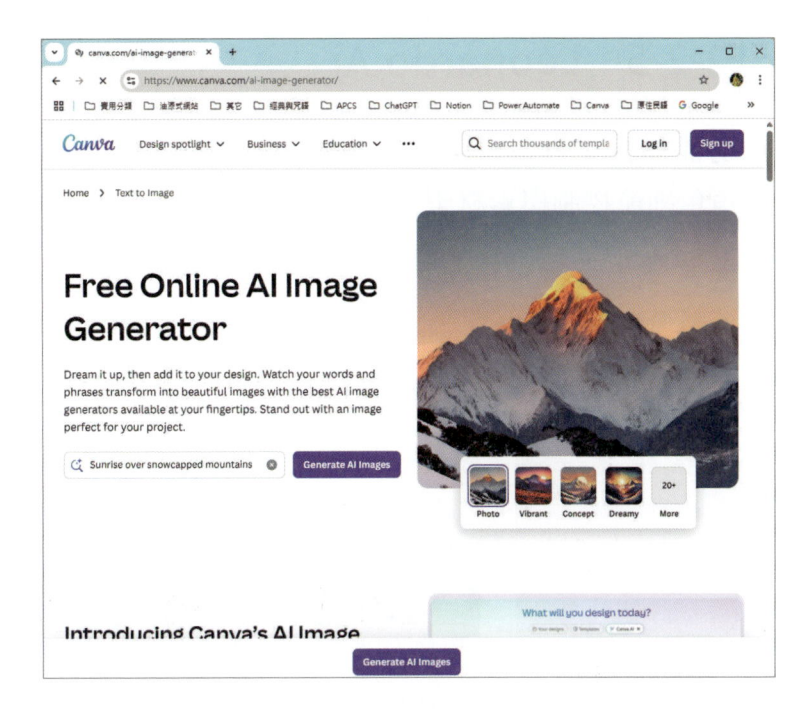

12-2-4 Adobe Firefly

- **功能簡介**：Adobe 推出的創意 AI 圖像工具，提供文字轉圖、文字特效、向量圖形生成，並與 Photoshop 等軟體深度整合。

- **主要應用**：創意設計製作、視覺行銷素材、商業海報、數位插畫與圖像改圖。

- **官方網址**：https://firefly.adobe.com

工具名稱
Adobe Firefly
軟體 ICON

401

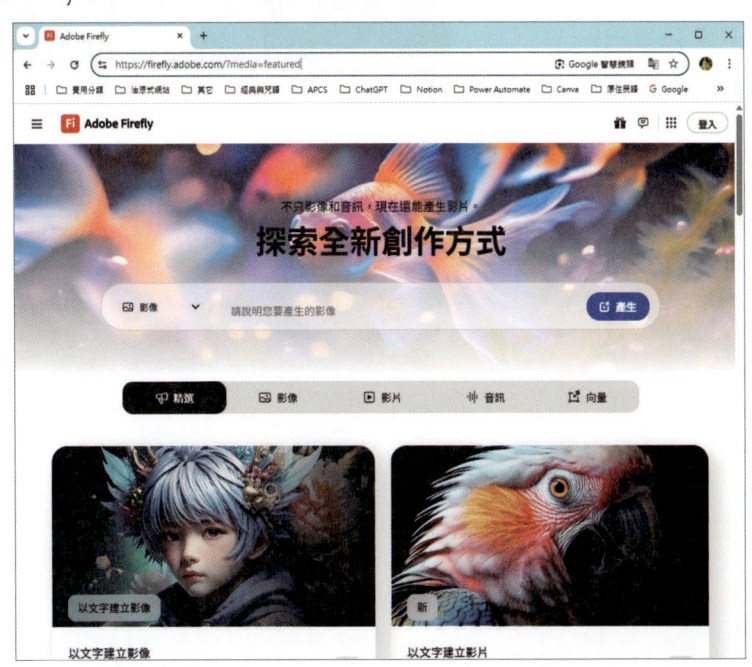

12-2-5　Leonardo.Ai

- **功能簡介**：專為遊戲與娛樂產業打造的 AI 圖像平台,強調風格一致性、角色細節控制與素材製作效率。

- **主要應用**：遊戲角色與道具設計、卡牌圖像、背景概念圖、IP 視覺風格統整。

- **官方網址**：https://leonardo.ai

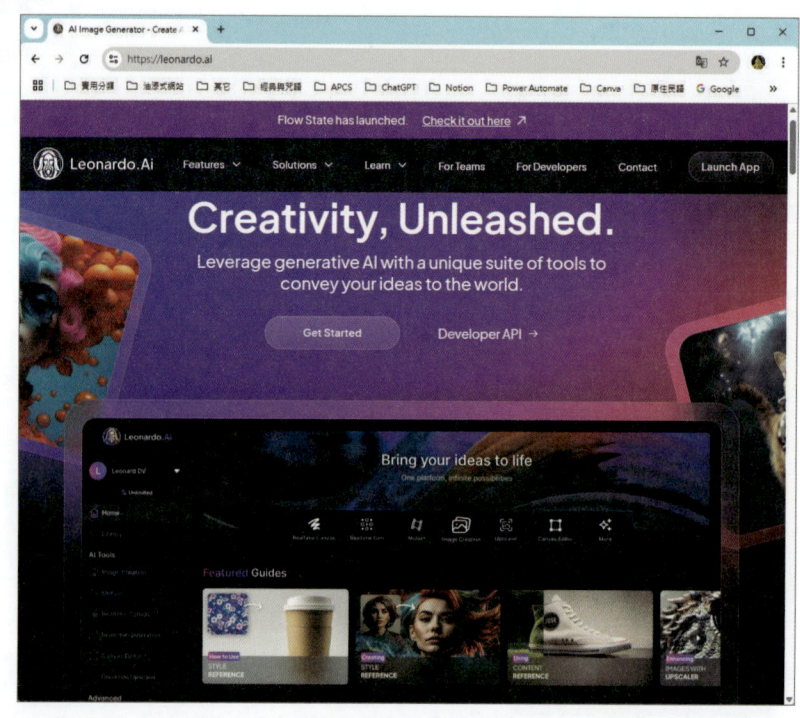

工具名稱
Leonardo.Ai
軟體 ICON

12-3　影音製作與變聲類熱門工具

這類工具能協助製作動畫影片、AI 配音、語音合成、影片轉文字等，降低影片製作的技術門檻，廣泛應用於教育、YouTube、自媒體等場景。

- **代表工具**：Pika Labs、Sora（OpenAI）、Runway ML、ElevenLabs、Synthesia。
- **應用對象**：影音創作者、教育者、行銷團隊、Podcaster。

▶ 12-3-1　Pika Labs

- **功能簡介**：專注於文字轉影片（text-to-video）的 AI 工具，使用者只需輸入簡單文字提示，即可生成高畫質動畫短片，支援場景切換與鏡頭移動效果。
- **主要應用**：創意動畫製作、概念影片展示、短影音創作、故事分鏡模擬。
- **官方網址**：https://www.pika.art

工具名稱
Pika
軟體 ICON

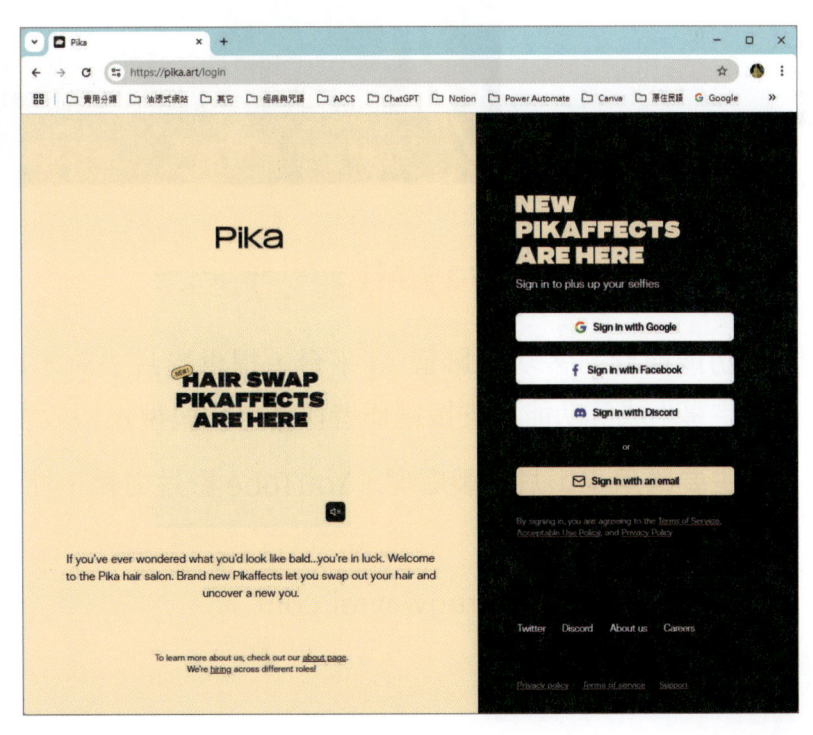

12-3-2 Sora（OpenAI）

- **功能簡介**：OpenAI 開發中的強大文字轉影片生成模型，能根據提示詞製作具真實感、時間連貫性強的短影片。
- **主要應用**：電影場景預覽、產品示意影片、虛擬場景生成、廣告短片構思。
- **官方網址**：https://openai.com/sora

12-3-3 Runway ML

- **功能簡介**：多功能影音 AI 平台，提供影片去背、風格轉換、圖轉影片、字幕生成等功能，支援創作者快速剪輯與視覺特效製作。
- **主要應用**：影片後製處理、YouTube 影片剪輯、社群內容製作、創意影片生成。
- **官方網址**：https://runwayml.com

工具名稱
Runway ML
軟體 ICON

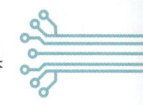

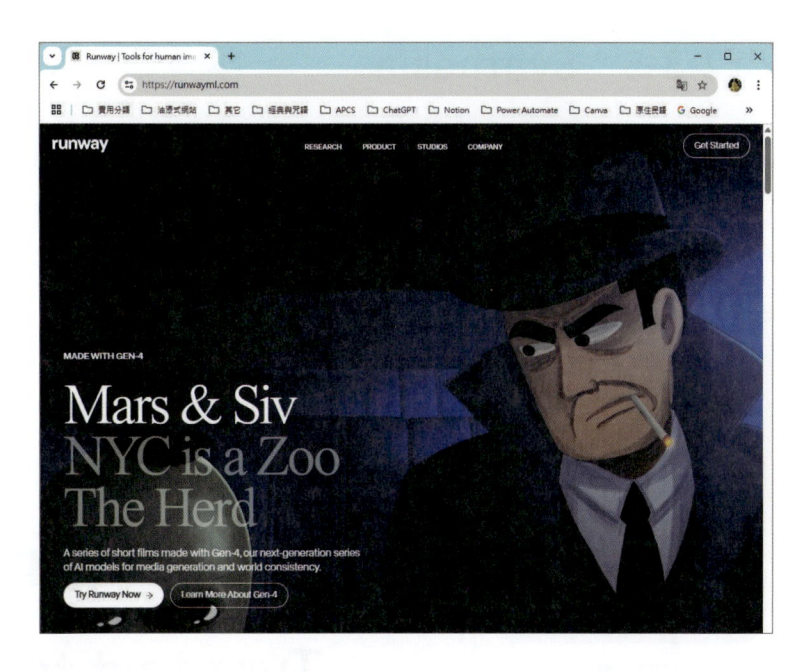

12-3-4　ElevenLabs

- **功能簡介**：高品質語音合成平台，可根據文字生成自然語調的語音，支援多語言、多角色與真實情緒，亦可進行聲音克隆。

- **主要應用**：有聲書製作、Podcast 配音、虛擬角色語音生成、影片旁白配音。

- **官方網址**：https://www.elevenlabs.io

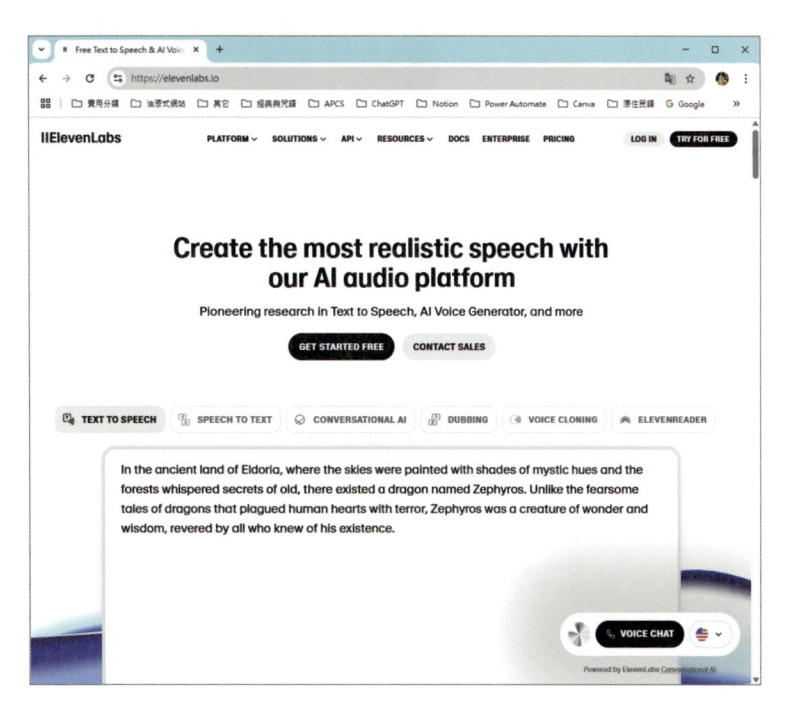

工具名稱
ElevenLabs
軟體 ICON

Chapter 12 熱門的 AI 多元工具

▶ 12-3-5　Synthesia

- **功能簡介**：AI 虛擬主播影片製作平台，使用者可上傳腳本並選擇虛擬人像，系統會自動生成對口說話的影片，廣泛用於企業簡報與教學影片。

- **主要應用**：產品介紹影片、內部訓練影片、教學簡報影片、自動影片翻譯與配音。

- **官方網址**：https://www.synthesia.io

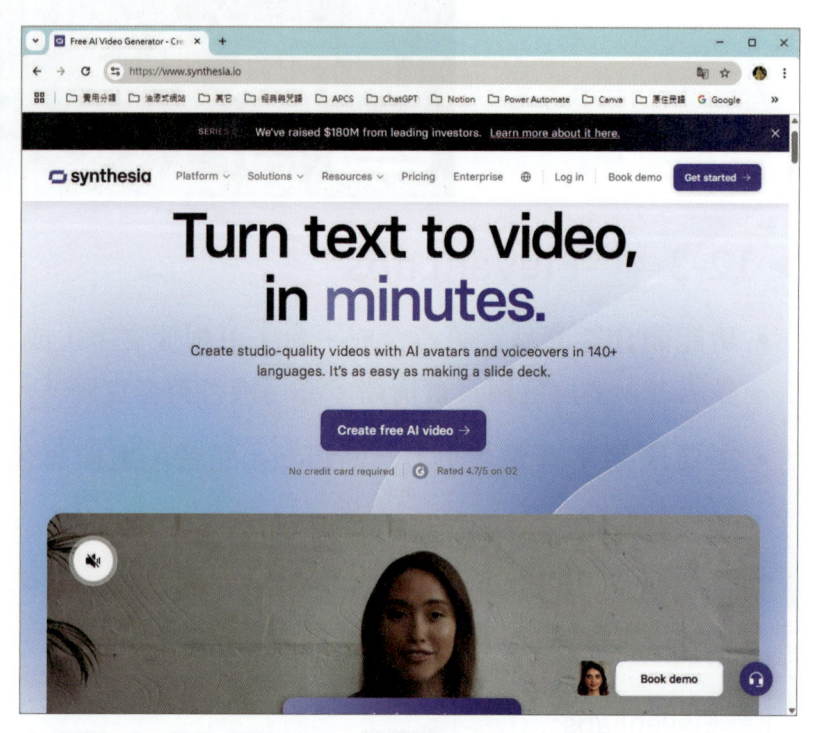

工具名稱
Synthesia
軟體 ICON

12-4 資料分析與視覺化類熱門工具

這類工具可處理龐大資料、找出趨勢並視覺化成圖表,讓非工程背景者也能快速進行數據分析與決策。

- **代表工具**:Power BI、Tableau、MonkeyLearn、Weka。
- **應用對象**:數據分析師、企業主管、學生、研究人員。

12-4-1 Power BI

- **功能簡介**:由 Microsoft 開發的商業智慧分析工具,支援連接多種資料來源,透過直覺化拖拉方式快速建立互動式報表與儀表板。
- **主要應用**:企業營運數據分析、即時報表監控、財務資料視覺化、行銷績效追蹤。
- **官方網址**:https://powerbi.microsoft.com

工具名稱
Power BI
軟體 ICON

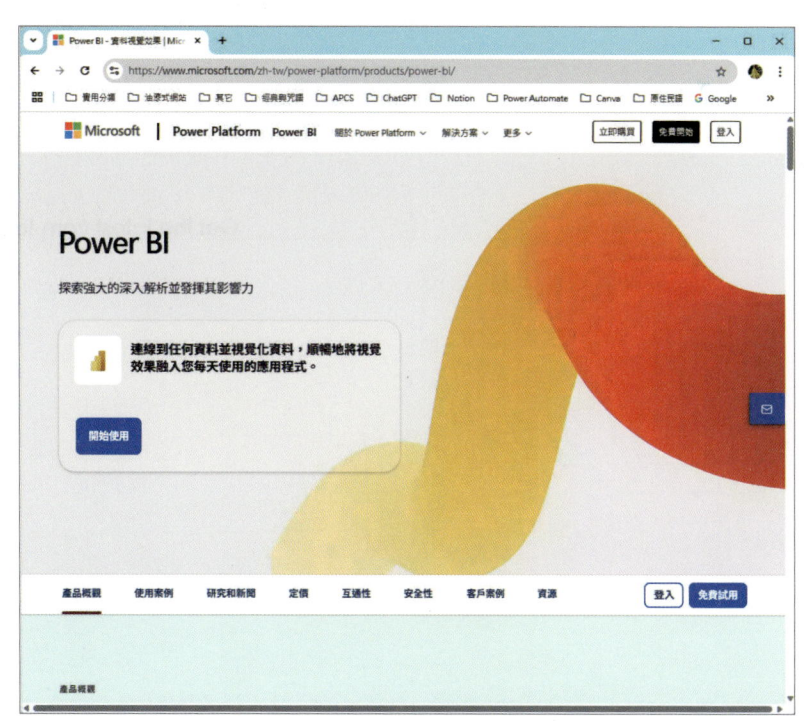

Chapter 12 熱門的 AI 多元工具

12-4-2 Tableau

- **功能簡介**：功能強大的資料視覺化工具，擅長處理大量資料並以互動圖表形式呈現，支援資料探索與深層分析，適合商業決策者與數據分析師使用。
- **主要應用**：商業分析、資料儀表板設計、趨勢洞察視覺化、資料故事敘述。
- **官方網址**：https://www.tableau.com

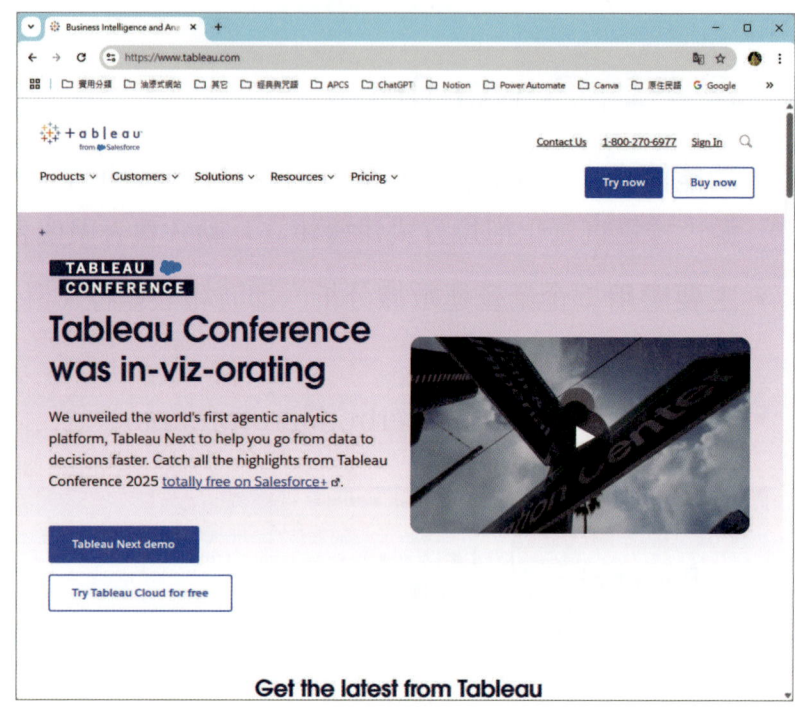

工具名稱
Tableau
軟體 ICON

12-4-3　MonkeyLearn

- **功能簡介**：無需編碼即可進行文字資料分析的 AI 平台，支援分類、情感分析、關鍵字萃取等功能，適用於非技術背景者。
- **主要應用**：客服評論分析、問卷開放題分類、品牌監測、社群語意分析。
- **官方網址**：https://monkeylearn.com

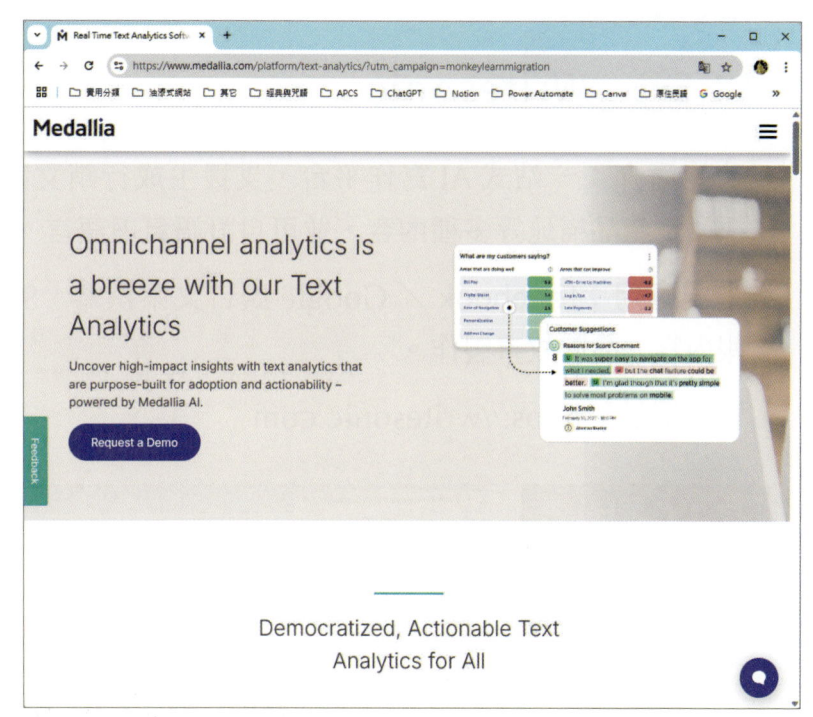

工具名稱
MonkeyLearn
軟體 ICON

12-5 行銷與品牌經營類熱門工具

　　行銷相關 AI 工具可自動產出文案、設計貼文、預測廣告成效，提升行銷效率與品牌影響力，是數位轉型中的熱門應用領域。

- **代表工具**：Writesonic、Ocoya、SurferSEO、HubSpot AI。
- **應用對象**：社群經營者、行銷團隊、品牌顧問、自媒體經營者。

▶ 12-5-1 Writesonic

- **功能簡介**：一站式 AI 寫作平台，支援生成行銷文案、部落格文章、廣告標語、產品描述等多種內容，並可自訂語氣與語言。
- **主要應用**：Facebook／Google 廣告文案撰寫、SEO 部落格創作、電子報內容、品牌故事製作。
- **官方網址**：https://writesonic.com

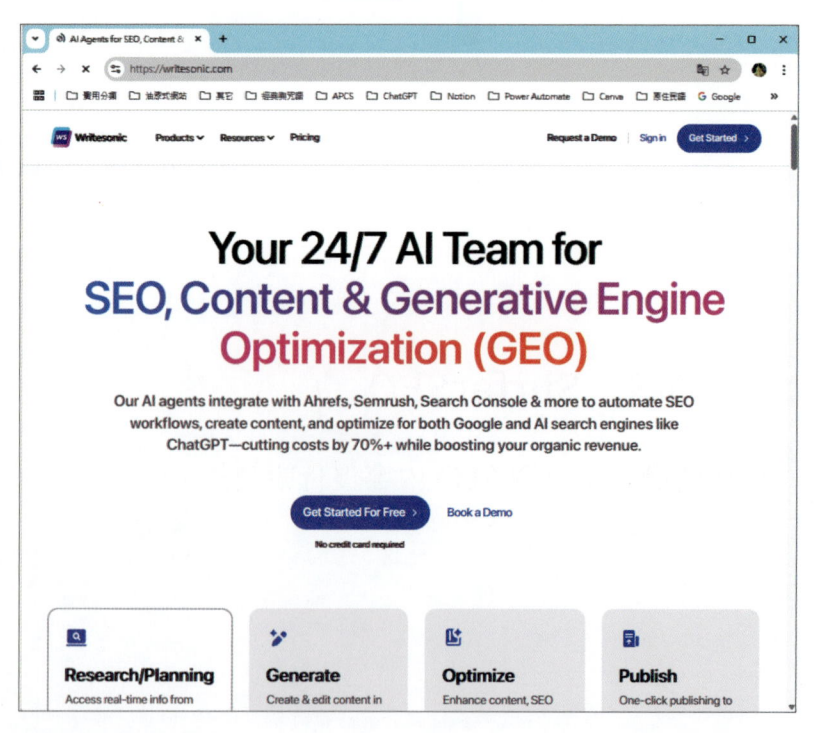

工具名稱	Writesonic
軟體 ICON	

12-5-2　Ocoya

- **功能簡介**：整合 AI 文案生成與社群排程的行銷平台，支援圖片生成、短文撰寫、影片片段創作，並可自動排程發文至多個平台。
- **主要應用**：社群貼文設計與發佈、品牌素材管理、自動文案生成、跨平台內容行銷。
- **官方網址**：https://www.ocoya.com

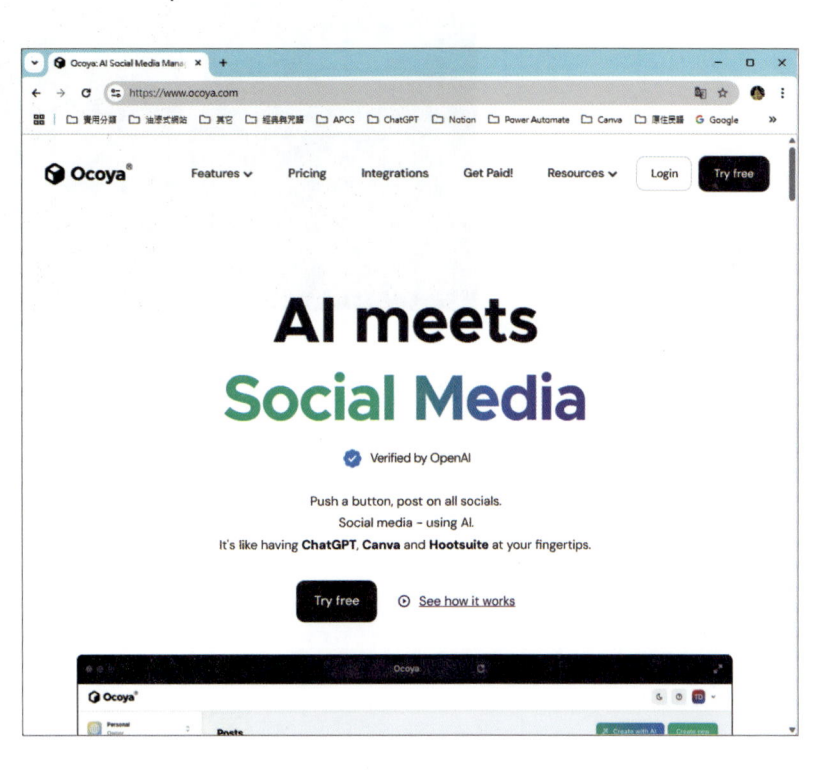

工具名稱
Ocoya
軟體 ICON
(Ocoya)

12-5-3　SurferSEO

- **功能簡介**：針對 SEO 內容優化設計的 AI 工具，可根據關鍵字提供最佳化建議，協助使用者創建高排名的網站內容與文章。
- **主要應用**：SEO 寫作輔助、網站內容優化、競爭對手分析、Google 搜尋排名改善。
- **官方網址**：https://surferseo.com

Chapter 12 熱門的 AI 多元工具

工具名稱
SurferSEO

軟體 ICON
SURFER SEO

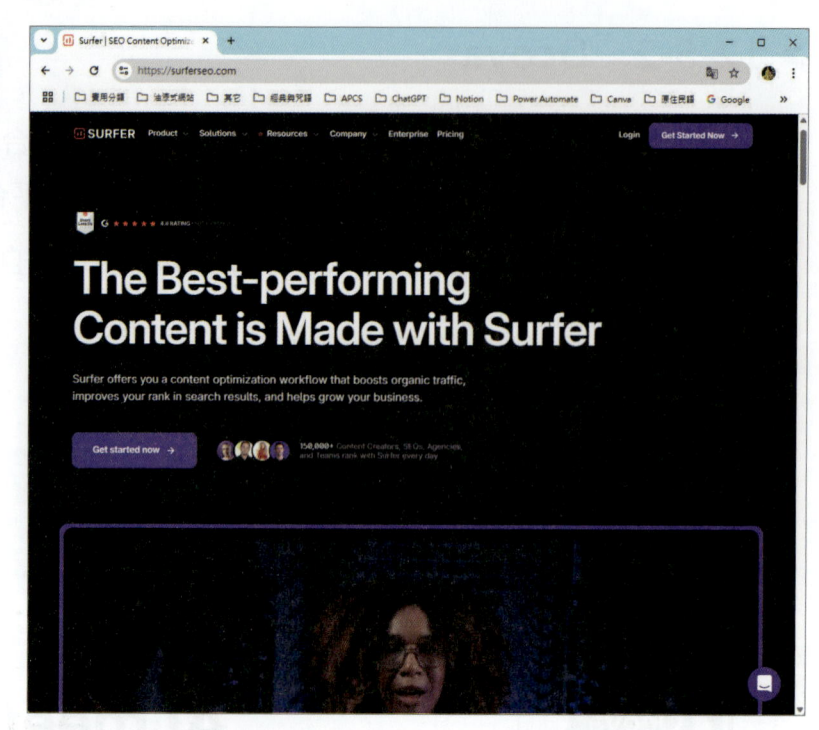

12-6 教育學習與教學類熱門工具

　　AI 教學工具可協助老師生成教材、批改作業、製作練習題，也能幫助學生個別化學習與語言訓練，是數位學習的重要趨勢。

- **代表工具**：Khanmigo、Quizlet AI、Socratic。
- **應用對象**：教師、學生、自學者、補教業者。

▶ 12-6-1　Khanmigo

- **功能簡介**：由可汗學院（Khan Academy）推出的 AI 教學助手，結合 GPT 技術，能與學生互動式對話、解釋概念、協助老師備課與學生學習。
- **主要應用**：互動學習輔導、數學與科學題解說、閱讀理解輔助、教師課程規劃與回饋。
- **官方網址**：https://www.khanmigo.ai

工具名稱
Khanmigo
軟體 ICON

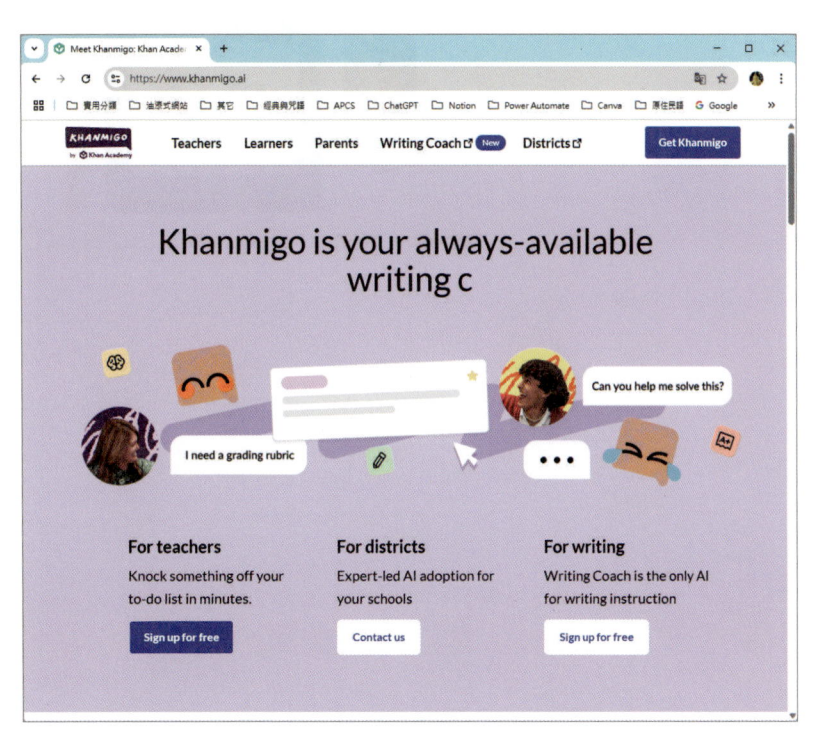

12-6-2　Quizlet AI

- **功能簡介**：Quizlet 將 AI 技術導入學習平台，可自動生成練習題、重點摘要、測驗卡片，並支援 AI 對答練習與智慧複習建議。
- **主要應用**：單字記憶、考前準備、自學測驗練習、語言與學科重點複習。
- **官方網址**：https://quizlet.com/tw

工具名稱
Quizlet AI
軟體 ICON
(Q)

12-6-3 Socratic

- **功能簡介**：Socratic 是一款由 Google 所擁有的教育科技應用程式，主要功能在於協助學生解決作業問題並深入理解學科概念。Socratic 在 2018 年被 Google 收購，並於 2019 年重新推出，整合了 Google 的人工智慧技術。此後，Socratic 的功能逐步融入 Google 的其他產品，如 Google Lens（Google 智慧鏡頭），提供更廣泛的學習支援。

- **主要應用**：課業問題解答、拍照即解功能、數學與科學學科輔導、閱讀與歷史理解協助。

- **官方網址**：https://socratic.org

工具名稱
Socratic
軟體 ICON

Chapter 12 熱門的 AI 多元工具

12-7 商業與辦公自動化類熱門工具

　　這類工具可自動整理會議紀錄、撰寫簡報、安排日程、生成報告，大幅減少重複性工作，提升辦公效率。

- **代表工具**：Microsoft Copilot、Tactiq、Motion、Zapier AI。
- **應用對象**：上班族、PM、行政、創業者、顧問。

▶ 12-7-1　Microsoft Copilot

- **功能簡介**：整合於 Microsoft 365（如 Word、Excel、PowerPoint）中的 AI 助理，透過自然語言協助撰寫文件、分析資料、生成簡報與處理郵件。
- **主要應用**：工作報告撰寫、數據圖表分析、自動簡報製作、Outlook 郵件回覆建議。
- **官方網址**：https://copilot.microsoft.com

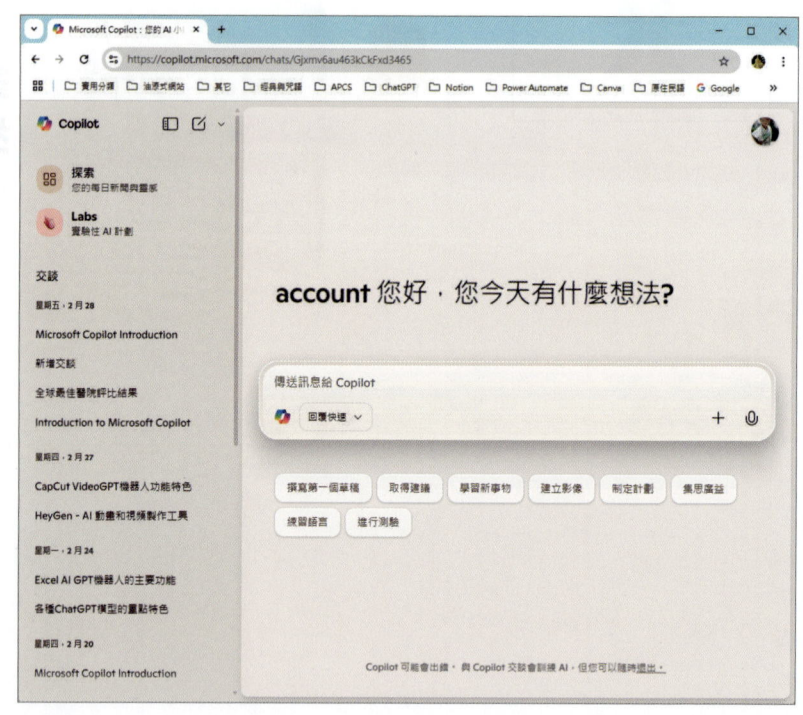

12-7-2　Tactiq

- 功能簡介：會議轉錄與筆記工具，可即時記錄 Google Meet、Zoom、Teams 等會議內容，並利用 AI 自動摘要、標記關鍵點與生成後續任務。

- 主要應用：會議紀錄、重點摘要、任務追蹤、跨部門溝通與會後行動項目整理。

- 官方網址：https://tactiq.io

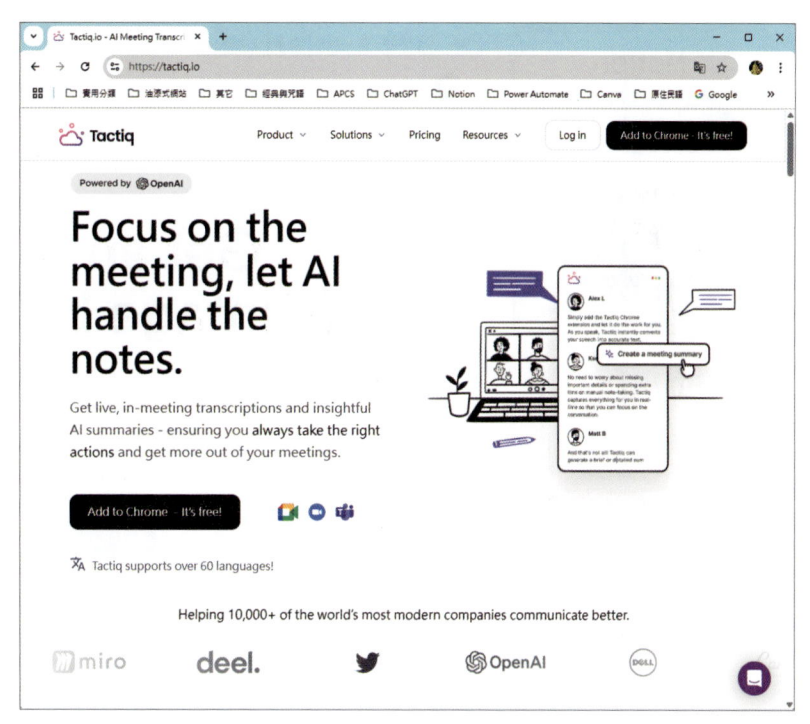

工具名稱
Tactiq
軟體 ICON

12-7-3　Motion

- **功能簡介**：結合日曆、任務與 AI 自動排程功能的智慧工作管理平台，能根據優先順序與可用時間動態安排待辦事項。
- **主要應用**：自動化行程安排、任務管理、個人生產力提升、團隊排程優化。
- **官方網址**：https://www.usemotion.com

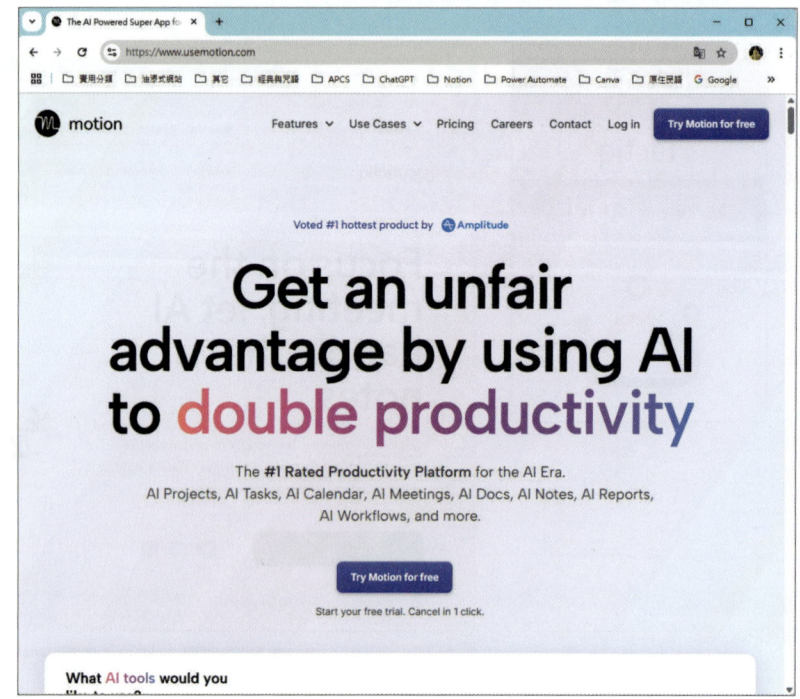

工具名稱
Motion
軟體 ICON

12-7-4 Zapier AI

- **功能簡介**：自動化整合工具 Zapier 的 AI 擴充功能，能透過自然語言生成工作流程，連接數百款應用程式以實現無程式碼的工作自動化。
- **主要應用**：工作流程自動化、資料同步、跨平台任務觸發、行銷與業務流程整合。
- **官方網址**：https://zapier.com/ai

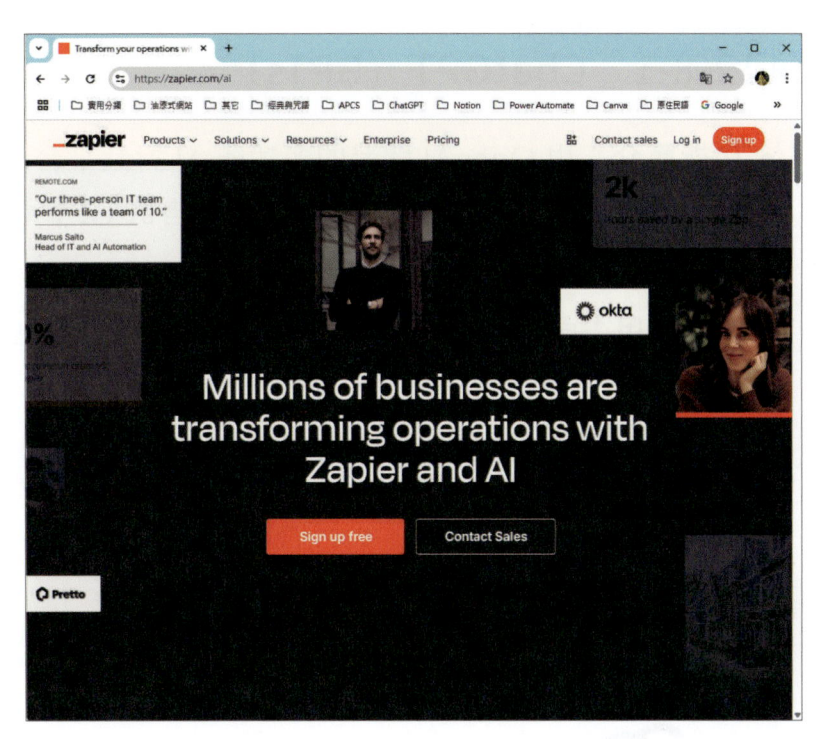

工具名稱
Zapier AI
軟體 ICON

12-8 AI 助手與整合型平台類熱門工具

這類 AI 工具強調全方位整合，具備聊天、資料搜尋、工具模組等功能，是最具通用性的 AI 助理型平台。

- **代表工具**：ChatGPT（GPTs）、Gemini、Claude、Pi（Inflection）。
- **應用對象**：所有想提高個人生產力者、學生、創意工作者。

▶ 12-8-1　ChatGPT（GPTs）

- **功能簡介**：由 OpenAI 開發的多功能 AI 對話平台，支援自然語言對話、文案生成、程式撰寫等，Pro 使用者可自訂 GPT（GPTs）並使用外掛程式、DALL·E、瀏覽器等工具。
- **主要應用**：內容創作、知識搜尋、工具整合助理、自訂專業助手、工作流程自動化。
- **官方網址**：https://chatgpt.com/

工具名稱
ChatGPT
軟體 ICON

12-8-2　Gemini

- **功能簡介**：Google 推出的整合型 AI 助理平台，結合 Gmail、Docs、Sheets、Slides 等 Google Workspace 工具，支援搜尋、生成與即時協作功能。

- **主要應用**：文件撰寫輔助、資料整理、信件回覆建議、協作編輯與即時搜尋回應。

- **官方網址**：https://gemini.google.com

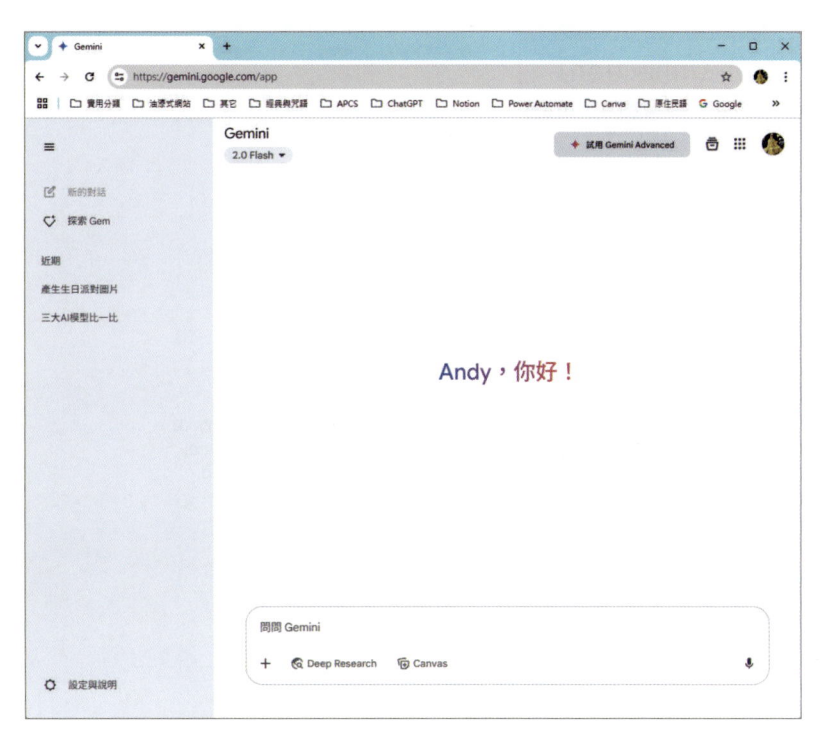

12-8-3　Pi（Inflection）

- **功能簡介**：由 Inflection AI 推出的個人 AI 助理，強調溫暖、情緒支援與人性化對話風格，適合日常陪伴與輕量資訊查詢。

- **主要應用**：日常對話互動、心情支援、思緒整理、簡單任務建議與生活陪伴。

- **官方網址**：https://heypi.com

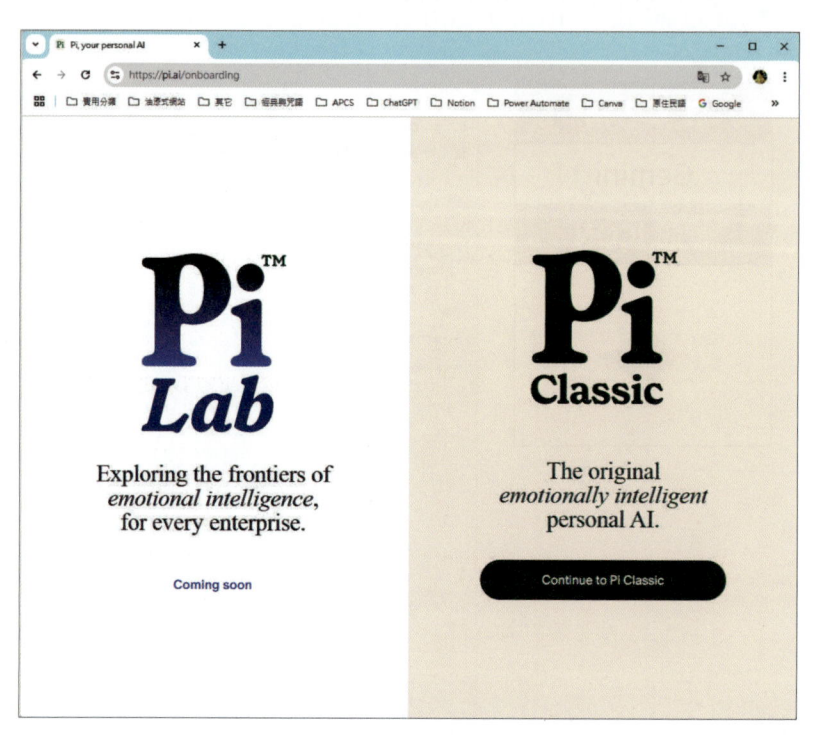

工具名稱	
Pi（Inflection）	
軟體 ICON	

CH12 重點回顧

1. AI 工具依應用場景分為八大類別，包括：文字生成與語言處理、圖像創作與編輯、影音製作與變聲、資料分析與視覺化、行銷與品牌經營、教育學習與教學、商業與辦公自動化，以及 AI 助手與整合型平台。

2. 文字生成與語言處理類熱門工具擅長理解自然語言，能協助使用者進行內容撰寫、改寫、翻譯、摘要、對話模擬等語言任務，適合用於創作、教育、客服與日常工作中。

3. 文字生成與語言處理類的代表工具有：ChatGPT、Claude、Jasper、Copy.ai、Notion AI。

4. ChatGPT 擅長自然語言理解與生成，支援對話、寫作、翻譯、摘要、教學解說等多元任務，主要應用在內容撰寫、教案設計、對話模擬、信件編寫、語言學習輔助、AI 助理功能整合。

5. 圖像創作與編輯類工具如 Midjourney、DALL·E、Canva AI、Adobe Firefly、Leonardo.Ai，支援從提示詞生成圖像、視覺設計與風格轉換。

6. 影音製作與變聲類工具如 Pika Labs、Sora、Runway ML、ElevenLabs、Synthesia，能協助使用者自動化影片生成、配音與後製。

7. 資料分析與視覺化類工具如 Power BI、Tableau、MonkeyLearn、Weka，協助使用者進行數據探索、視覺化與機器學習分析。

8. 行銷與品牌經營類工具如 Writesonic、Ocoya、SurferSEO，可自動產出文案、預測成效與優化內容。

9. 教育學習與教學類工具如 Khanmigo、Quizlet AI、Socratic，能個別化輔導學習、生成教材與解題輔助。

10. 商業與辦公自動化工具如 Microsoft Copilot、Tactiq、Motion、Zapier AI，可自動整理會議、簡報、排程與流程自動化。

11. AI 助手與整合型平台如 ChatGPT（GPTs）、Gemini、Claude、Pi 等，強調跨功能整合、個人化對話與多工具協同應用。

Chapter 12 課後習題

一、選擇題

_____ 1. 以下哪個 AI 工具擅長根據提示詞產生藝術風格圖像，且操作於 Discord 平台？
(A) DALL•E (B) Canva AI
(C) Midjourney (D) Runway ML

_____ 2. ChatGPT 的主要功能不包括哪一項？
(A) 預測廣告成效 (B) 語言翻譯
(C) 教學解說 (D) 對話模擬

_____ 3. Claude 這個 AI 工具主要應用在什麼平台？
(A) Notion (B) Canva
(C) Photoshop (D) Slidesgo

_____ 4. Runway ML 主要應用於哪一類任務？
(A) 網頁設計 (B) 簡報製作
(C) 影片剪輯與特效製作 (D) 資料視覺化

_____ 5. 下列何者是專為行銷文案與廣告內容所設計的 AI 寫作平台？
(A) Notion AI (B) Jasper
(C) SurferSEO (D) MonkeyLearn

_____ 6. Canva AI 的哪些功能最適合用來製作社群貼文與簡報？
(A) 編輯動畫 (B) 語音辨識
(C) 魔法編輯與文字轉圖 (D) 影片配樂

_____ 7. ElevenLabs 的核心能力是什麼？
(A) 對話分析 (B) 圖像辨識
(C) 語音合成 (D) 影片剪輯

_____ 8. Socratic 這個 AI 工具的特色為何？
(A) 自動生成簡報 (B) 拍照解題
(C) 計畫排程 (D) 影片轉語音

_____ 9. Tableau 在資料分析方面的優勢為？
(A) 資料前處理與程式編寫
(B) 高互動性的圖表視覺化
(C) 自動簡報生成
(D) 語音指令執行分析

_____ 10. Zapier AI 的主要功能是什麼？
　　　　(A) 編輯影像　　　　　　　　(B) 無程式碼的工作流程自動化
　　　　(C) 語音轉文字　　　　　　　(D) 教學影片翻譯

_____ 11. 哪一個工具主要應用於 SEO 內容優化？
　　　　(A) Canva　　　　　　　　　　(B) SurferSEO
　　　　(C) Claude　　　　　　　　　 (D) Gemini

_____ 12. Pi（Inflection）強調什麼樣的 AI 應用特色？
　　　　(A) 工業機械整合　　　　　　(B) 大數據計算
　　　　(C) 文字轉影片　　　　　　　(D) 人性化與情緒支援

_____ 13. Khanmigo 的哪項功能對學生特別有幫助？
　　　　(A) 影片後製　　　　　　　　(B) 互動式學習與題解
　　　　(C) 語音轉換　　　　　　　　(D) 圖像風格模擬

_____ 14. MonkeyLearn 是什麼樣的 AI 工具？
　　　　(A) 影片製作平台
　　　　(B) 圖像生成與改圖工具
　　　　(C) 無需編碼的文字資料分析平台
　　　　(D) AI 寫作助理

_____ 15. Microsoft Copilot 能應用於哪一個工作情境？
　　　　(A) 多人線上對戰
　　　　(B) 自動程式除錯
　　　　(C) Word、Excel 中自動產出文件
　　　　(D) 網頁前端設計

_____ 16. Leonardo.Ai 特別適合哪個產業應用？
　　　　(A) 醫療資訊　　　　　　　　(B) 遊戲與娛樂產業
　　　　(C) 財經報表編製　　　　　　(D) 語言翻譯平台

_____ 17. Ocoya 除了生成文案，還具備什麼特色？
　　　　(A) 手寫辨識技術　　　　　　(B) AI 主持人生成
　　　　(C) 社群排程與多平台自動發文　(D) 數學解題輔助

_____ 18. 以下哪一項不是 Notion AI 的主要應用？
　　　　(A) 筆記摘要　　　　　　　　(B) 待辦事項生成
　　　　(C) 編寫會議紀錄　　　　　　(D) 圖像風格模擬

_____ 19. Synthesia 的核心功能是什麼？
(A) 圖片去背工具 　　　　　　(B) 虛擬主播影片生成
(C) 資料儀表板建立 　　　　　(D) 語音轉文字 API

二、問答題

1. 請列出至少三種文字生成與語言處理類的主要特性及熱門代表工具。

2. 請簡介 Notion AI 的主要功能與應用。

3. Midjourney 與 DALL•E 在圖像應用上有何差異？

4. ElevenLabs 可應用於哪些領域？

5. 何謂 Zapier AI？其在辦公流程中扮演什麼角色？

6. Canva AI 內建哪些設計相關功能？

7. 請說明 Synthesia 的特色與適用情境。

8. MonkeyLearn 適合什麼樣的使用者？其主要應用為何？

9. 請比較 ChatGPT（GPTs）與 Gemini 的應用差異。

10. 為什麼 AI 工具在教育領域具有廣泛應用潛力？

附 錄

- 課後習題解答
- 本書 AI 應用工具對照表

課後習題解答

Chapter 1

一、選擇題

1. (A)　2. (B)　3. (C)　4. (B)　5. (A)
6. (C)　7. (A)　8. (B)　9. (B)　10. (C)
11. (A)　12. (C)　13. (B)　14. (C)　15. (C)
16. (B)　17. (A)　18. (D)　19. (A)　20. (D)

二、問答題

1. AI 提示工程師是專門設計語言提示，以引導大型語言模型生成特定內容的專業人才。他們的主要任務是撰寫結構清晰、邏輯嚴謹的提示詞，並透過測試與優化，確保模型輸出符合任務需求。

2. 提示工程師需具備：語言設計能力、邏輯思維力、系統化分析能力、實驗與測試精神、跨部門溝通協作力與文件撰寫能力。

3. 常用平台或工具包括：PromptLayer、LangChain、FlowGPT、PromptBase、PromptHero 等。

4. 具備邏輯拆解能力能幫助提示工程師將複雜任務分解為多個提示步驟，使模型能逐步處理並生成更精準的回應。

5. 例如，設計提示詞協助 AI 生成病歷摘要，要求語氣專業、內容格式合規，協助醫師快速掌握患者重點資訊。

6. 提示詞範本可重複使用，提升模型輸出的一致性與穩定性，並加速團隊應用開發流程。

7. 創造力可透過 SCAMPER、語意連結圖、逆向思考、創意工作坊及跨領域學習等方式持續培養與強化。

8. 可在提示詞中明確指定角色（如：「請以醫師的口吻說明」）與語氣（如：「請用友善且專業的語氣表達」）來控制輸出風格。

9. 可轉型為 AI 策略顧問、教育訓練師、創意總監、知識系統設計師等職能，拓展跨領域職涯路徑。

10. Python 可用於串接 API、自動化提示測試、整理輸出資料與進行回應分析，是提示開發與優化的核心工具。

11. 合作對象包括：產品經理、工程師、法務人員、行銷企劃等，視任務內容而定。

12. 如：設計提示詞協助撰寫品牌風格一致的廣告文案，並針對社群平台與目標受眾進行語氣優化。

13. A/B 測試可比較不同提示設計在模型輸出上的效果，透過控制變因，觀察哪一組提示更符合任務目標。

14. 應具備好奇心、同理心、跨領域溝通能力、主動學習精神與彈性思維，以應對多元應用場景。

15. 如 FlowGPT、GitHub、Prompt Engineering Guide、OpenAI Research Blog、Discord 技術社群等，均可提供最新知識與實作經驗交流。

Chapter 2

一、選擇題

1. (A)　2. (C)　3. (C)　4. (A)　5. (C)
6. (B)　7. (B)　8. (A)　9. (C)　10. (A)
11. (C)　12. (B)　13. (D)　14. (D)　15. (D)
16. (B)　17. (A)　18. (B)　19. (D)　20. (A)

二、問答題

1. AIGC（人工智慧生成內容）是透過 AI 演算法與大數據模型，自動生成文字、圖像、影音等多媒體內容。與傳統仰賴人工創作方式相比，AIGC 強調內容製作的自動化、快速與低門檻特性。
2. 高效率、低技術門檻、個性化生成、跨模態整合、即時反應等（任列三項即可）。
3. 可用於生成教案、模擬師生對話、作文批改建議、語言學習輔助、程式教學解說等情境。
4. 具備「Think」模式進行邏輯推理與「Big Brain」模式支援創意生成，適合數學建模、科學分析、劇本創作與輿論整合任務。
5. 適用於歷史場景繪製、科學實驗圖示、教材插圖設計、學習成果視覺化報告等教學活動。
6. 擅長生成藝術風格與幻想場景插畫，廣泛用於封面設計、角色創作與概念視覺開發。
7. 包括背景去除、影片穩定化、風格轉換、文字生成影片、物件移除等功能，支援高效後製流程。
8. 可根據大綱或郵件內容自動生成簡報頁面，並建議搭配適合的圖片與圖表，節省整理時間。
9. Gamma 強調結構與極簡風格，Tome 專注敘事邏輯與視覺引導，Beautiful.ai 則主打圖文與資料視覺化自動排版。
10. Scribbr AI：協助論文改寫、引用格式檢查與文獻整理。
    Quillbot：提供句子重寫、文法校正與寫作風格優化功能。
11. 包括教案生成、評量題庫設計、行政公文撰寫、家長溝通信件等教學與行政支援任務。
12. 應強化 AI 素養、設計開放式評量、記錄學習歷程，並教導學生正確與 AI 合作而非依賴。
13. 可用於生成虛擬學習場景，提升課堂互動性與沉浸感，例如歷史重現、虛擬實驗、模擬教室等應用。
14. 如處理學生個資、學習歷程、登入帳號、成績紀錄等情境時，應加強安全防護與資料保密規範。
15. 包括語音互動教學、AI 教師助手、學習診斷分析、跨語系教學平台、AI 協作式課程設計等多元整合應用。

Chapter 3

一、選擇題

1. (A)　2. (D)　3. (B)　4. (A)　5. (A)
6. (C)　7. (D)　8. (B)　9. (A)　10. (B)
11. (C)　12. (B)　13. (D)　14. (C)　15. (B)
16. (D)　17. (A)　18. (A)　19. (B)　20. (C)

二、問答題

1. ChatGPT 是由 OpenAI 開發的語言模型，可根據使用者輸入提示詞，產生自然、邏輯通順的回應。應用情境包括教學、寫作、翻譯、程式設計、客服等。
2. GPT 是一種基於 Transformer 架構的深度學習模型，擅長處理自然語言序列資料，具備語意理解與文字生成能力。
3. 包括預訓練、監督式學習（supervised learning）與人類回饋強化學習（RLHF）。
4. 指模型生成的回應內容看似合理但實際上錯誤或虛構，使用者若未查證可能導致錯誤判斷或知識誤用。
5. 需具備具體任務描述、角色設定、格式要求與限制語境，以提升模型輸出的準確度與實用性。

429

6. 免費版使用 GPT-3.5，功能有限；Plus 版月費 20 美元，使用 GPT-4o，支援圖片與文件輸入，回應速度快。
7. 為多模態模型，支援語音、圖像與文字輸入，反應快，支援更豐富互動形式，已提供免費使用者使用。
8. 包含新聊天、模型選擇、檔案上傳、語音模式與對話記錄等功能，介面簡潔直觀。
9. 採取雙重查證原則、使用具體明確提示詞、搭配外部資料查詢、避免過度依賴 AI 回應。
10. 如 FlowGPT（查找範本）、PromptLayer（追蹤效能）、Notion AI（整合筆記與設計）等。
11. 包括教學講義撰寫、練習題編寫、作文批改、語言學習模擬、學習診斷與閱讀理解輔助。
12. GPT-4 Turbo 回應更快、運算成本更低，適合商業部署與大規模應用；GPT-4 運算更穩定但速度較慢。
13. 適合進行高頻率互動、進階研究、多模態創作的專業用戶與團隊，具備更完整模型權限。
14. 開啟語音輸入模式、上傳語音檔案、讓 AI 回應語音，適合行動裝置或語音學習者使用。
15. 包括團隊共用帳戶、統一管理權限、API 整合內部資料庫與 CRM 系統、建立內部知識庫等。

Chapter 4

一、選擇題

1. (C)　2. (B)　3. (C)　4. (B)　5. (D)
6. (A)　7. (D)　8. (D)　9. (D)　10. (C)
11. (B)　12. (C)　13. (D)　14. (B)　15. (A)
16. (C)　17. (C)　18. (A)　19. (B)　20. (D)

二、問答題

1. 指 ChatGPT 能根據多個條件進行判斷、排序、分析與邏輯結論，不再只是單一文字生成，而是具備多步驟邏輯整合與策略建議能力。
2. 一般問答僅是單步回應，推理則需處理多條件、需判斷與整合資訊，進而推導出符合邏輯的建議。
3. 應包含多步指令（如先……再……最後……）、條件具體描述、結構化要求（如用表格、條列說明等）。
4. 老師可請 ChatGPT 分析學生作業錯誤原因，並提出具體的教學補救建議與教案修正策略。
5. 透過條件分析、資源分配、任務分解與互動提示，協助使用者逐步完成規劃與評估流程。
6. 適用於語言學習者進行口說練習、即時語音對話、畫面描述、無障礙應用與生活互動等情境。
7. 可查詢即時資訊、附上資料來源、整合多媒體內容，並支援新聞摘要、天氣查詢與研究追蹤等。
8. 因其可整合多筆對話與檔案，分類管理任務內容，並可設定個人化角色語氣與指令，提升追蹤與一致性。
9. 包括決策模擬、行銷策略比較、會議排程建議、預算評估與人力資源配置等。
10. 使用提示詞加上「請以三段說明」「請使用表格」「請條列比較」等結構化指令可提升回應品質。
11. 提示詞如：「請比較 A、B、C 三種手機，依照價錢、效能、售後服務三項條件，以表格呈現，最後提出建議。」
12. GPT-4o 的 Pro 與 Plus 版本中可完整啟用語音與視覺互動模式。
13. 教學錯誤診斷、資源排程分析、行程預算規劃、產品選擇建議等。

14. 可提供人數、預算、地點等條件，要求 AI 整合成表格，並列出優缺點與推薦方案。
15. 可將團隊任務分類儲存於不同專案中，設定固定語氣回應、整合討論紀錄並集中資料管理。

Chapter 5

一、**選擇題**

1. (D)　2. (A)　3. (D)　4. (D)　5. (B)
6. (B)　7. (B)　8. (C)　9. (B)　10. (C)
11. (D)　12. (A)　13. (B)　14. (C)　15. (D)
16. (B)　17. (C)　18. (A)　19. (C)　20. (C)

二、**問答題**

1. 提示詞是與 AI 模型互動的指令語句，能引導生成內容的方向、格式與風格。優質提示詞可大幅提升回應的實用性與精準度，是操作 AI 的核心技巧。
2. 提示詞應包含任務描述（如撰寫教案）、角色設定（如資深教師）、語氣風格（如親切專業），讓 AI 能貼近使用情境生成內容。
3. 條列式建議文（教學建議）、角色對話（語言練習）、教學流程（課程設計）。
4. 它決定 AI 輸出的溝通方式，能影響讀者理解與接受程度。不同語氣適用不同情境與受眾。
5. 可幫助模型辨識主詞與焦點，使回答更聚焦明確。
6. 格式有助內容結構清晰，例如：「請用表格列出三種 AI 應用，含定義與優點」。
7. 藉由集中使用相關關鍵詞引導 AI 聚焦主題，有助於資訊擷取、問題聚焦與搜尋精準。
8. 開放性提問→條件引導→資源支援。
9. 將抽象概念轉化為熟悉情境，幫助使用者快速理解並激發創造性思考。
10. 優化網站載入速度，逐步測試壓縮圖片、CDN 加速等方法。
11. 決定內容的具體程度與可操作性，例如指定字數、段落、使用者對象等。
12. content（內容類型）、narrative style（語氣風格）、details（細節層次）、structure（輸出格式）。
13. 提供範本、分類搜尋、即時預覽、使用者評價與提示詞分享等。
14. 明確任務、語氣、格式與讀者對象，避免用語籠統，如「幫我寫點東西」。
15. 請撰寫一篇條列式介紹文，主題為「AI 在教學中的應用」，列出三點應用，各自以 100 字說明，語氣正式並使用段落標題。

Chapter 6

一、**選擇題**

1. (A)　2. (B)　3. (C)　4. (A)　5. (A)
6. (A)　7. (C)　8. (A)　9. (D)　10. (B)
11. (D)　12. (C)　13. (A)　14. (B)　15. (B)
16. (D)　17. (B)　18. (C)　19. (C)　20. (B)

二、**問答題**

1. 模糊輸入、任務過載、語境不足。
2. 補充背景、限定語境、加入回饋導正語句。
3. 可拆解任務、建立脈絡，例如撰寫年度報告先請模型分析資料，再撰寫段落。
4. 角色設定、任務目標、語氣描述。
5. 指在提示中加入任務場景與角色，有助於模型更貼近實務語境回應。

6. 使用表格、條列、字數限制與段落格式提示。
7. 從大目標開始，依序提問對象、任務、格式與回應方式。
8. 原句：「幫我寫文章」→改為：「請撰寫一篇 300 字內的文章，主題為……，語氣輕鬆具說服力」。
9. 能聚焦主題、限制語氣與控制格式，提高輸出精準度。
10. 表格（分類比較）、條列（重點清單）、字數限制（控制篇幅）。
11. 指出偏誤內容→重述任務→要求重新產出。
12. 主題錯置、語氣不符、重複敘述、虛構資訊。
13. 採用多輪提問、子任務拆解與提示詞清楚標示。
14. 角色過於模糊、語氣與角色不符、忽略背景設定。
15. 「我想知道」→補充目的與內容範圍；「給我建議」→指定主題、格式與對象。

2. 每輪重申角色、加入語氣說明、摘要對話歷程。
3. 加入具體語境或明確條件，例如是水果還是 Apple 公司相關書籍。
4. 使用提示詞標記上下文連貫性，並加上邏輯結構說明。
5. E—Establish：建立目標
   X—Expand：擴充視野
   P—Pave：鋪設邏輯
   L—Leverage：使用工具
   O—Organize：組織格式
   R—Refine：修正優化
   E—Execute：整合執行
6. 讓 AI 以具邏輯性、分析性方式呈現內容，增加組織與說服力。
7. 從整體概念開始，依序切成小任務並引導模型依序回答。
8. 格式控制提示，屬於輸出格式組織。
9. 提供來源段落、指定語氣與用途，例如報告摘要＋用途為教學材料。
10. 提供示範格式與模仿語句，並加入標示語氣或角色設定。
11. 指定優先順序、允許條件妥協與逐步執行的設計方式。
12. 提出「請根據以下補充重述內容」或「你理解的是不是」來引導校正。
13. 使用主題標籤、段落分段、格式限制與角色語氣設定。
14. 使用「請根據 API 回傳資料補充建議」，並設計語意說明語句。
15. 修飾輸出語氣與格式，使回應更精煉，如「請壓縮至 100 字內並加強吸引力」。

Chapter 7

一、選擇題

1. (C)　2. (B)　3. (A)　4. (A)　5. (D)
6. (D)　7. (C)　8. (C)　9. (D)　10. (A)
11. (B)　12. (C)　13. (A)　14. (A)　15. (A)
16. (D)　17. (C)　18. (B)　19. (D)　20. (D)

二、問答題

1. 因單一輪指令難以涵蓋所有層面，多輪提示可逐步引導任務邏輯、維持語境與拆解步驟。

Chapter 8

一、**選擇題**

1. (C)　2. (C)　3. (D)　4. (B)　5. (D)
6. (A)　7. (D)　8. (B)　9. (C)　10. (D)
11. (D)　12. (A)　13. (B)　14. (C)　15. (B)
16. (A)　17. (A)　18. (C)　19. (C)　20. (A)

二、**問答題**

1. 旅遊規劃、時間管理、餐廳推薦、採買清單、放鬆建議。
2. 分階段引導、每輪加入新條件（如素食、親子需求），維持對話連貫與人性互動。
3. 避免虛構資料，提升可信度與精確性。
4. 加入查詢時間範圍、指定資料格式（條列或摘要），限制字數與語氣中立。
5. 角色背景、個性設定、心理變化與目標動機。
6. 例如：「請用村上春樹的語氣寫」，可用於文案創作、故事風格設計。
7. 單字列表、例句造句、語法比較、文化用法、情境對話。
8. 語言學習中的模擬對話訓練。
9. 指定語氣、角色、互動節奏（如朋友語氣、輕鬆對話方式）。
10. 例如：「你是唐朝文人，用文言文幽默風格回答人生問題」，結合角色背景與語氣風格。
11. 例如「請根據下列會議記錄，生成 JSON 格式摘要」，可用於自動化串接任務。
12. 拆解成子任務，逐步執行並明確分段。
13. 加入文化背景與讀者目標：「請翻譯為能被美國高中生理解的英文」。
14. 使用比喻、生活語言，避免術語與過度學術化語氣。
15. 明確任務描述、限定術語風格、指定資料格式與輸出邏輯。

Chapter 9

一、**選擇題**

1. (B)　2. (C)　3. (B)　4. (C)　5. (D)
6. (D)　7. (A)　8. (C)　9. (B)　10. (D)
11. (C)　12. (A)　13. (D)　14. (A)　15. (C)
16. (A)　17. (A)　18. (B)　19. (C)　20. (D)

二、**問答題**

1. GPTs 可針對任務進行客製化設定，如語氣、行為、功能整合，提升互動效率與精準度。
2. 搜尋欄位輸入關鍵字、透過分類篩選、瀏覽熱門 GPT、閱讀範例提示等。
3. 生產力與辦公、內容創作與行銷、教育與學習、業務支援與行銷優化、娛樂與生活助手。
4. 支援長篇文件摘要、問答互動與關鍵字擷取，適合用於合約分析與學術資料整理。
5. 撰寫履歷、自傳與求職信，並提供關鍵字建議與版型格式輔助。
6. 財務人員、行政助理、分析師等，可進行資料清理、圖表製作與自動化報告。
7. Image Generator 側重主題與風格生成，Pro 版本提供高解析度與人物細節控制。
8. Video GPT by VEED，可整合腳本撰寫與影片剪輯，適用於教學與品牌宣傳。
9. YouTube Video Summary GPT，能分析影片內容、產出摘要與翻譯內容。
10. 可根據情境產出適當語氣的商務郵件，如客戶回覆、會議邀請等。

附錄

11. 文獻回顧、研究報告撰寫、決策分析與多篇論文比對。
12. Write For Me、MARKETING、AI Email Writer 等。
13. Slides Maker（簡報）、YouTube Summary（教學影片輔助）、Resume（教學履歷建置）。
14. 協助撰寫腳本、生成圖像、製作影音與規劃貼文主題，提升創作效率。
15. 透過模組化與情境化設計，讓使用者以智慧助理形式完成任務，開啟 AI 協作新時代。

6. 圖像提示著重視覺構圖、色彩、光影；文字提示著重語氣、邏輯與結構。
7. • a misty forest at dawn, watercolor style.
   • a pixel art wizard in a dungeon, retro style.
   • a space robot landing on Mars, cinematic 16:9.
8. 點選圖片後使用 Remix，修改提示詞風格或構圖後重新生成。
9. 加入風格詞（如 cyberpunk、水彩）、構圖方向（top-down、close-up）、顏色描述等。
10. 要求 ChatGPT 扮演提示詞設計師，指定主題與風格，並產出英文對應語句。
11. 讓系統自動生成創意提示，如「請畫出未來的寵物機器人」，適合教學創意啟發。
12. 避免使用敏感詞、暴力語句或名人肖像，並遵循平台生成政策。
13. 主角（如：小熊與兔子）、場景（森林）、風格（童書插畫）、光影（柔和）、色彩（粉色系）。
14. 每次固定產出 4 張正方圖像，無法改變構圖比例。
15. 可快速生成圖像、降低設計門檻、提升視覺表現，支援教學、提案與內容創作效率。

Chapter 10

一、選擇題

1. (D)　2. (A)　3. (D)　4. (B)　5. (C)
6. (A)　7. (B)　8. (D)　9. (B)　10. (D)
11. (C)　12. (D)　13. (A)　14. (C)　15. (D)
16. (C)　17. (C)　18. (B)　19. (A)　20. (B)

二、問答題

1. 生成式 AI 圖像是指 AI 根據文字描述，自動創造視覺圖像。原理基於 GAN 或 Diffusion 模型，廣泛應用於藝術設計、教育插圖、產品草圖等。
2. 主題、動作、背景場景、風格語言、視角構圖、光影條件等。
3. 過 Discord 操作，使用 /imagine 指令產圖。適合幻想風格、插畫、角色設計。
4. 可用自然語言對話優化提示詞，支援互動式圖像變更與擴圖。
5. 用於科學教材插圖、語文學習圖卡、歷史場景重建等。

Chapter 11

一、選擇題

1. (B)　2. (D)　3. (D)　4. (B)　5. (B)
6. (C)　7. (A)　8. (D)　9. (B)　10. (A)
11. (D)　12. (D)　13. (A)　14. (C)　15. (D)
16. (C)　17. (A)　18. (C)　19. (C)　20. (B)

二、問答題

1. Sora 是由 OpenAI 開發的影片生成模型，可根據文字或圖片自動產生高畫質短影片，具備敘事連貫性、互動性與視覺真實性，應用於教育、行銷、創作等領域。
2. 場景、角色、動作、風格、光影條件與影片時間等，能有效引導生成內容品質。
3. 單圖動態延伸（延續畫面變化）、圖中文字語意觸發（讀取圖中文字作為主題）、圖文多模態融合（同步整合畫面與語意）。
4. Aspect Ratio 設為 9:16，適用於手機影片平台如 TikTok。
5. Remix 可讓使用者修改提示詞並以原始影片為基礎產生新版本，實現風格多樣化。
6. Like（按讚）、Favorite（收藏）、Download（下載），還可分類與分享。
7. 上傳圖片→選擇生成類型為影片→輸入提示詞→設定參數→提交生成→預覽影片。
8. 童趣動畫、手作風格、簡報動畫與創意短片等。
9. 精準描述角色動作與情境轉換，結合提示詞與預設風格設定。
10. 畫面混亂、角色動作不自然、光影錯位、主題不明確等。
11. 是指 Sora 讀取圖片中出現的文字並作為生成影片的語意提示，常用於廣告、品牌動畫設計。
12. 極地探險主題，適合生成敘事性強、自然場景動態的影片。
13. 通常支援 3 秒到 1 分鐘，最佳效能為 5～15 秒。
14. 結合背景音效、角色互動、鏡頭切換與細節刻畫，如場景移動、表情同步等。
15. 教育：生成歷史情境動畫教材。商業：製作品牌開場影片與產品導覽短片。

Chapter 12

一、選擇題

1. (C) 2. (A) 3. (A) 4. (C) 5. (B)
6. (C) 7. (C) 8. (B) 9. (B) 10. (B)
11. (B) 12. (D) 13. (B) 14. (C) 15. (C)
16. (B) 17. (C) 18. (D) 19. (B)

二、問答題

1. 擅長理解自然語言，能進行撰寫、改寫、翻譯、摘要、對話模擬等任務。代表工具：ChatGPT、Claude、Jasper、Copy.ai、Notion AI。
2. 可用於筆記整理、摘要、會議記錄、待辦清單與寫作建議，是內建於 Notion 的 AI 功能模組。
3. Midjourney 擅長藝術風格圖像並以 Discord 操作，DALL•E 則強調文字轉圖與圖片編輯，整合於 ChatGPT 中。
4. 可用於 Podcast、影片配音、有聲書製作、語音克隆與多語言角色語音生成等。
5. Zapier AI 可自動建立跨平台的工作流程，無需程式碼，即可整合常用工具，提高辦公效率與自動化程度。
6. 包含文字轉圖、背景去除、AI 設計建議與魔法編輯，可快速生成簡報、社群貼文與商品圖片。
7. 提供虛擬人像影片生成，可用於企業簡報、教學影片、自動翻譯與配音等商業應用。
8. 適合無程式背景使用者，主要應用於文字資料分類、情緒分析、問卷開放題分析與品牌語意偵測。
9. ChatGPT 強調對話與自訂 GPT 工具整合，Gemini 則整合 Google Workspace（如 Gmail、Docs）並支援即時搜尋與編輯協作。
10. 可生成教材、批改作業、協助學生個別化學習，並減輕教師備課負擔，提升教學效率與互動性。

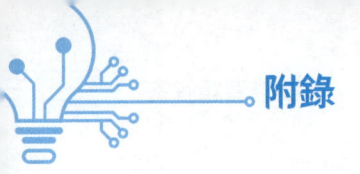

本書 AI 應用工具對照表

項次	本書對應章節		工具類別	工具名稱
1	CH3	ChatGPT 操作入門	自然語言文字生成 AI 工具	ChatGPT https://openai.com/index/chatgpt/
	CH4	ChatGPT 全新功能—推理、語音、搜尋網頁與專案		
	CH5	精準下達提示詞的實用技巧		
	CH6	提示工程常見狀況與優化		
	CH7	複雜問題的高級提示技巧		
	CH8	多領域提示工程應用實例		
	CH9	高效生產力的 GPTs 機器人商店		
2	CH10	提示工程在 AI 繪圖的技巧和實踐	AI 繪圖	DALL·E 3 https://openai.com/index/dall-e-3
3	CH10	提示工程在 AI 繪圖的技巧和實踐	AI 繪圖	Playground AI https://playground.com/
4	CH10	提示工程在 AI 繪圖的技巧和實踐	AI 繪圖	Copilot https://copilot.microsoft.com/
5	CH11	Sora AI 影片生成利器	AI 影片	Sora https://openai.com/sora/

MEMO

MEMO

AIA

Artificial Intelligence Application Certification
人工智慧應用國際認證

AIA 認證 簡介

AI 技術的飛速進步已經引領了社會的巨變，人工智慧已深深融入我們的日常生活和商業領域。無論是在自駕車、醫療診斷、金融預測，或是客戶服務等領域，AI 技術都正在重新塑造我們的日常生活和工作方式。

有鑑於此，IPOE 艾葆科教基金會特邀專家與學者共同參與指導，共同開展人工智慧應用國際認證計劃，旨在提高個人對 AI 科技的理解和技術能力，以使能更好地融入國際化的 AI 應用環境。

AIA 證書樣式

AIA 認證 考試說明

科目	等級	題數	測驗時間	題型	滿分	通過分數	評分方式
(PPD) Python 程式設計 Python Programming Design	Specialist-Academic	50 題	40 分鐘	單選題	1000 分	700 分	即測即評
	Professional-Academic	50 題	40 分鐘	單選題	1000 分	700 分	即測即評
	Fundamentals-Skill Rank1~5	4 題/Rank	50 分鐘	實作題	1000 分	1000 分	即測即評
	Specialist-Skill Rank1~5	4 題/Rank	50 分鐘	實作題	1000 分	1000 分	即測即評
	Expert-Skill Rank1~5	4 題/Rank	50 分鐘	實作題	1000 分	1000 分	即測即評
	Professional-Skill Rank1~5	4 題/Rank	50 分鐘	實作題	1000 分	1000 分	即測即評
(AIRA) AI 圖像辨識應用 AI Image Recognition Application	Specialist	50 題	40 分鐘	單選題	1000 分	700 分	即測即評
(AIGC) 人工智慧生成內容 Artical Intelligence Generated Content	Specialist	50 題	40 分鐘	單選題	1000 分	700 分	即測即評
(AIFA) 人工智慧概論與應用 Artificial Intelligence Fundamentals and Applications	Specialist	50 題	40 分鐘	單選題	1000 分	700 分	即測即評
(AIPE) AI 提示工程師 AI Prompt Engineer	Expert	50 題	40 分鐘	單選題	1000 分	700 分	即測即評

Python 程式設計 - 實作題考試方式：
1. 從 Rank 1 開始往上考，每級皆有 5 個 Rank。
2. 每個 Rank 通過分數為 1000 分，通過才能進入下一個 Rank。
3. 每次進入考試，將啟動 50 分鐘的作答時間。下一次考試將自未通過的 Rank 繼續進行，並重新啟動 50 分鐘的作答時間。

證書取得方式：
1. 學科通過即可下載學科證書。
2. 術科每通過一個 Rank 會有該 Rank 的術科證書，並只保留最高等級證書。
3. 學術科皆通過，學術科證書會取代學科和術科證書，並只保留最高等級證書。

AIA 認證 考試大綱

科目	等級	考試大綱
(PPD) Python 程式設計	Fundamentals、Specialist	• Basic Programming Concepts and Syntaxes, Variables and Assignments, and Data Inputs and Prints 基本概念與語法、變數與賦值及資料輸入與顯示 • Number Data Types, Conversions, and Related Built-In Functions and Operators 數值型別、轉換與相關內建函數及運算子 • String Data Type, Conversions, and Related Built-In Functions 字串型別、轉換與相關內建函數 • Boolean Data Type, Conversions, and Related Built-In Functions and Operators 布林資料型別、轉換與相關內建函數及運算子 • Advanced Operators, and The Precedence of Operators 進階運算子及運算子的優先順序 • Decision Making–if, if else, if-elif·····else 簡單決策 –if, if else, if-elif·····else • loop–for 簡單迴圈 –for • loop–while 簡單迴圈 –while • Number Formatting 數值的格式化 • String Formatting 字串的格式化

勁園科教 www.jyic.net
諮詢專線：02-2908-5845 或洽轄區業務
歡迎辦理師資研習課程

科目	等級	考試大綱
(PPD) Python 程式設計	Expert、Professional	• Nested Decision Making 巢狀決策 • Nested loop–for 巢狀迴圈 –for • Nested loop–while 巢狀迴圈 –while • Sequence – Lists 序列 – 串列 • Sequence – Tuples 序列 – 元組 • Sets 集合 • Dictionary 字典 • Date and Time 日期與時間 • Functions 自訂函數 • Basic File I/O 基本檔案輸入與輸出
(AIRA) AI 圖像辨識應用	Specialist	• History of the Development of Articial Intelligence 研究智慧發展的歷史 • Evolution of Articial Intelligence Algorithms 人工智慧演算法的演進 • Databases and Hardware for Training Articial Intelligence 訓練人工智慧的資料庫與硬體 • Articial Intelligence Neural Network Models 人工智慧神經網路模型 • Memory Learning and Chatbots 記憶學習與聊天機器人 • Machine Learning 機器學習 • Image Application Software and Cloud Application Software 圖像應用軟體與雲端應用軟體 • Management and Application of Articial Intelligence 人工智慧的管理與應用
(AIGC) 人工智慧生成內容	Specialist	• Fundamentals and Development of AI and AIGC AI 與 AIGC 基礎理論與發展 • AIGC Text and Image Generation Tools and Applications AIGC 圖文生成工具與應用 • AIGC Audio and Video Generation Tools and Applications AIGC 影音生成工具與應用 • AIGC-Assisted Programming and Data Analysis Tools AIGC 程式與數據分析工具 • Comprehensive Applications of AIGC AIGC 綜合應用
(AIFA) 人工智慧概論與應用	Specialist	• Introduction to Artificial Intelligence and Its Evolution 人工智慧概論與發展 • Game AI and Generative Artificial Intelligence 遊戲 AI 與生成式人工智慧 • Cloud Computing and Edge Computing 雲端運算與邊緣運算 • Artificial Intelligence and the Internet of Things (AIoT) 人工智慧與物聯網 • Big Data 大數據 • Machine Learning 機器學習 • Deep Learning 深度學習 • ChatGPT and Generative AI Applications ChatGPT 與生成式 AI 應用
(AIPE) AI 提示工程師	Expert	• Core Competencies of AI Prompt Engineers AI 提示工程師核心職能 • Fundamental Principles and Development of AI-Generated Content (AIGC) AI 生成內容（AIGC）基礎原理與發展 • Principles and Techniques for Writing Prompts 提示詞撰寫原則與技巧 • Prompt Engineering Optimization and Debugging 提示工程優化與除錯 • Design Strategies for Complex Task Prompts 複雜任務提示詞設計策略 • Interdisciplinary Applications of Prompt Engineering 提示工程跨領域應用

💲 AIA 認證 證照售價

產品編號	產品名稱	級別	建議售價	備註
SV00001a		Specialist（學科）	$1200	考生可自行線上下載證書副本，如有紙本證書的需求，亦可另外付費申請 紙本證書費用 $600
SV00002a		Professional（學科）	$1200	
SV00111a	AIA 人工智慧應用國際認證 -PPD Python 程式設計 電子試卷	Fundamentals（術科）	$1200	
SV00112a		Specialist（術科）	$1200	
SV00113a		Expert（術科）	$1200	
SV00114a		Professional（術科）	$1200	
SV00003a	AIA 人工智慧應用國際認證 -AIRA AI 圖像辨識應用 電子試卷	Specialist	$1200	
SV00072a	AIA 人工智慧應用國際認證 -AIGC 人工智慧生成內容 電子試卷	Specialist	$1200	
SV00103a	AIA 人工智慧應用國際認證 -AIFA 人工智慧概論與應用 電子試卷	Specialist	$1200	
SV00107a	AIA 人工智慧應用國際認證 -AIPE AI 提示工程師電子試卷	Expert	$2000	

💲 AIA 認證 推薦產品

產品編號	產品名稱	建議售價
PB344	AI 人工智慧圖像辨識應用含 AIA 人工智慧應用國際認證 -AI 圖像辨識應用 Specialist Level - 附 MOSME 行動學習一點通：評量．詳解．擴增．加值	$520
PB396	人人必學人工智慧概論與應用 - 含 AIA 國際認證：人工智慧概論與應用 (Specialist Level) - 最新版 - 附贈 MOSME 行動學習一點通	$400
PB356	人人必學 GEN AI 人工智慧生成內容：線上 AI 工具整合與創新應用含 AIA 國際認證 - 人工智慧生成內容 (Specialist Level)- 最新版 - 附贈 MOSME 行動學習一點通	$450
PB358	Python 程式設計全方位實例演練 - 含 AIA 國際認證：Python Programming Design(All Levels)- 最新版 - 附贈 MOSME 行動學習一點通	近期出版
PB398	達人必學 AI Prompt Engineer 提示工程師高效工作術含 AIA 國際認證 - AI 提示工程師 (Expert Level) - 最新版 - 附贈 MOSME 行動學習一點通	$580

※ 以上價格僅供參考 依實際報價為準

書　　　名	達人必學AI Prompt Engineer 提示工程師高效工作術 含AIA國際認證：AI提示工程師(Expert Level)
書　　　號	PB398
版　　　次	2025年8月初版
編　著　者	勁樺科技
責　任　編　輯	陳宇欣
版　面　構　成	顏彣倩
封　面　設　計	顏彣倩

國家圖書館出版品預行編目資料

達人必學AI Prompt Engineer提示工程師高效工作術：含AIA國際認證：AI提示工程師(Expert Level) / 勁樺科技編著. -- 初版. -- 新北市：台科大圖書股份有限公司, 2025.08
　　面；　公分
　ISBN 978-626-391-574-9(平裝)

1.CST: 人工智慧 2.CST: 自然語言處理

312.83　　　　　　　　　　114009560

出　　　版　　　者	台科大圖書股份有限公司
門　市　地　址	24257新北市新莊區中正路649-8號8樓
電　　　話	02-2908-0313
傳　　　真	02-2908-0112
網　　　址	tkdbook.jyic.net
電　子　郵　件	service@jyic.net
版　權　宣　告	**有著作權　侵害必究**

本書受著作權法保護。未經本公司事前書面授權，不得以任何方式（包括儲存於資料庫或任何存取系統內）作全部或局部之翻印、仿製或轉載。

書內圖片、資料的來源已盡查明之責，若有疏漏致著作權遭侵犯，我們在此致歉，並請有關人士致函本公司，我們將作出適當的修訂和安排。

郵　購　帳　號	19133960
戶　　　名	台科大圖書股份有限公司
	※郵撥訂購未滿1500元者，請付郵資，本島地區100元 / 外島地區200元
客　服　專　線	0800-000-599
網　路　購　書	勁園科教旗艦店　蝦皮商城　　博客來網路書店　台科大圖書專區　　勁園商城
各服務中心	總　　公　　司　02-2908-5945　　台中服務中心　04-2263-5882 台北服務中心　02-2908-5945　　高雄服務中心　07-555-7947

線上讀者回函
歡迎給予鼓勵及建議
tkdbook.jyic.net/PB398